"十三五"高职高专规划教材

五年制高职数学

（第三册）

张　瑾　邹秀英　赵春芳　主　编

马慧玲　王晓凌　蔡　喆　李　爽　高黎明　副主编

中国铁道出版社

CHINA RAILWAY PUBLISHING HOUSE

内 容 简 介

本书是以教育部数学课程教学指导委员会制定的《高职高专教育高等数学课程教学基本要求》为标准，以培养学生的专业素质为目的，充分吸收编者们多年来教学实践与教学改革成果编写而成的．全书包括函数、极限与连续，导数与微分，导数的应用，不定积分，定积分及其应用，常微分方程、多元函数微分学，行列式、矩阵与线性方程组．每节均配有习题，除第20章以外，每章配有思考与总结以及复习题，便于教与学．

本书注重基础，逻辑清晰，举例丰富，讲解透彻，难度适宜，例题量大，便于学习掌握．本书可供高职高专院校理工科各专业使用，也可供其他专业参考．

图书在版编目(CIP)数据

五年制高职数学．第三册/张瑾，邹秀英，赵春芳主编．—北京：中国铁道出版社，2017.8

“十三五”高职高专规划教材

ISBN 978-7-113-23497-3

Ⅰ．①五… Ⅱ．①张… ②邹… ③赵… Ⅲ．①高等数学-高等职业教育-教材 Ⅳ．①O13

中国版本图书馆CIP数据核字(2017)第192130号

书　　名：五年制高职数学(第三册)
作　　者：张　瑾　邹秀英　赵春芳　主编

策　　划：王春霞　　**读者热线：**(010)63550836
责任编辑：王春霞　包　宁
封面设计：刘　颖
封面制作：白　雪
封面制作：张玉华
责任印制：李　佳

出版发行：中国铁道出版社(100054，北京市西城区右安门西街8号)
网　　址：http://www.tdpress.com/51eds/
印　　刷：三河市宏盛印务有限公司
版　　次：2017年8月第1版　　2017年8月第1次印刷
开　　本：720mm×960mm　1/16　**印张：**16　**字数：**315千
书　　号：ISBN 978-7-113-23497-3
定　　价：38.00元

前 言

为适应我国高等职业技术教育蓬勃发展的需要，加速教材建设的步伐，根据教育部有关文件精神，考虑到高等职业技术院校基础课的教学应以应用为目的，以"必需、够用"为度，并参照《五年制高职数学课程教学基本要求》，由高等职业技术院校中从事高职数学教学的资深教师编写本套教材，可供招收初中毕业生的五年制高职院校的学生使用。

本套数学教材是按照高等职业技术学校的培养目标编写的，以降低理论、加强应用、注重基础、强化能力、适当更新、稳定体系为指导思想。在内容编排上，注重知识的浅层挖掘。从教学改革的要求和教学实际出发，教材将最基础部分的知识，从不同的起点、不同的层次、不同的侧面，进行了变通性强化、方法性强化和对比性强化，从而使基础知识得到充实、丰富和发展；注重培养学生的创新意识和实践能力，教材在内容的安排上注重培养学生基本运算能力、空间想象能力、数形结合能力、简单实际应用能力、逻辑思维能力；注重加强学法指导，教会学生学习，让学生在学习知识的同时，不断地改进学习方法，逐步掌握科学的思维方式；注重让学生参与实现教育目标的过程，寓教学方法于教材之中。

教材十分重视学生的认识过程和探索过程。例如，在概念、定理、公式后安排"想一想"内容，提出具有启发性的问题，让学生进行思考、讨论。又如，安排让学生根据要求自己编制题目的内容，以使学生动手动脑，把课堂教学变成师生的共同活动。再如，教材中的例题，除了给出解法外，还在解法前安排分析，解法后安排小结，为学生自学创造条件。在例题和习题的编排上有较大改革。主要是：把例题和习题的题量、难度进行量化；引进客观题，增加开放题和建模题等新题型；采用串联成组的方法，以使发挥题目的个体功能转变成发挥题目的整体功能；选择富有代表性、启发性的题目，进行详尽透彻的分析，并在此基础上进行横向或纵向演变，最大限度地发挥题组的潜在功能；在适当位置设置"条件填充题"或"结论填充题"，以缩小知识跨度，减少学习困难。本教材具有简明、实用、通俗易懂、直观性强的特点，适合教师教学和学生自学。

全套教材分三册出版。本册为第三册，内容包括：函数、极限与连续，导数与微分，导数的应用，不定积分，定积分及其应用，常微分方程，多元函数微分学，行列式、矩阵与线性方程组。教材中每节后面配有一定数量的习题，每章（第 20 章除外）后面配有思考与总结以及复习题，供复习巩固本章内容和习题课选用。

本书由张瑾、邹秀英、赵春芳任主编，马慧玲、王晓凌、蔡喆、李爽、高黎明任副主编。具体编写分工如下：第 12 章、第 17 章、第 20 章由邹秀英编写，第 13 章、第 18 章、第 19 章由张瑾编写，第 14 章由王晓凌编写，第 15 章由赵春芳编写，第 16 章由马慧玲编写。蔡喆、李爽、高黎明、陈业伟协助以上编者编写。最后由张瑾负责统稿。

由于编写水平有限，不足之处在所难免，衷心希望得到广大读者的批评指正，以使本书在教学实践中不断完善。

编　者

2017 年 6 月

目　录

第12章 函数、极限与连续

初等数学研究的对象基本上是不变的量,高等数学则是以变量为研究对象的一门数学.所谓函数就是变量之间的对应关系.极限方法是研究变量的一种基本方法.本章将介绍函数、极限和函数的连续性等基本概念,以及它们的一些性质.

极限是高等数学中的重要概念,是学习导数与积分的理论基础,极限的思想方法在数学中有着广泛的应用.要充分理解并掌握极限的概念以及它的思想方法.

极限的四则运算是建立在极限概念基础上的,要学会使用这些法则并加以掌握.$\lim\limits_{x\to 0}\dfrac{\sin x}{x}=1$ 和 $\lim\limits_{x\to\infty}\left(1+\dfrac{1}{x}\right)^x=\mathrm{e}$ 是两个特殊的、重要的函数极限,它们在高等数学中有着重要的应用价值.连续是高等数学中又一重要概念,在高等数学中研究的函数主要是连续函数.

12.1 集合与函数

本节重点知识:

1. 集合.
2. 函数.
3. 初等函数.
4. 函数的应用.

12.1.1 集合

1. 集合的概念

集合在数学领域具有无可比拟的特殊重要性.集合论的基础是由德国数学家Cantor在19世纪70年代奠定的,经过一大批卓越的数学家半个世纪的努力,到20世纪20年代已确立了其在现代数学理论体系中的基础地位.可以说,当今数学各个分支的所有结果都几乎构筑在严格的集合理论上.所以学习现代数学,应该由集合入手.

把具有某种特定属性的对象所组成的总体称为**集合**.把组成集合的每一个对象称为这个集合的**元素**.

一般用大写字母 A, B, C, … 表示集合,用小写字母 a, b, c, … 表示集合的元素．用“$a \in A$”表示 a 是集合 A 的元素或称“a 属于 A”，用“$a \notin A$”表示 a 不是集合 A 的元素或称“a 不属于 A”．属于关系是元素与集合之间的关系，故属于符号“$\in$”两边就分别是元素和集合．集合有时简称**集**．

元素为数的集合称为数集，常见的数集如表 12-1 所示．

表 12-1

全体正整数集	全体整数集	全体有理数集	全体实数集
$\mathbf{N}_+$	$\mathbf{Z}$	$\mathbf{Q}$	$\mathbf{R}$

本书所讨论的数集一般都是实数集．

2. 集合的表示法

列举法　把集合中的元素一一列举出来，并记在{}内，这种表示集合的方法称为**列举法**．

例如，方程 $x^2-5x+6=0$ 的解的集合是$\{2,3\}$．

描述法　把集合中所包含元素的共同特性，用描述性短语或数学表达式写在{}内，这种表示集合的方法称为**描述法**．

例如，方程 $x^2-5x+6=0$ 的解的集合用描述法表示为 $\{x|x^2-5x+6=0\}$．

3. 区间与邻域

区间　**区间**是介于两个实数间的所有实数的集合．

开区间　设 $a<b$，称数集$\{x \mid a<x<b\}$为**开区间**，记为(a, b)，即

$$(a, b)=\{x \mid a<x<b\}.$$

闭区间　$[a, b]=\{x \mid a \leqslant x \leqslant b\}$称为**闭区间**．

半开区间　$[a, b)=\{x \mid a \leqslant x<b\}$，$(a, b]=\{x \mid a<x \leqslant b\}$称为**半开区间**．如表 12-2 所示，其中 a 和 b 称为区间的**端点**，$b-a$ 称为区间的**长度**．

表 12-2

区间的名称	区间记号	集合记号	区间在数轴上的表示
开区间	(a, b)	$\{x \mid a<x<b\}$	a　b　x
闭区间	$[a, b]$	$\{x \mid a \leqslant x \leqslant b\}$	a　b　x
半开区间	$[a, b)$	$\{x \mid a \leqslant x<b\}$	a　b　x
	$(a, b]$	$\{x \mid a<x \leqslant b\}$	a　b　x

以上区间称为有限区间，区间的端点均为常数．除此之外，还有无限区间，如表 12-3 所示．

表 12-3

区间记号	集合记号	区间在数轴上的表示
$(a, +\infty)$	$\{x \mid x > a\}$	
$[a, +\infty)$	$\{x \mid x \geqslant a\}$	
$(-\infty, b)$	$\{x \mid x < b\}$	
$(-\infty, b]$	$\{x \mid x \leqslant b\}$	
$(-\infty, +\infty)$	$\{x \mid x$ 是实数$\}$	

注：其中 $-\infty$ 和 $+\infty$，分别读作“负无穷大”和“正无穷大”，它们不是数，仅仅是记号．

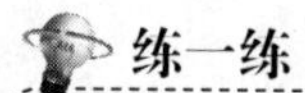

练一练

1. 把下列不等式的解集用区间和数轴上的点集表示：

$-3<x<5$；　$-1\leqslant x<2$；　$x\geqslant -2$；　$x\leqslant -4$；　$1<x\leqslant \frac{7}{2}$；

$\frac{2}{3}\leqslant x\leqslant 5$；　$|x|\leqslant 3$；　$|x|>2$．

2. 把下列不等式组的解集用区间和数轴上的点集表示：

(1) $\begin{cases} x\geqslant -2 \\ x<1 \end{cases}$；　(2) $\begin{cases} x<-2 \\ x\geqslant 1 \end{cases}$；　(3) $\begin{cases} x\geqslant -2 \\ x>1 \end{cases}$；　(4) $\begin{cases} x\leqslant -2 \\ x<1 \end{cases}$．

邻域　设 δ 是任意正数，则开区间 $(a-\delta, a+\delta)$ 称为点 a 的 δ **邻域**，记作 $U(a,\delta)$，即

$$U(a,\delta)=\{x \mid |x-a|<\delta\}=(a-\delta, a+\delta).$$

其中，点 a 称为**邻域的中心**，δ 称为**邻域的半径**，如图 12-1(a)所示．称

$$U(a,\delta)=\{x \mid 0<|x-a|<\delta\}$$

为点 a 的去心 δ 邻域，如图 12-1(b)所示．

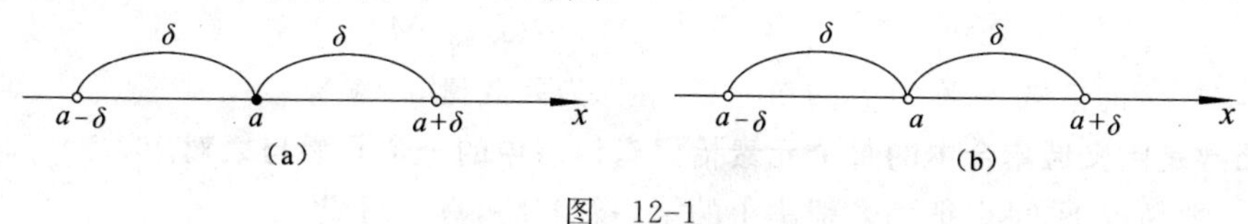

图　12-1

练一练

1. 把下列邻域用区间和数轴上的点集表示：

$U(1,0.5)$； $U(0,0.7)$； $U(-1,0.2)$； $U(x_0,\delta)$；

$U(1,0.5)$； $U(-2,0.3)$； $U(x_0,\delta)$.

2. 把下列不等式的解集用区间和数轴上的点集表示：

(1) $-2\leqslant x\leqslant 3$； (2) $-3< x\leqslant 4$； (3) $-2\leqslant x<3$；

(4) $-3< x< 4$； (5) $x>3$； (6) $x\leqslant 4$.

3. 把下列不等式的解集用区间表示：

(1) $x\leqslant 0$； (2) $-2\leqslant x<1$； (3) $x>-1$； (4) $9\leqslant x\leqslant 10$.

4. 把下列区间用集合和数轴上的点集表示：

(1) $(-4,0)$； (2) $(-8,7]$； (3) $[-1,2)$； (4) $[3,1]$.

12.1.2 函数

函数是数学中最重要的概念之一，函数是指两个数集之间的一种特殊对应关系.

1. 函数的概念

引例 1 圆的面积与半径的对应关系 $A=\pi r^2, r\in(0,+\infty)$

分析 对于$(0,+\infty)$内的每一个半径取值，都有唯一确定的面积取值与之对应. 面积 A 对半径 r 的这种依赖关系就是函数关系. 其中半径 r 是主动变化的，称为自变量，随着半径 r 的变化，面积 A 被动地变化，称为因变量. 当自变量 r 在$(0,+\infty)$内取任一数值时，因变量 A 相应有唯一确定的数值.

定义 1 设 D、M 是两个给定的数集，若按照某种法则 f，使得对数集 D 中的每一个数 x，都可以找到数集 M 中唯一确定的数 y 与之对应，则称这个对应法则 f 是数集 D 到数集 M 的一个函数，记为

$$f: D\to M$$
$$x\to y=f(x)$$

集合 D 称为函数 f 的**定义域**，记为 D_f. D 中的每一个 x，根据对应法则 f，对应于一个 y，记作 $y=f(x)$，称为函数 f 在 x 的**函数值**，全体函数值的集合

$$R_f=\{y\,|\,y=f(x), x\in(D)\subseteq M$$

称为函数 f 的**值域**，x 称为 f 的**自变量**，y 称为**因变量**.

即，函数是定义域集合中的每个元素恰好有值域中的一个元素与之对应.

一般情况下，可以把函数记法中的第一行省略，只要写成

$$y=f(x),\quad x\in D(=D_f)$$

即可，读作"函数 $y=f(x)$"或"函数 f "．这里 f 表示一种对应法则，对于每一个 $x\in D$，它确定了唯一的 $y=f(x)$ 与 x 对应，如图 12-2 所示．

注意

(1)记号 f 和 $f(x)$ 的含义是有区别的，前者表示自变量 x 和因变量 y 之间的对应法则(即函数)，而后者表示与自变量 x 对应的函数值．但为了叙述方便，习惯上常用记号"$f(x)$，$x\in D$"或"$y=f(x)$，$x\in D$"来表示定义在 D 上的函数，这时应理解为由它所确定的函数 f．

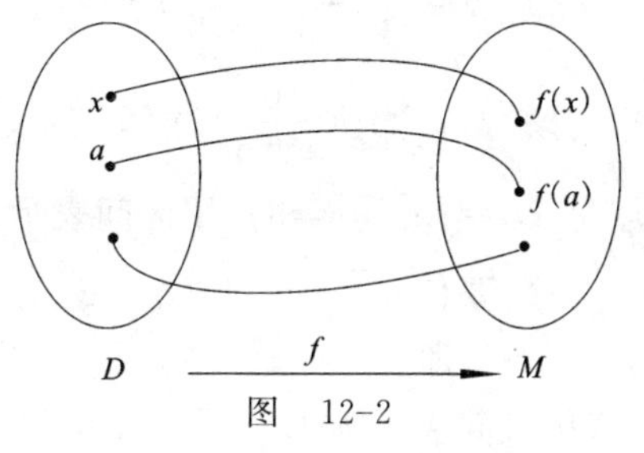

图　12-2

$$x \xrightarrow{f} f(x)$$

(2)函数符号．函数 $y=f(x)$ 中表示对应关系的记号 f 也可改用其他字母，例如"φ"，"F"等．此时函数就记作 $y=\varphi(x)$，$y=F(x)$．

概括起来，构成一个函数必须具备下列两个基本要素：

① 数集 D，即定义域 $D_f=D$；

② 对应法则 f，使每一个 $x\in D$，有唯一确定的 $y=f(x)$ 与之对应．

当两个函数不仅对应法则相同，而且定义域也相同时(于是它们的值域必然相同)，它们表示的是相同的函数，至于此时自变量和因变量采用什么符号是无关紧要的，例如 $y=x^2$，$x\in(-\infty,+\infty)$ 与 $u=v^2$，$v\in(-\infty,+\infty)$ 表示的就是同一函数．即函数只与定义域和对应法则有关，而与变量采用的符号无关．

练一练

判断下列各组函数是否相同，并说明原因：

(1) $y=\dfrac{x^2-x}{x-1}$ 与 $y=x$；　　(2) $y=\ln x^2$ 与 $y=2\ln x$；

(3) $y=\sqrt{x^2}$ 与 $y=x$；　　(4) $y=1-\sin^2 x$ 与 $y=\cos^2 x$；

(5) $y=\sqrt{x^2}$ 与 $y=|x|$；　　(6) $y=\sqrt{1-\cos^2 x}$ 与 $y=\sin x$；

(7) $y=x+\sqrt{2-x}$ 与 $u=v+\sqrt{2-v}$．

给出一个函数 $y=f(x)$，如果 $f(x)$ 是一个代数式，它的定义域是指，使得

(1)分母不为零；

(2) $\sqrt{x}$，　$x\geqslant 0$；

(3) $\ln x$，　$x>0$；

(4)同时含有上述三项时，要求使各部分都成立的交集．

例 1 求下列函数的定义域:

(1) $y=\dfrac{1}{x-3}$; (2) $y=\sqrt{x+2}+\ln(5-x)$; (3) $y=\dfrac{x-1}{x^2-1}$.

解 (1)要使$\dfrac{1}{x-3}$有意义,须使分母 $x-3\neq0$,即 $x\neq3$,所以这个函数的定义域是 $D_f=\{x \mid x\neq3\}$,用区间表示为 $D_f=(-\infty,3)\cup(3,+\infty)$.

(2)要使$\sqrt{x+2}+\ln(5-x)$有意义,须使被开方数 $x+2\geqslant0$ 且对数的真数 $5-x>0$,即 $x\geqslant-2$ 且 $x<5$,所以这个函数的定义域是 $D_f=\{x \mid -2\leqslant x<5\}$,用区间表示为 $D_f=[-2,5)$.

(3)要使$\dfrac{x-1}{x^2-1}$有意义,须使分母 $x^2\neq1$ 即 $x\neq-1$ 且 $x\neq1$,所以这个函数的定义域是 $D_f=\{x|x\neq-1$ 且 $x\neq1\}$,用区间表示为 $D_f=(-\infty,-1)\cup(-1,1)\cup(1,+\infty)$.

练一练

求下列函数的定义域:

(1) $y=\dfrac{1}{x+4}$; (2) $y=\sqrt{x-2}$; (3) $y=\dfrac{x-2}{x^2-4}$;

(4) $y=\dfrac{1}{\sqrt{x+3}}$; (5) $y=\dfrac{1}{2x+1}-\sqrt{3-x}$; (6) $y=\sqrt{x+4}+\ln(2-x)$.

如果 $y=f(x)$是一个代数式,要求 $x=a$ 时的函数值 $f(a)$,只要用 a 替换式子中的 x 计算即可.例如对于函数 $f(x)=-x^2+x+2$,则

$$f(-1)=-(-1)^2+(-1)+2=0, f(3)=-3^2+3+2=-4.$$

例 2 函数 $f(x)=2x^2-5x+1$,求(1) $f(a)$;(2) $\dfrac{f(a+h)-f(a)}{h}$ $(h\neq0)$.

解(1) $f(a)=2a^2-5a+1$;

(2) $f(a+h)=2(a+h)^2-5(a+h)+1=2(a^2+2ah+h^2)-5(a+h)+1$

$=2a^2+4ah+2h^2-5a-5h+1$.

所以
$$\begin{aligned}\frac{f(a+h)-f(a)}{h}&=\frac{(2a^2+4ah+2h^2-5a-5h+1)-(2a^2-5a+1)}{h}\\&=\frac{2a^2+4ah+2h^2-5a-5h+1-2a^2+5a-1}{h}\\&=\frac{4ah+2h^2-5h}{h}=4a+2h-5.\end{aligned}$$

表示函数的主要方法有三种:表格法、图像法、解析法(公式法),这在中学已经熟悉.其中,用图像法表示函数是基于函数图像的概念,即坐标平面上的

点集

$$\{(x,f(x))\mid x\in D\}$$

称为函数 $y=f(x)$，$x\in D$ 的图像，如图 12-3(a)所示；同时也可以在图像中找到函数的定义域和值域，如图 12-3(b)所示．

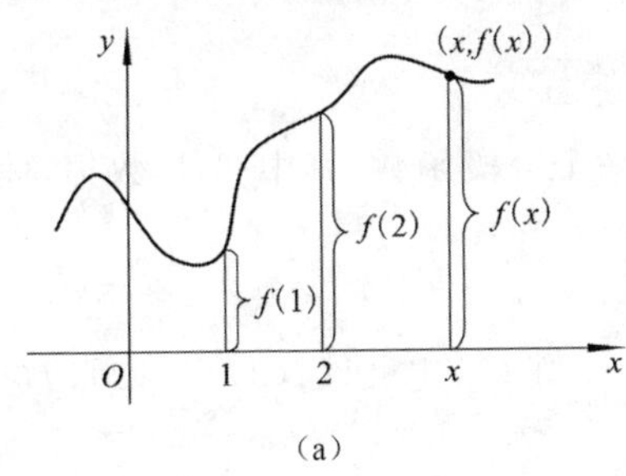

(a)

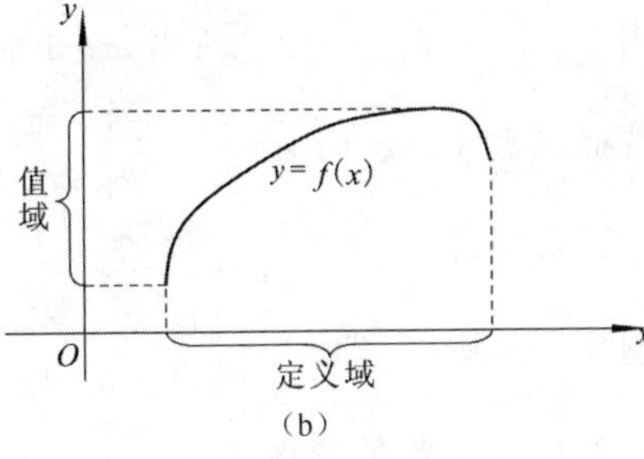

(b)

图　12-3

练一练

1. $f(x)=\sqrt{x}$，求 $f(0)$，$f(a)$，$f(t+h)$．

2. $f(x)=4-3x+x^2$，求 $\dfrac{f(3+h)-f(3)}{h}$．

3. $f(x)=\dfrac{1}{x}$，求 $\dfrac{f(x)-f(a)}{x-a}$．

4. 做出下列函数的图像(列表、描点、作图)：

(1) $f(x)=2x-1$；　(2) $f(x)=x^2-1$．

2. 分段函数

引例 2　旅客携带行李乘飞机旅行时，行李不超过 20 kg 不收费用，若超过 20 kg，每超过 1 kg 收运费 a 元，建立运费 y 与行李重量 x 的函数关系．

分析　因为当 $0\leqslant x\leqslant 20$ 时，运费 $y=0$；当 $x>20$ 时，超过的部分 $(x-20)$ 按每千克收运费 a 元，此时 $y=a(x-20)$．所以函数 y 可以写成：

$$y=\begin{cases}0 & 当\ 0\leqslant x\leqslant 20\\ a(x-20) & 当\ x>20\end{cases}.$$

这样就建立了行李运费 y 与行李重量 x 之间的函数关系，这样的函数称为分段函数．

定义 2　对自变量的不同变化范围，对应法则用不同式子来表示的函数称为**分段函数**．

例如，函数

$$y=f(x)=\begin{cases}2\sqrt{x} & 当\ 0\leqslant x\leqslant 1\\ 1+x & 当\ x>1\end{cases}$$

是一个分段函数,其定义域为 $D_f=[0,1]\cup(1,+\infty)=[0,+\infty)$. 即分段函数的定义域是 x 取值范围的并集.

当 $0\leqslant x\leqslant 1$ 时,$y=2\sqrt{x}$;当 $x>1$ 时,$y=1+x$.

特征函数 $y=x_A(x)=\begin{cases}1 & 当\ x\in A\\ 0 & 当\ x\notin A\end{cases}$ 是一个分段函数,其中 A 是数集,此函数常用于计数统计.

例 3 函数 $y=f(x)=\begin{cases}1-x & 当\ x\leqslant -1\\ x^2 & 当\ x>-1\end{cases}$. 求(1)定义域;(2)$f(-2)$,$f(-1)$,$f(0)$;(3)做出函数的图像.

解 (1)函数的定义域 $D_f=(-\infty,-1]\cup(-1,+\infty)=(-\infty,+\infty)$.

(2)因为 $-2\leqslant -1$,所以 $f(-2)=1-(-2)=3$.

因为 $-1\leqslant -1$,所以 $f(-1)=1-(-1)=2$.

因为 $0>-1$,所以 $f(0)=0^2=0$.

(3)当 $x\leqslant -1$ 时,$f(x)=1-x$,所以函数的这部分图像是一条截止于点$(-1,2)$的射线,点$(-1,2)$包括在其中;当 $x>-1$ 时,$f(x)=x^2$,所以函数的这部分图像是一条从点$(-1,1)$开始的抛物线,并且点$(-1,1)$不在其中,其图像如图 12-4 所示.

例 4 做出函数 $y=|x|=\begin{cases}x & 当\ x\geqslant 0\\ -x & 当\ x<0\end{cases}$的图像.

解 该函数称为绝对值函数.其定义域为 $D_f=(-\infty,+\infty)$,值域为 $M_f=[0,+\infty)$,如图 12-5 所示.

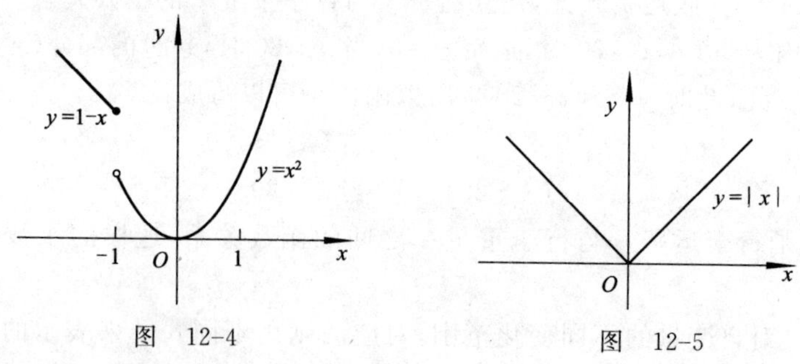

图 12-4　　图 12-5

注意 分段函数是用几个式子合起来表示一个函数,而不是表示几个函数.

练一练

1. 设函数 $y=f(x)=\begin{cases}x & 当\ 0\leqslant x\leqslant 1\\ 2-x & 当\ 1<x\leqslant 2\\ 0 & 当\ x>2\end{cases}$.

求(1)函数的定义域;(2) $f(0.5)$, $f(1.5)$, $f(3)$;(3)做出函数的图像.

2. 求下列函数的定义域,并作出函数的图像:

(1) $y=f(x)=\begin{cases}x+2 & 当\ x<0\\ 1-x & 当\ x\geqslant 0\end{cases}$;

(2) $y=f(x)=\begin{cases}x+2 & 当\ x<-1\\ x^2 & 当\ x\geqslant -1\end{cases}$;

(3)符号函数 $y=\operatorname{sgn} x=\begin{cases}-1 & 当\ x<0\\ 0 & 当\ x=0\\ 1 & 当\ x>0\end{cases}$;

(4)单位阶跃函数 $u(t)=\begin{cases}1 & 当\ t\geqslant 0\\ 0 & 当\ t<0\end{cases}$.

3. 函数的简单特性

有界性　若存在两个常数 m 和 M,使函数 $y=f(x)$ 满足

$$m\leqslant f(x)\leqslant M \quad x\in D,$$

则称 f 在 D **有界**. 其中 m 是它的**下界**,M 是它的**上界**.

注意　当一个函数有界时,它的上界与下界不唯一. 由上面的定义可知,任意小于 m 的数也是 f 的下界,任意大于 M 的数也是 f 的上界.

有界函数的另一定义是"存在正数 M,使函数 $y=f(x)$ 满足 $|f(x)|\leqslant M, x\in D$",可以证明这两种定义是等价的.

例如,函数 $f(x)=\sin x$ 在 $(-\infty,+\infty)$ 内是有界的,因为无论 x 取任何实数,$|\sin x|\leqslant 1$ 都能成立. 这里 $M=1$(也可取大于 1 的任何数作为 M,而 $|\sin x|\leqslant M$ 成立).

单调性　如图 12-6 所示,曲线从 A 到 B 是上升的,从 B 到 C 是下降的,从 C 到 D 是上升的,此时称函数 $f(x)$ 在 $[a,b]$ 上单调增加,在 $[b,c]$ 上单调减少,在 $[c,d]$ 上单调增加.

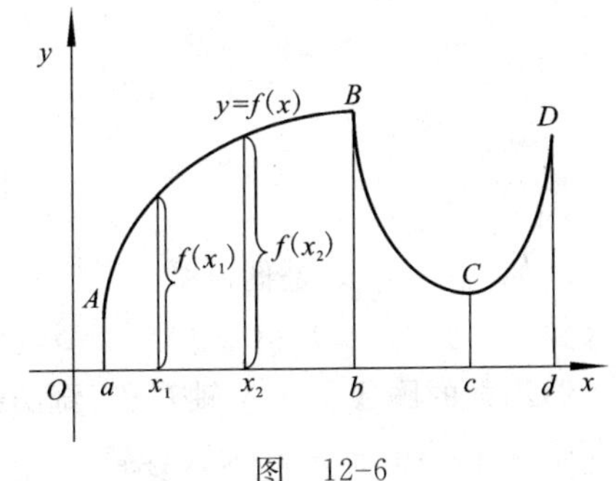

图　12-6

设函数 $f(x)$ 的定义域为 D,$(a,b)\subseteq D$

(1)如果对任意的 x_1、$x_2\in(a,b)$,且 $x_1<x_2$,恒有 $f(x_1)<f(x_2)$,则称函数

$f(x)$在(a,b)内是单调增加的．

(2)如果对任意的x_1、$x_2\in(a,b)$，且$x_1<x_2$，恒有$f(x_1)>f(x_2)$，则称函数$f(x)$在(a,b)内是单调减少的．单调增加和单调减少的函数统称为**单调函数**．

如果函数$y=f(x)$在(a,b)内是增函数(或是减函数)，则称函数$f(x)$在区间(a,b)内是单调函数，区间(a,b)称为函数$f(x)$的单调区间．函数在区间(a,b)内的单调增加或单调减少的性质，称为函数的**单调性**．

例如，图 12-7 是函数$y=x^2$和$y=x^3$的图像．

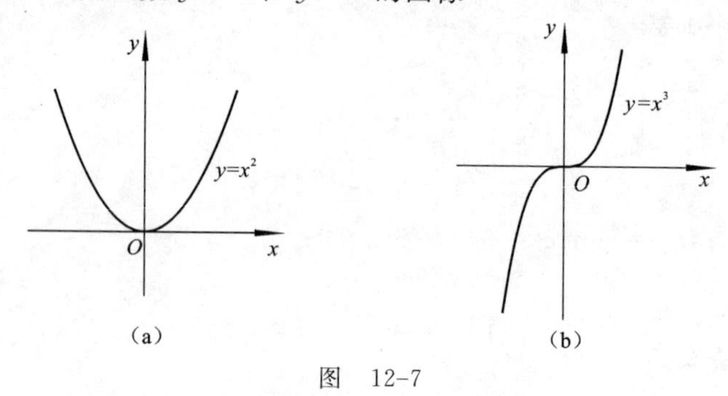

图　12-7

由图可知，函数$y=x^2$在区间$[0,+\infty)$内是单调增加的，在区间$(-\infty,0]$内单调减少的；在区间$(-\infty,+\infty)$内函数$y=x^2$不是单调的．

函数$y=x^3$在区间$(-\infty,+\infty)$内是单调增加的．

函数的奇偶性　设函数$f(x)$的定义域为D，如果对于任意的$x\in D$，恒有$f(-x)=f(x)$，则称$f(x)$为**偶函数**；如图 12-8(a)所示；如果恒有$f(-x)=-f(x)$，则称$f(x)$为**奇函数**，如图 12-8(b)所示．

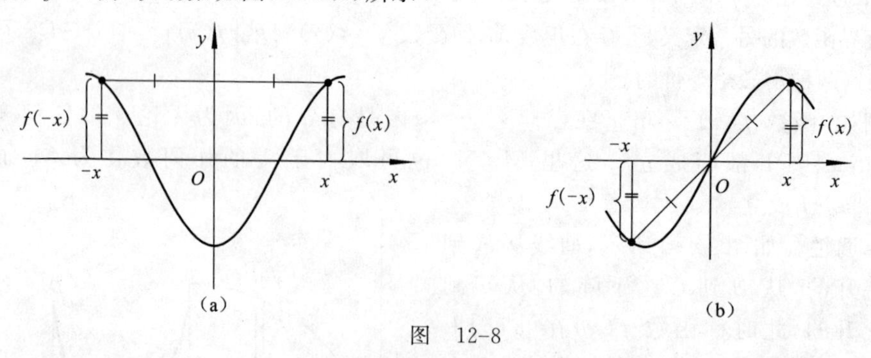

图　12-8

例如，$f(x)=x^2$是偶函数，因为$f(-x)=(-x)^2=x^2=f(x)$；而$f(x)=x^3$是奇函数，因为$f(-x)=(-x)^3=-x^3=-f(x)$.

偶函数的图像关于 y 轴对称，奇函数的图像关于原点对称．

函数$y=\sin x$是奇函数，函数$y=\cos x$是偶函数．

函数 $y=\sin x+\cos x$ 既非奇函数，也非偶函数，称为**非奇非偶函数**.

例 5　判断下列函数的奇偶性：

(1) $f(x)=x^5+x$；　(2) $g(x)=1-x^4$；　(3) $h(x)=2x-x^2$.

解　(1)
$$f(-x)=(-x)^5+(-x)=(-1)^5(x)^5+(-x)=-x^5-x=-(x^5+x)=-f(x),$$
所以 $f(x)=x^5+x$ 是奇函数.

(2) $g(-x)=1-(-x)^4=1-x^4=g(x)$，
所以 $g(x)=1-x^4$ 是偶函数.

(3) $h(-x)=2(-x)-(-x)^2=-2x-x^2$，
$h(-x)\neq h(x)$，且 $h(-x)\neq -h(x)$，所以 $h(x)=2x-x^2$ 是非奇非偶函数.

周期性　设函数 $f(x)$ 的定义域为 D. 若存在不为零的数 T，使得对于任意的 $x\in D$，都有 $x\pm T\in D$，且
$$f(x+T)=f(x)$$
恒成立，则称 $f(x)$ 为**周期函数**，其中 T 称为函数的**周期**，通常周期函数的周期是指它的最小正周期.

例如，$\sin(x+2\pi)=\sin x$，$\cos(x+2\pi)=\cos x$，所以 $y=\sin x$，$y=\cos x$ 都是以 2π 为周期的周期函数；$\tan(x+\pi)=\tan x$，$\cot(x+\pi)=\cot x$，所以 $y=\tan x$，$y=\cot x$ 都是以 π 为周期的周期函数.

判定下列函数的奇偶性：

(1) $f(x)=\dfrac{x}{1+x^2}$；　(2) $f(x)=\dfrac{x^2}{1+x^4}$；　(3) $f(x)=\dfrac{x}{1+x}$；

(4) $f(x)=x|x|$；　(5) $f(x)=1+3x^2-x^4$；　(6) $f(x)=1+3x^3-x^5$.

12.1.3　初等函数

1. 基本初等函数

常数函数　函数 $y=c$ 称为常数函数. 其定义域 $D_f=(-\infty,+\infty)$，无论 x 为何值，y 均为常数 c，如图 12-9 所示.

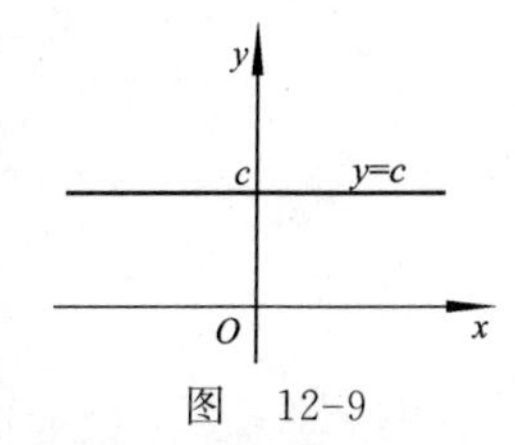

图　12-9

幂函数　函数 $y=x^\mu$（μ 为常数，$\mu\in\mathbf{R}$）称为幂函数. 幂函数 $y=x^\mu$ 的定义域随 μ 的取值而变化，但不论 μ 取什么值，幂函数在 $(0,+\infty)$ 内总有定义. 且图像都过点 $(1,1)$.

下面介绍一些常见的幂函数.

(1)$\mu=n\quad(\mu\in\mathbf{N}_+)$,$y=x^n$,此时函数的定义域为$(-\infty,+\infty)$.

当$n=1,2,3,4$时,有函数$y=x$,$y=x^2$,$y=x^3$,$y=x^4$,如图12-10所示.

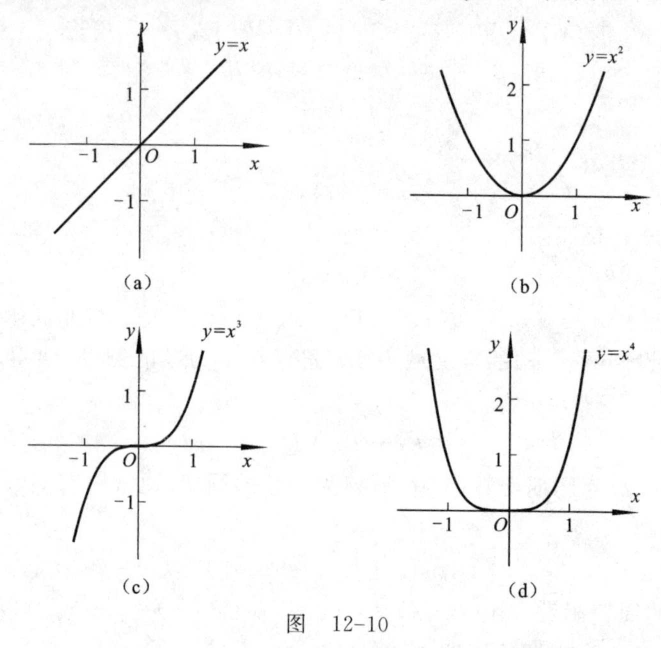

图 12-10

$y=x^n$图像的形状依n是奇数还是偶数来决定.如果n是奇数,那么$y=x^n$是奇函数,图像与$y=x^3$相似,如果n是偶数,那么$y=x^n$是偶函数,图像与$y=x^2$相似.

(2)$\mu=\dfrac{1}{n}(\mu\in\mathbf{N}_+)$,$y=x^{\frac{1}{n}}=\sqrt[n]{x}$.

当$n=2$时,$y=x^{\frac{1}{2}}=\sqrt{x}$,定义域是$[0,+\infty)$;当$n=3$时,$y=x^{\frac{1}{3}}=\sqrt[3]{x}$,定义域为$(-\infty,+\infty)$,如图12-11所示.

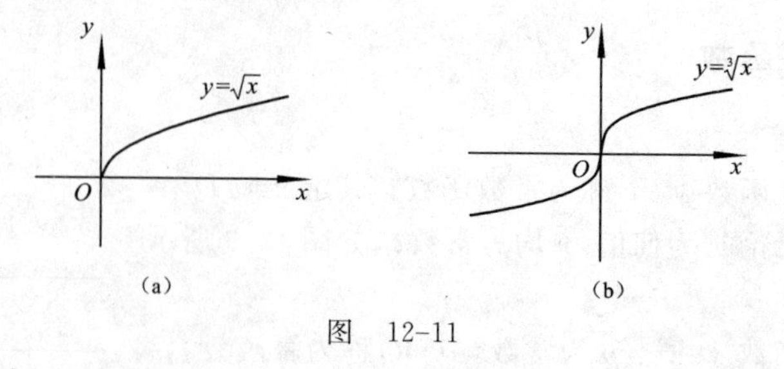

图 12-11

$y=x^{\frac{1}{n}}=\sqrt[n]{x}$图像的形状依$n$是奇数还是偶数来决定.如果$n$是奇数,那么$y=\sqrt[n]{x}$的定义域为$(-\infty,+\infty)$,图像与$y=\sqrt[3]{x}$相似,如果$n$是偶数,$y=\sqrt[n]{x}$的定义域为

$[0,+\infty)$，图像与 $y=\sqrt{x}$ 相似．

(3) $\mu=-1, y=x^{-1}=\dfrac{1}{x}$，函数的定义域为 $(-\infty,0)\cup(0,+\infty)$，为奇函数，如图 12-12 所示．

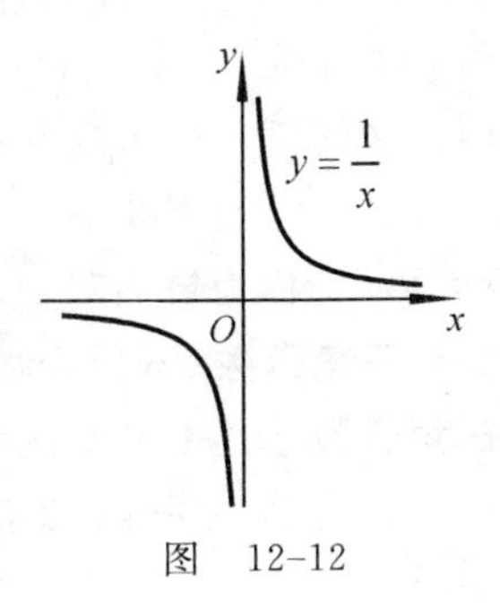

图　12-12

指数函数　函数 $y=a^x$ ($a>0, a\neq1$ 且 a 为常数) 称为**指数函数**．其定义域是实数集 $\mathbf{R}$，即区间 $(-\infty,+\infty)$，因为无论 x 取任何实数值，总有 $a^x>0$，又 $a^0=1$，所以指数函数 $y=a^x$ ($a>0$ 且 $a\neq1$) 的图像，总在 x 轴的上方，指数函数的值域是 $(0,+\infty)$，且通过点 $(0,1)$，如图 12-13 所示.

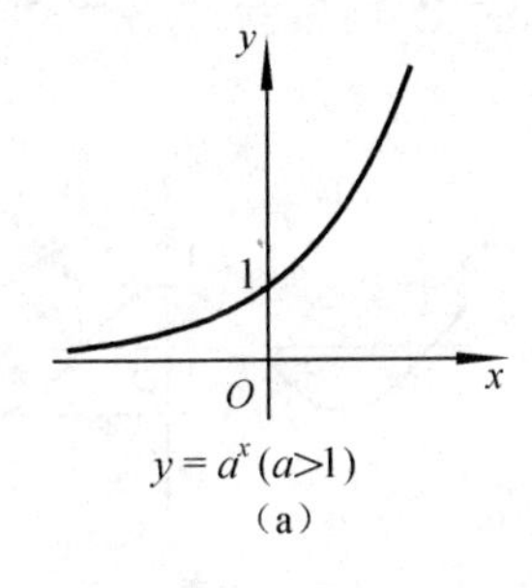

(a)

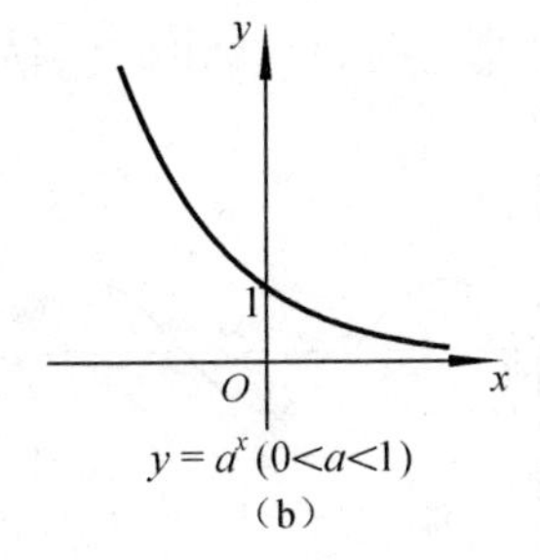

(b)

图　12-13

若 $a>1$，指数函数 a^x 是单调增加的（见图 12-13(a)）；若 $0<a<1$，指数函数 a^x 是单调减少的（见图 12-13(b)）.

对数函数　函数 $y=\log_a x$ ($a>0, a\neq1$，且 a 为常数) 称为**对数函数**，其定义域是正实数集 $\mathbf{R}_+$，即区间 $(0,+\infty)$，值域是 $\mathbf{R}$，如图 12-14 所示．

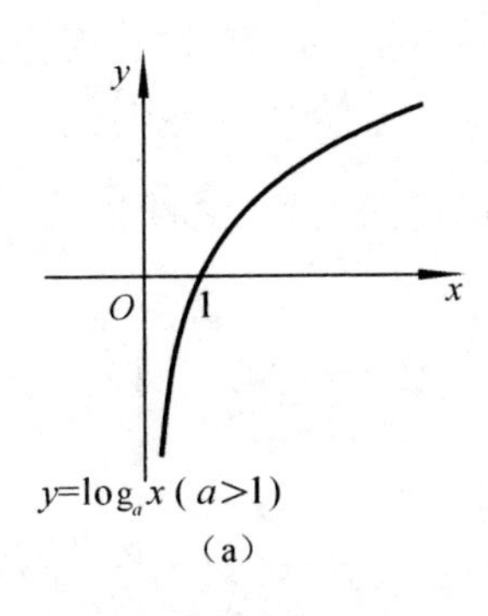

(a)

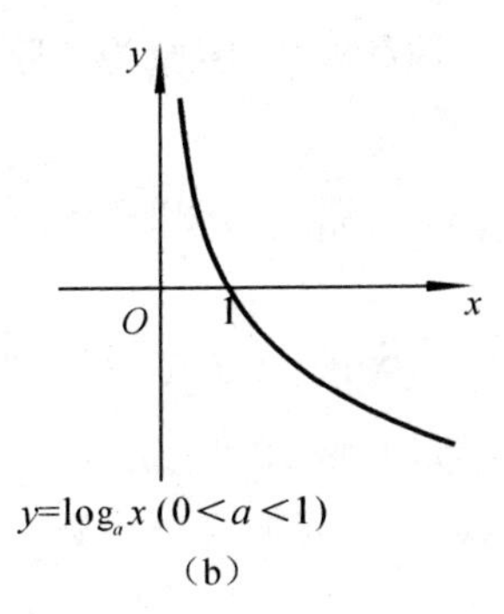

(b)

图　12-14

$y=\log_a x$ ($a>0, a\neq1$，a 为常数) 的图像总在 y 轴右方，且通过点 $(1,0)$.

若 $a>1$，对数函数 $y=\log_a x$ 是单调增加的，在开区间 $(0,1)$ 内函数值为负，而在区间$(1,+\infty)$内函数值为正(图 12-14(a)).

若$0<a<1$,对数函数 $y=\log_a x$ 是单调减少的,在开区间$(0,1)$内函数值为正,而在区间$(1,+\infty)$内函数值为负(图 12-14(b)).

工程问题中常常遇到以常数 e(e 是无理数,$e\approx 2.718$)为底的对数函数,$y=\log_e x$ 称为**自然对数函数**,简记作 $y=\ln x$.

三角函数 $y=\sin x$、$y=\cos x$、$y=\tan x$、$y=\cot x$、$y=\sec x$、$y=\csc x$ 统称为**三角函数**. 其中自变量 x 以弧度来表示.

常用的三角函数有正弦函数 $y=\sin x$、余弦函数 $y=\cos x$、正切函数 $y=\tan x$.

$y=\sin x$ 和 $y=\cos x$ 都是以 2π 为周期的周期函数,它们的定义域都是$(-\infty,+\infty)$,值域都是$[-1,1]$,如图 12-15 所示.

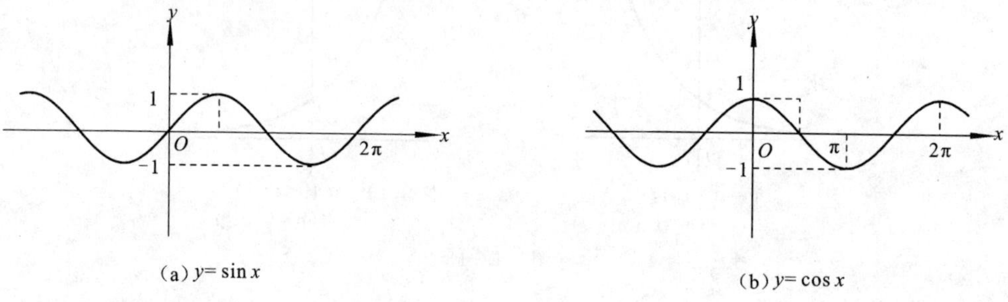

图 12-15

对于所有的 $x\in(-\infty,+\infty)$,有

$$\boxed{-1\leqslant\sin x\leqslant 1 \quad -1\leqslant\cos x\leqslant 1}$$

即
$$|\sin x|\leqslant 1;|\cos x|\leqslant 1.$$

$y=\sin x$ 是奇函数,图像关于原点对称;$y=\cos x$ 是偶函数,图像关于 y 轴对称.

正切函数 $y=\tan x=\dfrac{\sin x}{\cos x}$是以 π 为周期的周期函数,它的定义域为

$D=\{x|x\in\mathbf{R},x\neq(2n+1)\dfrac{\pi}{2},n\in\mathbf{Z}\}$,值域是$(-\infty,+\infty)$,如图 12-16 所示.

正切函数 $y=\tan x$ 为奇函数,图像关于原点对称.

余切函数 $y=\cot x$ 是正切函数的倒数,正割函数 $y=\sec x$ 是余弦函数的倒数,余割函数 $y=\csc x$ 是正弦函数的倒数,即

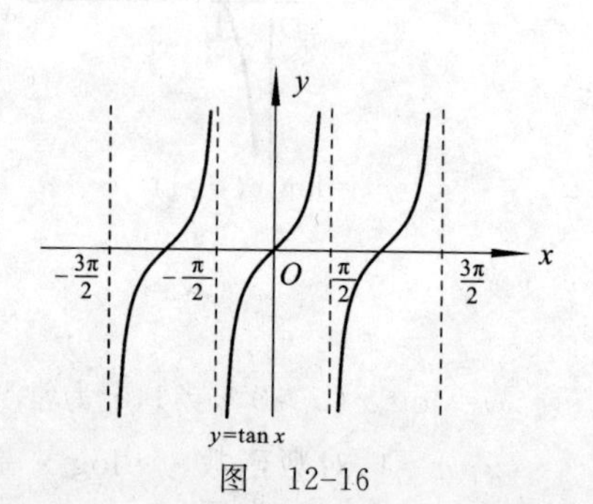

图 12-16

$$\cot x=\frac{1}{\tan x},\quad \sec x=\frac{1}{\cos x},\quad \csc x=\frac{1}{\sin x}.$$

反三角函数

$$y=\arcsin x\quad x\in[-1,1]\quad y\in\left[-\frac{\pi}{2},\frac{\pi}{2}\right],\quad y=\arccos x\quad x\in[-1,1]\quad y\in[0,\pi],$$

$$y=\arctan x\quad x\in\mathbf{R}\quad y\in\left(-\frac{\pi}{2},\frac{\pi}{2}\right),\quad y=\operatorname{arccot} x\quad x\in\mathbf{R}\quad y\in(0,\pi),$$

称为反三角函数．

图 12-17 给出的是常用的反正弦函数 $y=\arcsin x$ 和反正切函数 $y=\arctan x$ 的图像．

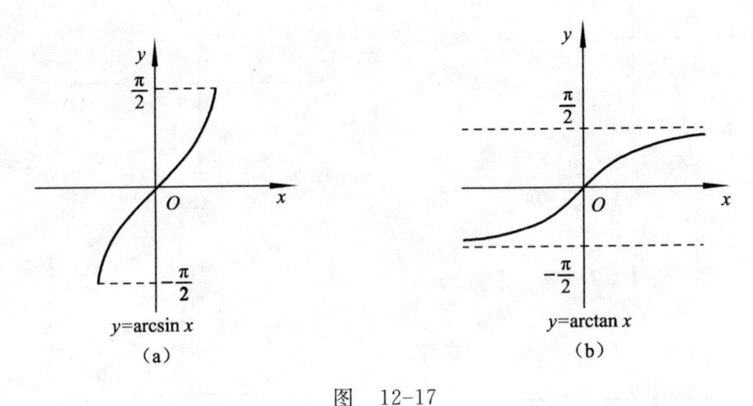

图　12-17

下面给出一些今后在高等数学和专业课学习中常用的三角函数公式：

同角三角函数的关系

① 平方关系

$$\sin^2 x+\cos^2 x=1;\quad 1+\tan^2 x=\sec^2 x;\quad 1+\cot^2 x=\csc^2 x.$$

② 商数关系

$$\tan x=\frac{\sin x}{\cos x};\quad \cot x=\frac{\cos x}{\sin x}.$$

③ 倒数关系

$$\cot x=\frac{1}{\tan x};\quad \sec x=\frac{1}{\cos x};\quad \csc x=\frac{1}{\sin x}.$$

二倍角公式

$$\sin 2x=2\sin x\cos x;$$

$$\cos 2x=\cos^2 x-\sin^2 x=2\cos^2 x-1=1-2\sin^2 x.$$

半角公式

$$\sin^2 x=\frac{1-\cos 2x}{2};\quad \cos^2 x=\frac{1+\cos 2x}{2}.$$

练一练

1. 分辨下列函数的类型(幂函数、指数函数、对数函数):

(1)$y=\log_2 x$; (2)$y=\pi^x$; (3)$y=x^{\pi}$; (4)$y=\sqrt[4]{x}$;(5)$v(t)=5^t$.

2. 从图 12-18 中找出对应的函数,并解释你的选择.

(1)$y=3x$; (2)$y=3^x$; (3)$y=x^3$; (4) $y=\sqrt[3]{x}$.

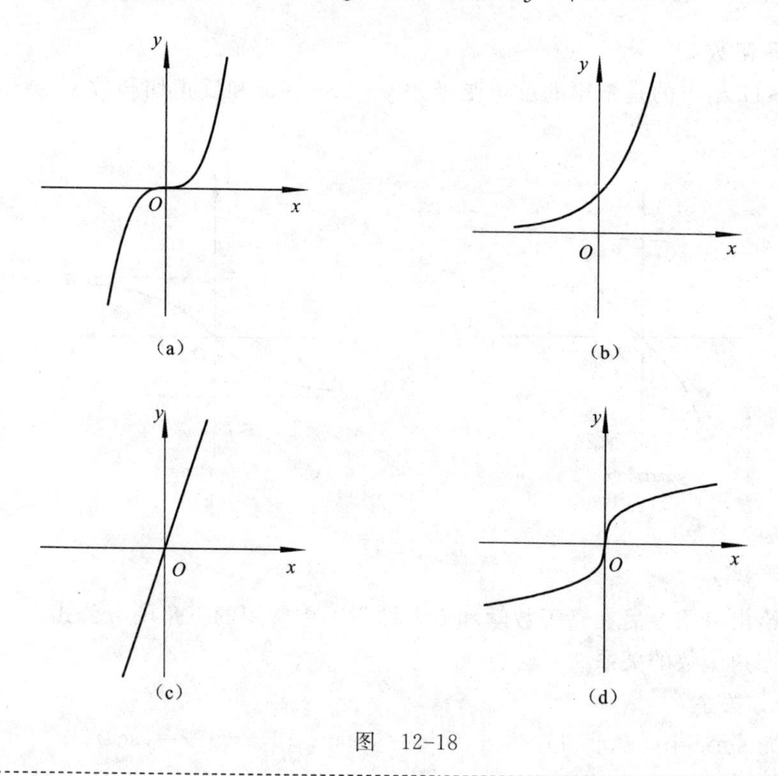

图 12-18

2. 复合函数

若 $y=f(u)$,$u=\varphi(x)$,当 $u=\varphi(x)$的值域全部或部分落在 $f(u)$的定义域内时(即两个函数解析式中 u 的取值范围有公共部分),得到一个以 x 为自变量 y 为因变量的函数,称其为由函数 $y=f(u)$和函数 $u=\varphi(x)$构成的**复合函数**,记为 $y=f(\varphi(x))$,变量 u 称为**中间变量**.

例如,$y=f(u)=\sqrt{u}$,$u=g(x)=x^2+1$,y 是 u 的函数,而 u 是 x 的函数,通过 u,y 是 x 的函数

$$y=f(u)=f(g(x))=f(x^2+1)=\sqrt{x^2+1}.$$

我们称这个函数为由 $y=f(u)=\sqrt{u}$ 与 $u=g(x)=x^2+1$ 复合而成的复合函数.

但不是任意给出两个函数都能复合，如函数 $y=f(u)=\ln u$ 和函数 $u=-2-x^2$ 不能构成复合函数，这是因为对任一 $x\in\mathbf{R}$，$u=-2-x^2$ 均不在 $y=f(u)=\ln u$ 的定义域 $(0,+\infty)$ 内（即两个函数解析式中 u 的取值范围没有公共部分）.

例 6　函数 $f(u)=u^2$，$u=g(x)=x-3$，求 $f(g(x))$.

解　$f(g(x))=f(x-3)=(x-3)^2$.

有时，一个复合函数可能由三个或更多的函数复合而成．例如，由函数 $y=2^u$，$u=\sin v$ 和 $v=x^2+1$ 可以复合成函数 $y=2^{\sin(x^2+1)}$，其中 u 和 v 都是中间变量．反之，分析一个复合函数的复合结构一般由外向里，每一步大都是基本初等函数的形式．

例 7　指出下列复合函数的复合过程：

(1) $y=\cos^2 x$；　(2) $y=\sqrt{\cot\dfrac{x}{2}}$；　(3) $y=\mathrm{e}^{\sin(x-1)}$.

解　(1) 因为 $y=(\cos x)^2$，通过由外向内的复合方式，得其复合过程为

$$y=u^2,u=\cos x;$$

(2) $y=\sqrt{u},u=\cot v,v=\dfrac{x}{2}$；

(3) $y=\mathrm{e}^u,u=\sin v,v=x-1$.

练一练

1. 求由下列各组函数复合而成的复合函数：

(1) $y=f(u)=u^2-1$，　$u=g(x)=2x+1$；

(2) $y=f(u)=u-2$，　$u=g(x)=x^2+3x+4$；

(3) $y=f(u)=1-3u$，　$u=g(x)=\cos x$；

(4) $y=f(u)=3u-2$，　$u=g(v)=\sin v$，　$v=x^2$.

2. 指出下列复合函数的复合过程：

(1) $y=(2x-1)^4$；　(2) $y=\sin^2 x$；　(3) $y=\ln^2(3-2x)$；

(4) $y=\dfrac{1}{\sqrt{x^2-1}}$；　(5) $y=\tan\left(x+\dfrac{\pi}{4}\right)$；　(6) $y=2^{\cos 5x}$.

3. 初等函数

由基本初等函数经过有限次的四则运算和有限次的复合所构成的函数，称为**初等函数**．

例如 $y=\sin^2(3x+1)$、$y=\ln(x+\sqrt{x^2+a^2})$、$y=\mathrm{e}^{\cos x}$、$y=\dfrac{x^2-3x+5}{\sqrt{x+2}}$ 等都是初等函数．

常见的函数都是初等函数，高等数学主要研究初等函数．

分段函数一般不是初等函数,但绝对值函数除外(如 $y=|x|=\sqrt{x^2}$).

12.1.4 函数的应用

1. 基本初等函数的应用

幂函数 用一个正方形的面积 S 来给出其边长 a 的函数关系,即为分数指数幂

$$a=\sqrt{S}=S^{\frac{1}{2}}.$$

类似的,表示在一个岛上所发现的物种的平均数与该岛的面积的关系也会有分数指数幂,即若 N 是物种数量,A 是岛的面积,有

$$N=K\sqrt[3]{A}=KA^{\frac{1}{3}},$$

其中 K 是与岛所处的地域有关的常数.

三角函数 三角函数的显著特征是周期性,具有周期性的事物,可考虑用适当的三角函数来刻画.如月圆月缺、交流电、经济规律、人的心脏跳动、血压、人的生理、情绪等都有周期性,都可以运用三角函数来描述.

例如,某地海平面(海潮)变化规律为

$$y=1.51+1.5\cos\left(\frac{2\pi}{12.4}t\right)=1.51+1.5\cos(0.507t).$$

又如,家庭中的交流电电压的变化规律为

$$V=V_0\cos(100\pi t).$$

指数函数 指数函数只有两种类型:指数增长 $y=a^x(a>1)$和指数衰减

$$y=a^x(0<a<1).$$

许多事物的变化规律都服从指数变化规律,因而指数函数是理解真实世界事物发展过程的基础.

例如,人口按指数增长.经研究发现,每一种指数增长型人口总数都有一个固定的倍增期,当前世界人口的倍增期约为 38 年.如果你活到 76 岁,则在你一生中,世界人口预计会增长四倍.

又如"知识爆炸"也按指数增长,有科学家提出的增长模型为 $y=Ae^{kt}$.如科学家每 50 年增长 10 倍,论文数量 10~15 年增长一倍等.

2. 数学建模基础知识

我们常见有飞机模型、建筑模型、城市或单位的沙盘模型等实物模型,有地图、电路图、建筑图、管理流程图等符号模型,还有计算机三维图片的仿真模型.

模型是对实际事物即原型的一种反映.科学研究与解决问题的主要方法是建立模型.

数学模型,从广义上讲,一切数学概念、数学理论体系、各种数学公式、各种方程式、各种函数关系,以及由公式系列构成的算法系统等等都可以称为数学模型.

从狭义上讲，只有那些反映特定问题或特定的具体事物系统的数学关系的结构，才称为数学模型．在现代应用数学中，数学模型都作狭义解释．而建立数学模型的目的，主要是为了解决具体的实际问题．

例如，世界大国的核武器竞赛中，20 世纪 70 年代美苏曾签订一项核武器协定：陆地州际导弹美国限制为 1054 枚，苏联为 2000 枚．为什么美国愿意签订这样“一比二”的协定？后来人们才知道，美国政府曾委托美国著名的“智囊”——兰德公司研究这一问题．兰德公司通过实验与研究建立了一个核弹数学模型

$$K=\frac{y^{\frac{2}{3}}}{c^2}.$$

其中，K 是核武器的伤毁值，y 是威力（TNT 当量），c 是精度（与目标的距离）．这是一个初等数学模型，反映出核弹主要因素之间的比例关系与指数关系．即当威力增加 8 倍时，伤毁值增加 4 倍；当精度增加 8 倍时，伤毁值增加 64 倍．

结论是：核武器的发展方向是精度更重要．此后美国核武器发展的战略为——数量较少但精度较高．

3. 数学模型的建立过程

研究数学模型，建立数学模型，进而借鉴数学模型，对提高解决实际问题的能力，以及提高数学素养都是十分重要的．

具体到建立函数模型，可分为下列步骤：

(1)分析问题中哪些是变量，哪些是常量，分别用字母表示；

(2)根据所给条件，运用数学或物理知识，确定等量关系；

(3)具体写出解析式 $y=f(x)$，并指明定义域．

例 8　设有一块边长为 a 的正方形薄板，将它的四角剪去边长相等的小正方形，制作一只无盖盒子，如图 12-19 所示，试将盒子的体积表示成小正方形边长的函数.

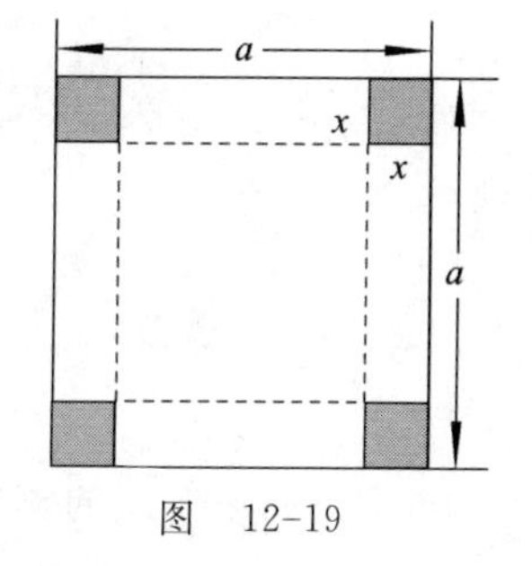

图　12-19

解　设剪去的小正方形的边长为 x，盒子的体积为 V．则盒子的底面积为$(a-2x)^2$，高为 x，因此所求的函数关系为

$$V=x(a-2x)^2,\quad x\in\left(0,\frac{a}{2}\right).$$

例 9　由直线 $y=x$，$y=2-x$ 及 x 轴所围成的等腰三角形 ABC（见图 12-20），在底边上任取一点 $x\in[0,2]$．过 x 作垂直 x 轴的直线，将图上阴影部分的面积表示成 x 的函数．

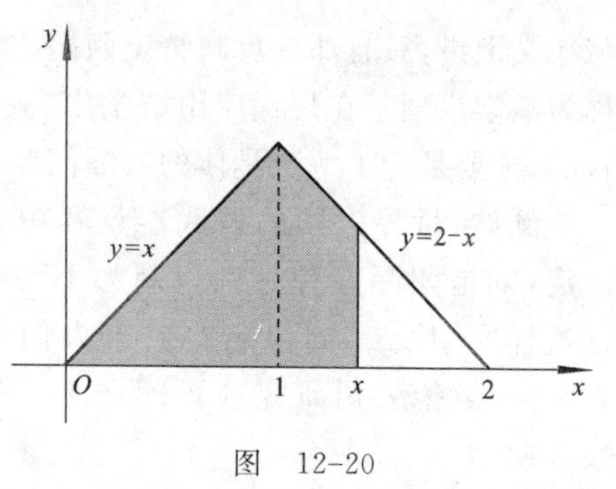

图 12-20

解 设阴影部分的面积为A,当$x\in[0,1)$时,$A=\frac{1}{2}x^2$,当$x\in[1,2]$时,$A=1-\frac{1}{2}(2-x)^2$. 所以

$$A=\begin{cases}\frac{1}{2}x^2 & 当\ x\in[0,1)\\ 2x-\frac{1}{2}x^2-1 & 当\ x\in[1,2]\end{cases}.$$

例 10 某一玩具公司生产x件玩具将花费$400+5\sqrt{x(x-4)}$($x>4$且为整数)元,如果每件玩具卖48元,那么公司生产x件玩具获得的净利润是多少?

解 因为净利润=销售收入-成本,经过简单分析,可以得到公司生产x件玩具获得的净利润y为

$$y=48x-400-5\sqrt{x(x-4)}\ (x>4\ 且为整数).$$

例 11 一汽车租赁公司出租某种汽车的收费标准为:每天的基本租金200元,另外每公里收费为15元/km. (1)试建立每天的租车费与行车路程(单位:km)之间的函数关系;(2)若某人某天付了400元租车费,问他开了多少公里?

解 (1)设每天租车费为y,行车路程公里数为x,则y为每天的基本租金200元和当天开车x(km)所收费用$15x$之和,即

$$y=200+15x.$$

(2)把$y=400$代入上式中有

$$400=200+15x,$$

$$x\approx13.3(\text{km}).$$

建立函数模型是一个比较灵活的问题,无定法可循,只有多做些练习才能逐步掌握.

习 题 12.1

1. 把下列不等式的解集用区间表示:

(1)$2<x\leqslant6$; (2)$|x|<3$; (3)$|x-2|<4$;

(4)$|x|>5$; (5)$0<|x-1|<0.01$.

2. 判断下列各组函数是否相同,并说明原因:

(1) $y=\frac{x}{x}$与$y=1$; (2) $y=\sqrt{1-\sin^2x}$与$y=\cos x$;

(3) $y=\sqrt[3]{x^4}$与$y=x\sqrt[3]{x}$; (4) $y=\sqrt{1-\cos^2x}$与$y=|\sin x|$;

(5) $y=\sqrt{x^2}$ 与 $y=x$； (6) $y=e^x+\sqrt{1-x}$ 与 $u=e^v+\sqrt{1-v}$.

3. 求下列函数的定义域：

(1) $y=\dfrac{2x}{x^2-3x+2}$； (2) $y=\ln(x+1)$；

(3) $y=\sqrt{4-x^2}$； (4) $y=\dfrac{x+1}{x^2-4x-5}$；

(5) $y=\dfrac{1}{2x+1}\ln(x+2)$； (6) $y=\sqrt{x+3}+\ln(1-x)$；

(7) $y=\dfrac{1}{\sqrt{x+1}}-\dfrac{1}{x}$； (8) $y=\dfrac{\ln(5-x)}{\sqrt{x+2}}$.

4. 求函数值：

(1) $f(x)=\sqrt{4+x^2}$，求 $f(0)$，$f(1)$，$f(-1)$，$f\left(\dfrac{1}{a}\right)$，$f(x_0)$，$f(x_0+h)$；

(2) $f(x)=3x+2$，求 $f(1)$，$f(1+h)$，$\dfrac{f(1+h)-f(1)}{h}$.

5. 设 $f(x)=\begin{cases}x+1 & 当\ x\leqslant 2\\ \sin x & 当\ 2<x\leqslant 5\end{cases}$，(1) 求 $f(x)$ 的定义域；(2) 求 $f\left(-\dfrac{\pi}{2}\right)$，$f(2)$，$f(\pi)$.

6. 判断下列函数的奇偶性：

(1) $f(x)=x^2(1-x^2)$； (2) $f(x)=3x^2-x^3$；

(3) $f(x)=x(x-1)(x+1)$； (4) $f(x)=|\sin x|$；

(5) $f(x)=\sin x-\cos x+1$； (6) $f(x)=\dfrac{1-x^2}{1+x^2}$.

7. 指出下列复合函数的符合过程：

(1) $y=(5x+1)^{20}$； (2) $y=\dfrac{1}{\sqrt{4-x^2}}$； (3) $y=\sin^3(3x+5)$；

(4) $y=\sqrt{\tan\dfrac{x}{2}}$； (5) $y=\ln\tan\dfrac{1}{x}$； (6) $y=e^{\sin 3x}$.

8. 某工厂生产计算机的日生产能力为 0～100 台，工厂维持生产的日固定费用为 4 万元，生产一台计算机的直接费用(含材料费和劳务费)是 4250 元．试建立该厂日生产台计算机的总费用函数，并指出其定义域．

9. 已知铁路线上 AB 段的距离为 100 km，B 距设供应站．工厂 C 离 A 处为 20km，$AC\perp AB$，如图 12-21 所示．为了运输需要，要在铁路线 AB 上选定一点 D，向工厂 C 建一条公路，让货物从 B 点通过铁路运到 D 点，通过公路运到 C 点．已知铁路上货运的费用为 $3K$ 元/km，公路上货运的费用为 $5K$ 元/km(K 为某个正数)，设

$AD=x$(km),建立使货物从供应站 B 运到工厂 C 的总费用 y 与 x 之间的函数关系.

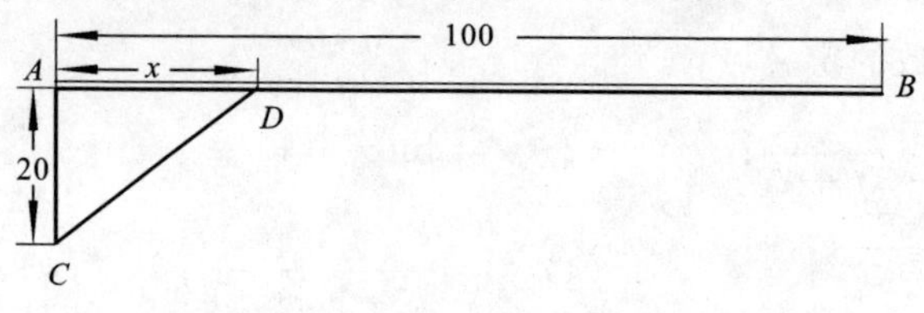

图　12-21

10. 旅客乘坐飞机可免费携带不超过 20 kg 的行李,若超过 20 kg,每千克交运费 a 元,试建立运费 y 与行李重量 x 的函数关系.

11. 通信公司收取手机每月 35 元的基本费用.此费用包括免费接听及 200 min免费打出电话,超出时间打出电话每分钟收 0.20 元,写出月使用手机费用 C 与手机打出电话时间 x 的函数关系.

12.2　极限的概念

本节重点知识:

1. 数列的极限.

2. 函数的极限.

12.2.1　数列的极限

极限概念是由于求某些实际问题的精确解答而产生的,是高等数学最基本的概念之一.我国古代数学家刘徽(公元 3 世纪)利用圆内接正多边形来推算圆面积的方法,即割圆术就是极限思想在几何学上的应用.

设有一圆,首先作内接正六边形,把它的面积记为 A_1;再作内接正十二边形,其面积记为 A_2;再作内接正二十四边形,其面积记为 A_3;循此下去,每次边数加倍,一般地把内接正 $6\times 2^{n-1}$ 边形的面积记为 $A_n(n\in\mathbf{N})$.这样,就得到一系列内接正多边形的面积

$$A_1, A_2, A_3, \cdots, A_n, \cdots$$

它们构成一列有次序的数.当 n 越大,内接正多边形与圆的差别就越小,从而以 A_n 作为圆面积的近似值也越精确.但是无论 n 取的如何大,只要 n 取定了,A_n 终究只是多边形的面积,而还不是圆的面积.因此,设想 n 无限增大(记为 $n\to\infty$,读作 n 趋于无穷大),即内接正多边形的边数无限增加,在这个过程中,内接正多边形无限接近于圆,同时 A_n 也无限接近于某一确定的数值,这个确定的数值就理解为圆的面积.这个确定的数值在数学上称为上面这列有次序的数(所谓数列)

$$A_1, A_2, A_3, \cdots, A_n, \cdots$$

当 $n \to \infty$ 时的极限．在圆面积问题中我们看到，正是这个数列的极限才精确地表达了圆的面积．

在解决实际问题中逐渐形成的这种极限方法，已成为高等数学中的一种基本方法，因此有必要作进一步的阐明．

先说明数列的概念．

按一定顺序排列的一列数

$$x_1, x_2, x_3, \cdots, x_n, \cdots$$

称为**数列**，数列中的每一个数称为数列的项，第 n 项 x_n 称为数列的一般项．

例如

$$\frac{1}{2}, \frac{2}{3}, \frac{3}{4}, \frac{4}{5}, \cdots, \frac{n}{n+1}, \cdots;$$

$$2, 4, 8, 16, \cdots, 2^n, \cdots;$$

$$\frac{1}{2}, \frac{1}{4}, \frac{1}{8}, \frac{1}{16}, \cdots \frac{1}{2^n}, \cdots;$$

$$1, -1, 1, -1, \cdots, (-1)^{n-1}, \cdots;$$

$$2, \frac{1}{2}, \frac{4}{3}, \frac{3}{4}, \frac{6}{5}, \cdots, \frac{n+(-1)^{n-1}}{n}, \cdots;$$

都是数列的例子．数列

$$x_1, x_2, x_3, \cdots, x_n, \cdots$$

也简记为数列 $\{x_n\}$．

定义 1　如果当 n 无限增大时，数列 $\{x_n\}$ 无限趋近于一个确定的常数 A，我们就称 A 是数列 $\{x_n\}$ 的**极限**，或称数列 $\{x_n\}$ 收敛于 A，记作

$$\lim_{n\to\infty} x_n = A \quad 或 \quad x_n \to A \quad (n\to\infty)$$

如果当 $n\to\infty$ 时，数列 $\{x_n\}$ 不趋于一个确定的常数，我们就说数列 $\{x_n\}$ 没有极限，或称数列 $\{x_n\}$ 是发散的．

练一练

在数轴上画出上述各数列表示的点集，并判断每个数列是否有极限．

极限的唯一性定理，数列 $\{x_n\}$ 如果有极限，则极限值必唯一．

12.2.2　函数的极限

1. 当 $x\to\infty$ 时，函数 $f(x)$ 的极限

$x\to\infty$ 包括以下两种情况：

(1) x 取正值且无限增大，表示 x 沿着 x 轴正半轴趋于正无穷大，记作 $x\to+\infty$；

(2)x 取负值且绝对值无限增大(即 x 无限减小),表示 x 沿着 x 轴负半轴趋于负无穷大,记作 $x\to-\infty$.

引例 讨论当 $x\to\infty$ 时,函数 $f(x)=\dfrac{1}{x}(x\neq 0)$ 的变化趋势.

分析 列表(见表 12-4)观察当 $x\to\infty$ 时,函数 $f(x)=\dfrac{1}{x}(x\neq 0)$ 的变化趋势.

表 12-4(a)

x	1	10	100	1000	10000	100000	1000000	…
$f(x)=\dfrac{1}{x}$	1	0.1	0.01	0.001	0.0001	0.00001	0.000001	…

当 $x\to+\infty$ 时, $f(x)=\dfrac{1}{x}\to 0$;

表 12-4(b)

x	−1	−10	−100	−1000	−10000	−100000	−1000000	…
$f(x)=\dfrac{1}{x}$	−1	−0.1	−0.01	−0.001	−0.0001	−0.00001	−0.000001	…

当 $x\to-\infty$ 时, $f(x)=\dfrac{1}{x}\to 0$,

所以,当 $x\to\infty$ 时, $f(x)=\dfrac{1}{x}\to 0$.

用图像考察,从图 12-22 可以看出,当 $x\to\infty$ 时, $f(x)=\dfrac{1}{x}\to 0$.

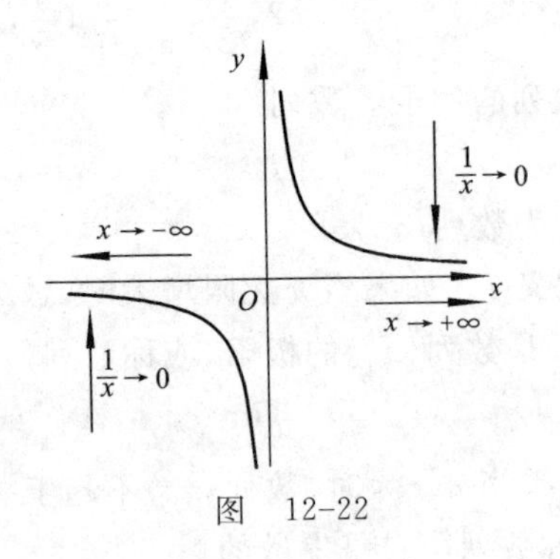

图 12-22

定义 2 如果当自变量 x 的绝对值无限增大(记作 $x\to\infty$)时,对应的函数值无限趋近于一个确定的常数 A,则称 A 为函数 $f(x)$ 当 $x\to\infty$ 时的极限,记作

$$\lim_{x\to\infty}f(x)=A \quad 或 \quad f(x)\to A \quad (当\ x\to\infty\ 时).$$

如果 $x>0$ 且无限增大(记作 $x\to+\infty$),对应的函数值无限趋近于一个确定的常数 A,则称 A 为函数 $f(x)$ 当 $x\to+\infty$ 时的极限,记作

$$\lim_{x\to+\infty}f(x)=A \quad 或 \quad f(x)\to A \quad (当\ x\to+\infty\ 时).$$

同样,$x<0$ 而绝对值无限增大(记作 $x\to-\infty$),对应的函数值无限趋近于一个确定的常数 A,则称 A 为函数 $f(x)$ 当 $x\to-\infty$ 时的极限,记作

$$\lim_{x\to-\infty}f(x)=A \quad 或 \quad f(x)\to A \quad (当\ x\to-\infty\ 时).$$

由上述这些极限定义不难得到如下结论:

$$\boxed{\lim_{x\to\infty} f(x) = A \quad \text{当且仅当} \quad \lim_{x\to+\infty} f(x) = \lim_{x\to-\infty} f(x) = A}$$

例 1　做出函数 $y = \left(\dfrac{1}{2}\right)^x$ 和 $y = 2^x$ 的图像，并判断下列极限：

(1) $\lim\limits_{x\to+\infty}\left(\dfrac{1}{2}\right)^x$；(2) $\lim\limits_{x\to-\infty} 2^x$；(3)当 $x\to\infty$ 时，$\left(\dfrac{1}{2}\right)^x$ 和 2^x 的极限是否存在？

解　做出函数的图像(见图 12-23). 由图像可知：

(1) $\lim\limits_{x\to+\infty}\left(\dfrac{1}{2}\right)^x = 0$.

(2) $\lim\limits_{x\to-\infty} 2^x = 0$.

(3)虽然 $\lim\limits_{x\to+\infty}\left(\dfrac{1}{2}\right)^x = 0$，但 $\lim\limits_{x\to-\infty}\left(\dfrac{1}{2}\right)^x$ 不存在，所以 $\lim\limits_{x\to\infty}\left(\dfrac{1}{2}\right)^x$ 不存在；同理，虽然 $\lim\limits_{x\to-\infty} 2^x = 0$，但 $\lim\limits_{x\to+\infty} 2^x$ 不存在，所以 $\lim\limits_{x\to\infty} 2^x$ 不存在.

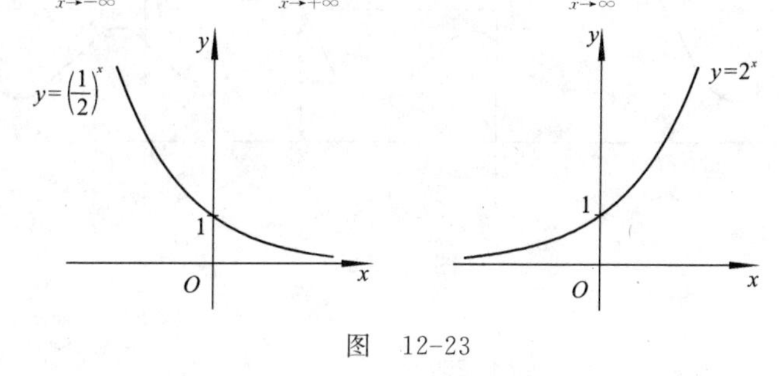

图　12-23

2. 当 $x\to x_0$ 时函数 $f(x)$ 的极限

观察当 x 从 4 的两侧趋近于 4 时，$f(x)=2x-1$ 的变化趋势(见表 12-5).

表 12-5

x	2	3.6	3.9	3.99	3.999	…	4.001	4.01	4.1	4.8	5
$f(x)=2x-1$	3	6.2	6.8	6.98	6.998	…	7.002	7.02	7.2	8.6	9

当 x 从 4 的左右两侧趋近于 4 且不等于 4 时，$f(x)=2x-1$ 的函数值趋近于 7.

用图像考察(见图 12-24)，从图中可以看出，当 x 从 4 的左右两侧趋近于 4 且不等于 4 时，$f(x)=2x-1$ 的函数值趋近于 7，即当 $x\to4$ 时，$2x-1\to7$.

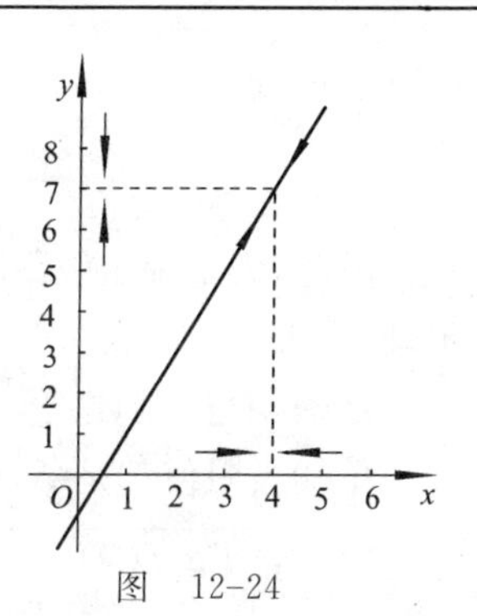

图　12-24

因此，当 x 从 4 的两侧趋近于 4 但又不等于 4 时，就称 7 是 $2x-1$ 的极限，记作

$$\lim_{x\to 4}(2x-1)=7.$$

定义 3 设函数 $f(x)$ 在点 x_0 的某个去心邻域内有定义，如果当 x 从 x_0 的左右两侧无限趋近于 x_0 且不等于 x_0 时，函数 $f(x)$ 无限趋近于一个确定的常数 A，则称 A 是函数 $f(x)$ 当 x 趋近于 x_0 时的极限，记作

$$\lim_{x\to x_0}f(x)=A \quad 或 \quad f(x)\to A \ (当\ x\to x_0\ 时).$$

注意 在上述极限的定义中，只考虑当 x 趋近于 x_0 时，函数 $f(x)$ 的变化趋势，并不考虑 $x=x_0$ 时 $f(x)$ 的函数值，甚至 $f(x)$ 在 x_0 可以没有定义.

图 12-25 表明三个函数，注意在(c)中 $f(x_0)$ 是没有定义的，在(b)中 $f(x_0)\neq A$，但是在上述每一种情况，无论 $f(x_0)$ 情况如何，都有 $\lim\limits_{x\to x_0}f(x)=A$.

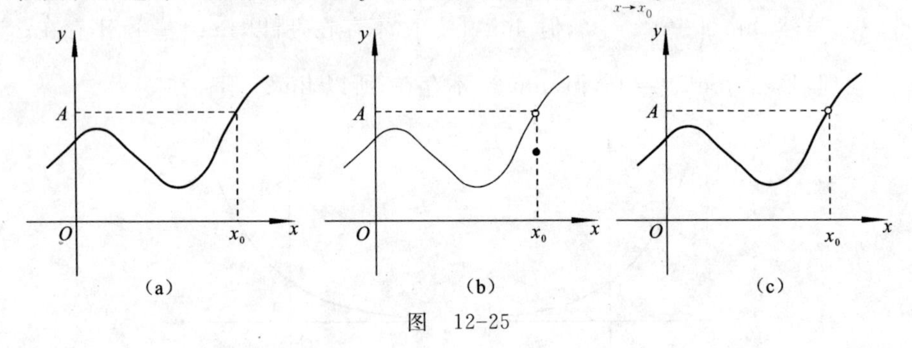

图 12-25

练一练

通过函数的图像求下列极限：

(1) $\lim\limits_{x\to x_0}C$； (2) $\lim\limits_{x\to x_0}x$； (3) $\lim\limits_{x\to 0}\sin x$.

并写出你的结论.

极限定义中“从两侧”非常重要用

$$\lim_{x\to x_0^+}f(x)=A \ 表示右极限;$$

记号

$$\lim_{x\to x_0^-}f(x)=A \ 表示左极限.$$

因此，为了确定极限存在，上述两个单侧极限必须都存在且相等．于是有以下定理：

定理 当 x 趋近于 x_0 时，函数 $f(x)$ 有极限 A，是指左极限和右极限都存在，且两个单侧极限值都是 A，即

$$\boxed{\lim_{x\to x_0}f(x)=A \quad 当且仅当 \quad \lim_{x\to x_0^-}f(x)=\lim_{x\to x_0^+}f(x)=A}$$

例 2　设函数 $y=g(x)$ 的图像如图 12-26 所示．求下列极限：

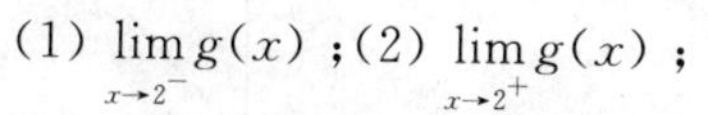

(1) $\lim\limits_{x\to2^-}g(x)$；(2) $\lim\limits_{x\to2^+}g(x)$；

(3) $\lim\limits_{x\to2}g(x)$；(4) $\lim\limits_{x\to5^-}g(x)$；

(5) $\lim\limits_{x\to5^+}g(x)$；(6) $\lim\limits_{x\to5}g(x)$．

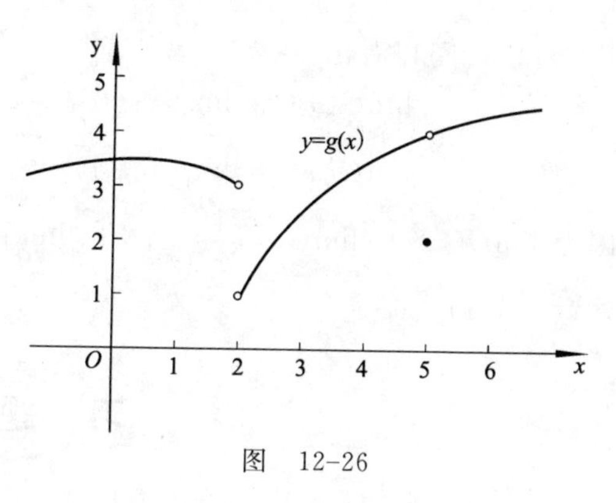

图　12-26

解　从图 12-26 可以看出，当 x 从 2 的左侧趋近 2 时，$g(x)$ 趋近于 3，当 x 从 2 的右侧趋近 2 时，$g(x)$ 趋近于 1，因此

(1) $\lim\limits_{x\to2^-}g(x)=3$；　　(2) $\lim\limits_{x\to2^+}g(x)=1$；

(3)因为 $\lim\limits_{x\to2^-}g(x)\neq\lim\limits_{x\to2^+}g(x)$，所以 $\lim\limits_{x\to2}g(x)$ 不存在；

(4) $\lim\limits_{x\to5^-}g(x)=4$；　　(5) $\lim\limits_{x\to5^+}g(x)=4$；

(6)因为 $\lim\limits_{x\to5^-}g(x)=\lim\limits_{x\to5^+}g(x)=4$，所以 $\lim\limits_{x\to5}g(x)=4$．

注意　$g(5)\neq4$.

例 3　考察函数 $F(x)=\begin{cases}2x+2 & 当\ x\leqslant1\\ 2x-2 & 当\ x>1\end{cases}$，做出图像，并求下列极限：

(1) $\lim\limits_{x\to1}F(x)$；(2) $\lim\limits_{x\to3}F(x)$．

解　函数图像如图 12-27 所示．

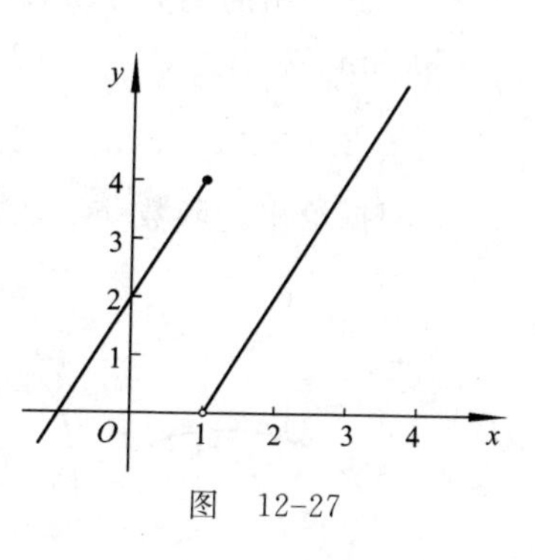

图　12-27

(1)从图 12-27 可以看出，当 x 从 1 的左侧趋近 1 时，$F(x)$ 趋近于 4，当 x 从 1 的右侧趋近 1 时，$F(x)$ 趋近于 0，因此

$$\lim_{x\to1^-}F(x)=4；\lim_{x\to1^+}F(x)=0；$$

因为 $\lim\limits_{x\to1^-}F(x)\neq\lim\limits_{x\to1^+}F(x)$；所以 $\lim\limits_{x\to1}F(x)$ 不存在．

(2)从图 12-27 可以看出，$\lim\limits_{x\to3^-}F(x)=4$；$\lim\limits_{x\to3^+}F(x)=4$；因为

$$\lim_{x\to3^-}F(x)=\lim_{x\to3^+}F(x)=4；$$

所以 $\lim\limits_{x\to3}F(x)=4$．

例 4　考察函数 $G(x)=\begin{cases}1 & 当\ x=1\\ x+1 & 当\ x\neq1\end{cases}$，做出图像，并求极限 $\lim\limits_{x\to1}G(x)$．

解　函数图像如图 12-28 所示．

从图 12-28 可以看出

$$\lim_{x\to1^-}G(x)=\lim_{x\to1^-}(x+1)=2\ ;$$

$$\lim_{x\to1^+}G(x)=\lim_{x\to1^+}(x+1)=2\ ;$$

因为 $\lim\limits_{x\to1^-}G(x)=\lim\limits_{x\to1^+}G(x)=2$；所以 $\lim\limits_{x\to1}G(x)=2$.

注意　$G(1)=1$.

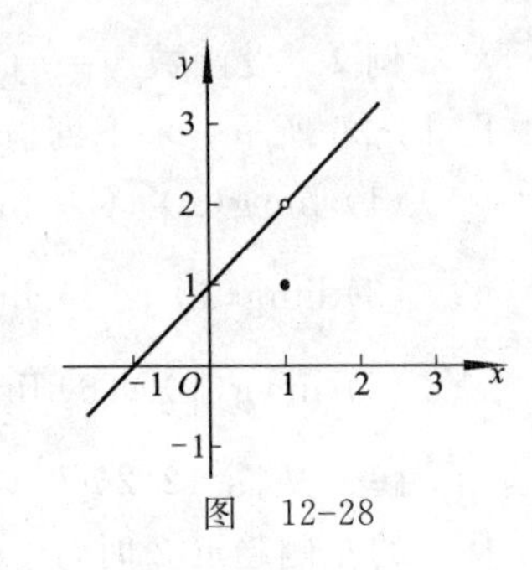

图　12-28

习　题　12.2

1. 观察下列数列的变化趋势，若有极限，请指出极限值.

(1) $\{x_n\}=\left\{1+\dfrac{1}{2^n}\right\}$；　(2) $\{x_n\}=\left\{\dfrac{n-1}{n+1}\right\}$；

(3) $\{x_n\}=\left\{\dfrac{(-1)^n}{n}\right\}$；　(4) $\{x_n\}=\left\{n+\dfrac{1}{n}\right\}$.

2. 用你自己的语言解释下列等式：

(1) $\lim\limits_{x\to2}f(x)=5$，能否有 $f(2)=3$？为什么？

(2) $\lim\limits_{x\to1^-}f(x)=3$ 并且 $\lim\limits_{x\to1^+}f(x)=7$，此时 $\lim\limits_{x\to1}f(x)$ 是否存在？为什么？

3. 根据给出的函数 $f(x)$ 的图像(见图 12-29)，求下列极限或函数值：

(1) $\lim\limits_{x\to2^-}f(x)$；　(2) $\lim\limits_{x\to2^+}f(x)$；　(3) $\lim\limits_{x\to2}f(x)$；

(4) $f(2)$；　(5) $\lim\limits_{x\to4}f(x)$；　(6) $f(4)$.

4. 根据给出的函数 $f(x)$ 的图像(见图 12-30)，求下列极限或函数值：

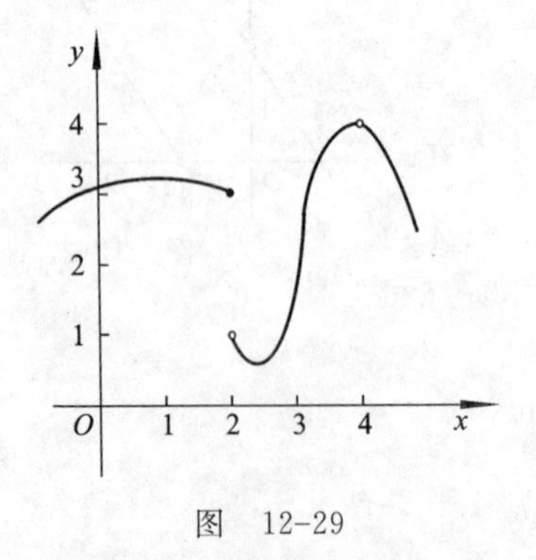

图　12-29

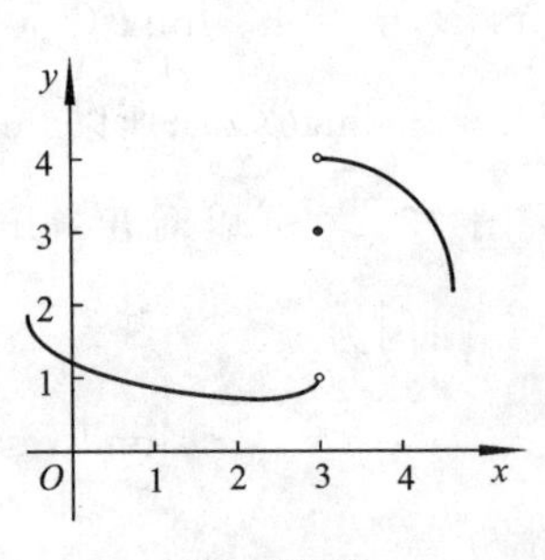

图　12-30

(1) $\lim\limits_{x\to1}f(x)$；　(2) $\lim\limits_{x\to3^-}f(x)$；　(3) $\lim\limits_{x\to3^+}f(x)$；　(4) $\lim\limits_{x\to3}f(x)$；　(5) $f(3)$.

5. 考察下列函数，做出图像，并求指定点的极限：

(1) $f(x)=\begin{cases}0 & \text{当 } x<0 \\ 1 & \text{当 } x\geqslant 0\end{cases}$，$x=0$；

(2) $f(x)=|x|$，$x=0$ 和 $x=1$.

12.3　无穷小量与无穷大量

本节重点知识：

1. 无穷小量及其性质.
2. 无穷大量.
3. 无穷大量与无穷小量之间的关系.

12.3.1　无穷小量及其性质

定义 1　如果函数 $f(x)$ 当 $x\to x_0$（或 $x\to\infty$）时的极限为零，即 $\lim\limits_{x\to x_0}f(x)=0$（或 $\lim\limits_{x\to\infty}f(x)=0$），则称函数 $f(x)$ 为当 $x\to x_0$（或 $x\to\infty$）时的**无穷小量**（简称**无穷小**）.

注意：

(1)说一个变量是无穷小量，必须指明 x 的趋近过程；

(2)无穷小量是在某一过程中，以 0 为极限的变量，而不是绝对值很小的数.

(3)0 是可以作为无穷小量的唯一的数.

例 1　自变量 x 在怎样的变化过程中，下列函数为无穷小：

(1) $y=\dfrac{1}{x-1}$；　(2) $y=2x-1$；　(3) $y=2^x$；　(4) $y=\left(\dfrac{1}{2}\right)^x$.

解　做出上述四个函数的图像（见图 12-31），由图 12-31 可知：

(1) $\lim\limits_{x\to\infty}\dfrac{1}{x-1}=0$，所以当 $x\to\infty$ 时 $\dfrac{1}{x-1}$ 为无穷小.

(2) $\lim\limits_{x\to\frac{1}{2}}(2x-1)=0$，所以当 $x\to\dfrac{1}{2}$ 时 $(2x-1)$ 为无穷小.

(3) $\lim\limits_{x\to-\infty}2^x=0$，所以当 $x\to-\infty$ 时 2^x 为无穷小.

(4) $\lim\limits_{x\to+\infty}\left(\dfrac{1}{2}\right)^x=0$，所以当 $x\to+\infty$ 时 $\left(\dfrac{1}{2}\right)^x$ 为无穷小.

无穷小的性质

在自变量的同一变换过程中：

(1)有限个无穷小的和是无穷小.

(2)有界函数与无穷小的乘积是无穷小.

(3)常数与无穷小的乘积是无穷小.

(4)有限个无穷小的乘积也是无穷小.

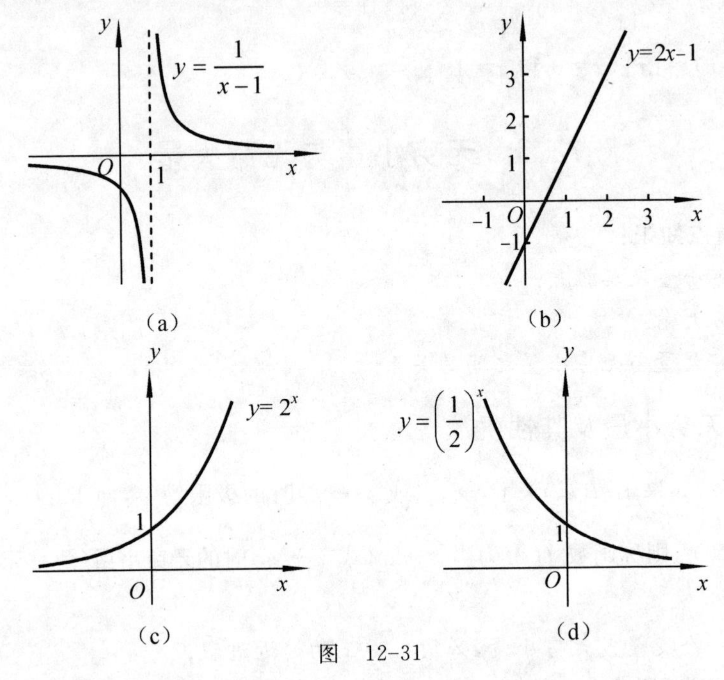

图 12-31

例 2 求 $\lim\limits_{x\to 0} x\cos\frac{1}{x}$.

解 因为 $\lim\limits_{x\to 0} x = 0$ 且 $\left|\cos\frac{1}{x}\right| \leqslant 1$,即 $\cos\frac{1}{x}$ 有界,所以 $\lim\limits_{x\to 0} x\cos\frac{1}{x} = 0$.

12.3.2 无穷大量

引例 考察当 x 从 1 的左右两侧趋近于 1 时,函数 $y=\frac{1}{x-1}$ 的变化情况.

列表(见表 12-6)考察.

表 12-6(a)

x	0.5	0.7	0.9	0.99	0.999	0.9999	0.99999	…
$y=\frac{1}{x-1}$	−2	−3.33	−10	−100	−1000	−10000	−100000	…

表 12-6(b)

x	1.5	1.3	1.1	1.01	1.001	1.0001	1.00001	…
$y=\frac{1}{x-1}$	2	3.33	10	100	1000	10000	100000	…

用图像考察(如图 12-32). 从表和图中可知,当 x 从 1 的左侧趋近于 1 时,$\frac{1}{x-1}$ 可以任意小,但绝对值任意大;当 x 从 1 的右侧趋近于 1 时,$\frac{1}{x-1}$ 可以任意大,这时我们就称当 $x\to1$ 时 $\frac{1}{x-1}$ 为无穷大量. 记为 $\lim\limits_{x\to1}\frac{1}{x-1}=\infty$.

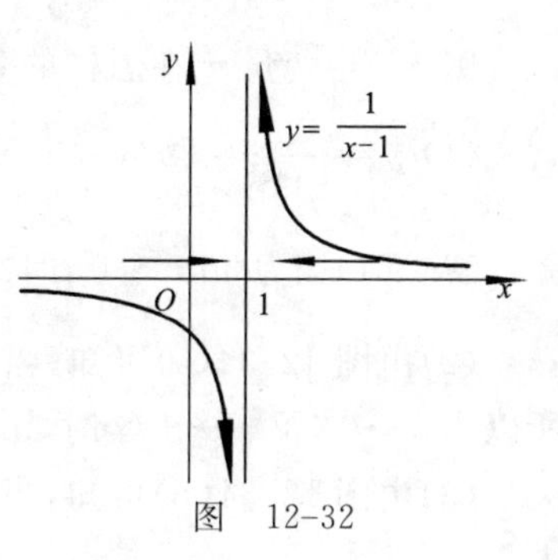

图　12-32

定义 2　如果当 $x\to x_0$(或 $x\to\infty$)时,函数 $f(x)$ 的绝对值 $|f(x)|$ 无限增大,就称函数 $f(x)$ 为当 $x\to x_0$(或 $x\to\infty$)时的**无穷大量**(简称**无穷大**)记为

$$\lim_{x\to x_0}f(x)=\infty\ (\text{或}\ \lim_{x\to\infty}f(x)=\infty)$$

注意

(1)说一个变量是无穷大量,必须指明 x 的趋近过程;

(2)无穷大量是在某一过程中,绝对值无限增大的变量,而不是绝对值很大的数;

(3)如果 $\lim\limits_{x\to x_0}f(x)=\infty$,我们常说当 $x\to x_0$ 时函数 $f(x)$ 的极限是无穷大,此时极限并不存在.

正无穷大与负无穷大

如果当 $x\to x_0$ 时,对应的函数值 $f(x)$ 无限增大,就称函数 $f(x)$ 为当 $x\to x_0$ 时的正无穷大,记为 $\lim\limits_{x\to x_0}f(x)=+\infty$;如果当 $x\to x_0$,对应的函数值 $f(x)$ 为负数,且绝对值 $|f(x)|$ 无限增大,就称函数 $f(x)$ 为当 $x\to x_0$ 时的负无穷大,记为 $\lim\limits_{x\to x_0}f(x)=-\infty$,如图 12-33 所示.

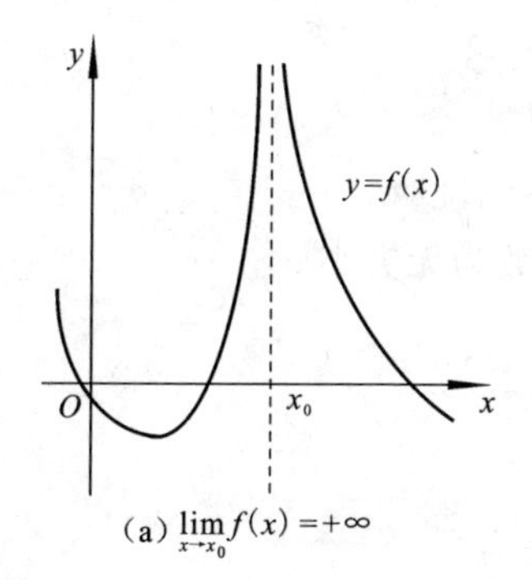

(a) $\lim\limits_{x\to x_0}f(x)=+\infty$

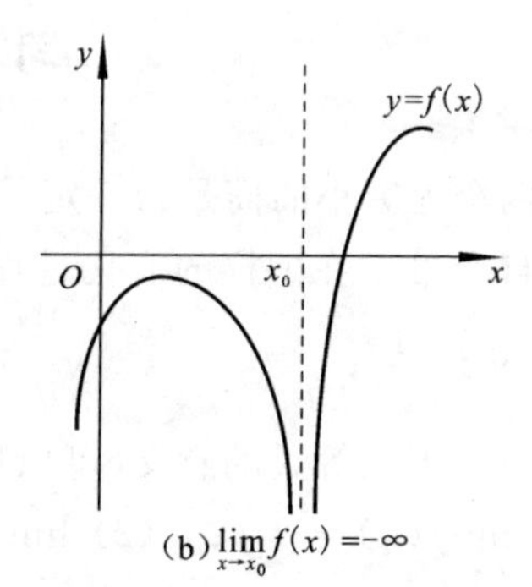

(b) $\lim\limits_{x\to x_0}f(x)=-\infty$

图　12-33

例 3 自变量 x 在怎样的变化过程中,下列函数为无穷大.

(1) $y=\dfrac{1}{x}$; (2) $y=\ln x$; (3) $y=2^x$.

解 (1)因为 $\lim\limits_{x\to 0}x=0$,即 $x\to 0$ 时 x 为无穷小量,所以当 $x\to 0$ 时,$\dfrac{1}{x}$ 为无穷大量;

(2)由图 12-34(a)可知,当 $x\to 0^+$ 时,$\ln x\to -\infty$,当 $x\to +\infty$ 时,$\ln x\to +\infty$,所以当 $x\to 0^+$ 及 $x\to +\infty$ 时,$\ln x$ 均为无穷大量;

(3)由图 12-34(b)可知,当 $x\to +\infty$ 时,$2^x\to +\infty$,所以当 $x\to +\infty$ 时,2^x 为无穷大量.

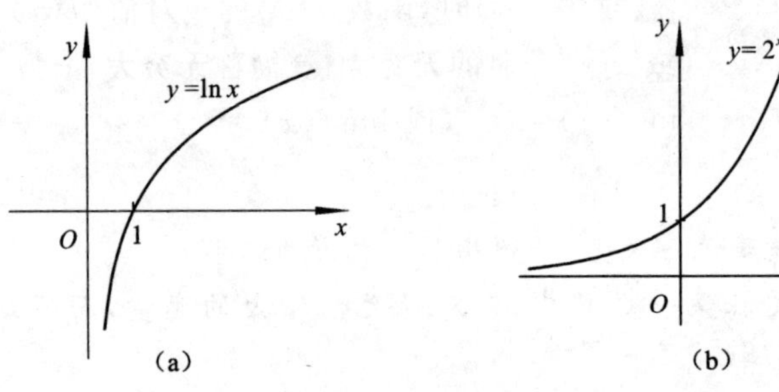

图 12-34

12.3.3 无穷大与无穷小之间的关系

在自变量的同一变化过程中,如果 $f(x)$ 为无穷大,则 $\dfrac{1}{f(x)}$ 为无穷小;反之,如果 $f(x)$ 为无穷小,且 $f(x)\neq 0$,则 $\dfrac{1}{f(x)}$ 为无穷大.

习 题 12.3

1. 两个无穷小的商是否一定是无穷小?举例说明.

2. 自变量 x 在怎样的变化过程中,下列函数为无穷小.

(1) $y=\dfrac{1}{x}$; (2) $y=x-1$; (3) $y=x^2$.

3. 解释下列等式的意义(可以用图像说明).

(1) $\lim\limits_{x\to 3}f(x)=\infty$; (2) $\lim\limits_{x\to 4^+}f(x)=-\infty$.

4. 自变量 x 在怎样的变化过程中,下列函数为无穷大.

(1) $y=\dfrac{1}{x+1}$; (2) $y=\left(\dfrac{1}{2}\right)^x$; (3) $y=\log_{\frac{1}{2}}x$.

5. 判断下列命题是否为真命题，如果不是，指出错在哪里．

(1)无穷大必须是正数；　(2) $\frac{1}{x}$ 是无穷小；

(3)任意多个无穷小的和仍是无穷小；　(4)无穷小的倒数是无穷大．

6. 利用无穷小的性质求下列极限：

(1) $\lim\limits_{x\to 0}x\sin\frac{2}{x}$；　(2) $\lim\limits_{x\to 0}x^2\cos\frac{1}{x}$；

(3) $\lim\limits_{x\to 1}(x-1)\sin(x-1)$；　(4) $\lim\limits_{x\to\infty}\frac{\sin x}{x}$．

12.4　极限的运算法则

本节重点知识：

1. 极限的运算法则．

2. 运用极限的运算法则求函数极限．

定理　如果当 $x\to x_0$ 时 $f(x)$ 和 $g(x)$ 的极限都存在，且 $\lim\limits_{x\to x_0}f(x)=A$，$\lim\limits_{x\to x_0}g(x)=B$，则

(1) $\lim\limits_{x\to x_0}[f(x)\pm g(x)]=\lim\limits_{x\to x_0}f(x)\pm\lim\limits_{x\to x_0}g(x)=A\pm B$；

(2) $\lim\limits_{x\to x_0}[cf(x)]=c\lim\limits_{x\to x_0}f(x)=cA$；

(3) $\lim\limits_{x\to x_0}[f(x)\cdot g(x)]=\lim\limits_{x\to x_0}f(x)\cdot\lim\limits_{x\to x_0}g(x)=A\cdot B$；

(4) $\lim\limits_{x\to x_0}\frac{f(x)}{g(x)}=\frac{\lim\limits_{x\to x_0}f(x)}{\lim\limits_{x\to x_0}g(x)}=\frac{A}{B}$　(如果 $B\neq 0$)；

(5) $\lim\limits_{x\to x_0}[f(x)]^n=[\lim\limits_{x\to x_0}f(x)]^n=A^n$　(n 为正整数)；

(6) $\lim\limits_{x\to x_0}\sqrt[n]{f(x)}=\sqrt[n]{\lim\limits_{x\to x_0}f(x)}=\sqrt[n]{A}$　(n 为正整数，n 为偶数时，假定 $A>0$)．

例 1　求下列极限：

(1) $\lim\limits_{x\to 5}(2x^2-3x+4)$；　(2) $\lim\limits_{x\to -2}\frac{x^3+2x^2-1}{5-3x}$．

解　(1) $\lim\limits_{x\to 5}(2x^2-3x+4)=2\lim\limits_{x\to 5}x^2-3\lim\limits_{x\to 5}x+\lim\limits_{x\to 5}4=2\times 5^2-3\times 5+4=39$；

(2) $$\lim\limits_{x\to -2}\frac{x^3+2x^2-1}{5-3x}=\frac{\lim\limits_{x\to -2}(x^3+2x^2-1)}{\lim\limits_{x\to -2}(5-3x)}=\frac{\lim\limits_{x\to -2}x^3+2\lim\limits_{x\to -2}x^2-\lim\limits_{x\to -2}1}{\lim\limits_{x\to -2}5-3\lim\limits_{x\to -2}x}$$

$$=\frac{(-2)^3+2(-2)^2-1}{5-3(-2)}=-\frac{1}{11}.$$

例 2 求(1) $\lim\limits_{x\to 3}\dfrac{x-3}{x^2-9}$； (2) $\lim\limits_{x\to 0}\dfrac{2x}{\sqrt{x+1}-1}$.

解 (1)$x\to 3$ 时,分子、分母的极限都是零,所以商的极限的运算法则不能应用,但是

$$\frac{x-3}{x^2-9}=\frac{x-3}{(x-3)(x+3)}$$

分子、分母有公因式$(x-3)$,在求 $x\to 3$ 的极限时,要求 $x\neq 3$,所以 $x-3\neq 0$,

从而 $$\lim_{x\to 3}\frac{x-3}{x^2-9}=\lim_{x\to 3}\frac{x-3}{(x-3)(x+3)}=\lim_{x\to 3}\frac{1}{x+3}=\frac{1}{6}$$

(2)这个极限与(1)类似,$x\to 0$ 时,分子、分母的极限都是零,所以商的极限的运算法则不能应用,但是分母有理化之后

$$\frac{2x}{\sqrt{x+1}-1}=\frac{2x(\sqrt{x+1}+1)}{(\sqrt{x+1}-1)(\sqrt{x+1}+1)}=\frac{2x(\sqrt{x+1}+1)}{x},$$

分子、分母有公因式 x,求 $x\to 0$ 的极限时,要求 $x\neq 0$,从而

$$\lim_{x\to 0}\frac{2x}{\sqrt{x+1}-1}=\lim_{x\to 0}\frac{2x(\sqrt{x+1}+1)}{(\sqrt{x+1}-1)(\sqrt{x+1}+1)}=\lim_{x\to 0}\frac{2x(\sqrt{x+1}+1)}{x}$$
$$=\lim_{x\to 0}2(\sqrt{x+1}+1)=4.$$

例 3 求 $\lim\limits_{x\to 1}\dfrac{2x-3}{x^2-5x+4}$.

解 $x\to 1$ 时,分母的极限为零,分子的极限是-1,商的极限的运算法则不能应用,但其倒数的极限

$$\lim_{x\to 1}\frac{x^2-5x+4}{2x-3}=\frac{1^2-5\cdot 1+4}{2\cdot 1-3}=0,$$

利用无穷小与无穷大的关系可知 $\lim\limits_{x\to 1}\dfrac{2x-3}{x^2-5x+4}=\infty$.

想一想

如下写法是否正确?

$$\lim_{x\to 1}\frac{2x-3}{x^2-5x+4}=\frac{\lim\limits_{x\to 1}(2x-3)}{\lim\limits_{x\to 1}(x^2-5x+4)}=\frac{-1}{0}=\infty$$

例 4 求下列极限:

(1) $\lim\limits_{x\to\infty}\dfrac{3x^3+4x^2+2}{7x^3+5x^2-3}$； (2) $\lim\limits_{x\to\infty}\dfrac{3x^2-2x-1}{2x^3-x^2+5}$； (3) $\lim\limits_{x\to\infty}\dfrac{2x^3-x^2+5}{3x^2-2x-1}$.

解 (1)先用 x^3 去除分子及分母,然后取极限

$$\lim_{x\to\infty}\frac{3x^3+4x^2+2}{7x^3+5x^2-3}=\lim_{x\to\infty}\frac{3+\dfrac{4}{x}+\dfrac{2}{x^3}}{7+\dfrac{5}{x}-\dfrac{3}{x^3}}=\frac{3}{7};$$

(2)先用 x^3 去除分子及分母,然后取极限

$$\lim_{x\to\infty}\frac{3x^2-2x-1}{2x^3-x^2+5}=\lim_{x\to\infty}\frac{\frac{3}{x}-\frac{2}{x^2}-\frac{1}{x^3}}{2-\frac{1}{x}+\frac{5}{x^3}}=\frac{0}{2}=0\ ;$$

(3)由(2)可知

$$\lim_{x\to\infty}\frac{3x^2-2x-1}{2x^3-x^2+5}=0\ ,$$

所以

$$\lim_{x\to\infty}\frac{2x^3-x^2+5}{3x^2-2x-1}=\infty\ .$$

讨论:有理函数 $\lim\limits_{x\to\infty}\frac{a_0x^n+a_1x^{n-1}+\cdots+a_n}{b_0x^m+b_1x^{m-1}+\cdots+b_m}$ 怎样求极限？能得出那些结果？写出你的结论

$$\lim_{x\to\infty}\frac{a_0x^n+a_1x^{n-1}+\cdots+a_n}{b_0x^m+b_1x^{m-1}+\cdots+b_m}=\begin{cases}\underline{\qquad\qquad} & n<m\\ \underline{\qquad\qquad} & n=m.\\ \underline{\qquad\qquad} & n>m\end{cases}$$

例 5　求 $\lim\limits_{x\to\infty}\frac{\sin 2x}{x}$.

解　当 $x\to\infty$ 时,分子及分母的极限都不存在,故商的极限的运算法则不能应用,因为 $\frac{\sin 2x}{x}=\frac{1}{x}\cdot\sin 2x$,而

$$\lim_{x\to\infty}\frac{1}{x}=0\ ,-1\leqslant\sin 2x\leqslant 1,$$

利用有界函数与无穷小的乘积仍为无穷小,得 $\lim\limits_{x\to\infty}\frac{\sin 2x}{x}=0$.

注意

(1)运用极限运算法则时,只有各项极限都存在(除式还要分母不为零)才适用;

(2)如果所求极限呈现 $\frac{0}{0}$ 或 $\frac{\infty}{\infty}$ 等形式,不能直接用极限运算法则,必须先对原式进行恒等变形(约分、通分、有理化、变量代换等),然后再求极限;

(3)利用无穷小的性质以及无穷小与无穷大的关系求极限.

想一想

如下写法是否正确？

$$\lim_{x\to 0}\sin x\cos\frac{1}{x}=\lim_{x\to 0}\sin x\cdot\lim_{x\to 0}\cos\frac{1}{x}=0\cdot\lim_{x\to 0}\cos\frac{1}{x}=0\ .$$

例 6 求 $\lim\limits_{x \to 1} g(x)$,设函数

$$g(x)=\begin{cases} x+1 & \text{当 } x \neq 1 \\ \pi & \text{当 } x=1 \end{cases}.$$

解 求 $x \to 1$ 的极限时,要求 $x \neq 1$,所以

$$\lim_{x \to 1} g(x)=\lim_{x \to 1}(x+1)=2.$$

例 7 如果 $f(x)=\begin{cases} \sqrt{x-4} & \text{当 } x>4 \\ 8-2x & \text{当 } x<4 \end{cases}$,求 $\lim\limits_{x \to 4} f(x)$.

解 因为当 $x>4$ 时,$f(x)=\sqrt{x-4}$,所以 $\lim\limits_{x \to 4^{+}} f(x)=\lim\limits_{x \to 4^{+}} \sqrt{x-4}=\sqrt{4-4}=0$;而当 $x<4$ 时,$f(x)=8-2x$,所以 $\lim\limits_{x \to 4^{-}} f(x)=\lim\limits_{x \to 4^{-}}(8-2x)=8-2 \cdot 4=0$;左、右极限存在且相等,所以 $\lim\limits_{x \to 4} f(x)=0$.

例 8 求 $\lim\limits_{x \to 0} \dfrac{|x|}{x}$.

解 $\lim\limits_{x \to 0^{+}} \dfrac{|x|}{x}=\lim\limits_{x \to 0^{+}} \dfrac{x}{x}=\lim\limits_{x \to 0^{+}} 1=1$,$\lim\limits_{x \to 0^{-}} \dfrac{|x|}{x}=\lim\limits_{x \to 0^{-}} \dfrac{-x}{x}=\lim\limits_{x \to 0^{-}}(-1)=-1$,左、右极限不相等,所以 $\lim\limits_{x \to 0} \dfrac{|x|}{x}$ 不存在.

习 题 12.4

1. 求下列极限:

(1) $\lim\limits_{x \to 3}(5x^{3}-3x^{2}+x-4)$;　　(2) $\lim\limits_{x \to -1}(x^{4}-3x)(x^{2}+5x+3)$;

(3) $\lim\limits_{t \to -2} \dfrac{t^{4}-2}{2t^{2}-3t+2}$;　　(4) $\lim\limits_{u \to -2} \sqrt{u^{4}+3u+6}$;

(5) $\lim\limits_{x \to 8}(1+\sqrt[3]{x})(2-6x^{2}+x^{3})$;　　(6) $\lim\limits_{t \to 2}\left(\dfrac{t^{2}-2}{t^{3}-3t+5}\right)^{2}$;

(7) $\lim\limits_{x \to 2} \sqrt{\dfrac{2x^{2}+1}{3x-2}}$.

2. (1) $\dfrac{x^{2}-x-6}{x-3}=x+2$ 哪里错了?

(2)解释为什么 $\lim\limits_{x \to 3} \dfrac{x^{2}-x-6}{x-3}=\lim\limits_{x \to 3}(x+2)$ 是正确的.

3. 求下列极限:

(1) $\lim\limits_{x \to 5} \dfrac{x^{2}-6x+5}{x-5}$;　　(2) $\lim\limits_{x \to 4} \dfrac{x^{2}-4x}{x^{2}-3x-4}$;

(3) $\lim\limits_{x\to 5}\dfrac{x^2-5x+6}{x-5}$；　(4) $\lim\limits_{x\to -1}\dfrac{x^2-4x}{x^2-3x-4}$；

(5) $\lim\limits_{t\to -3}\dfrac{t^2-9}{2t^2+7t+3}$；　(6) $\lim\limits_{x\to -1}\dfrac{2x^2+3x+1}{x^2-2x-3}$；

(7) $\lim\limits_{h\to 0}\dfrac{(-5+h)^2-25}{h}$；　(8) $\lim\limits_{h\to 0}\dfrac{(2+h)^3-8}{h}$；

(9) $\lim\limits_{x\to -2}\dfrac{x^3+8}{x+2}$；　(10) $\lim\limits_{t\to 1}\dfrac{t^4-1}{t^3-1}$；

(11) $\lim\limits_{x\to 0}\dfrac{x^3-4x^2+5x}{2x^2-3x}$；　(12) $\lim\limits_{x\to -1}\dfrac{x^2+2x+1}{x^4-1}$；

(13) $\lim\limits_{h\to 0}\dfrac{\sqrt{9+h}-3}{h}$；　(14) $\lim\limits_{u\to 2}\dfrac{\sqrt{4u+1}-3}{u-2}$；

(15) $\lim\limits_{t\to 0}\dfrac{t}{\sqrt{1+t}-\sqrt{1-t}}$；　(16) $\lim\limits_{x\to -4}\dfrac{x+4}{\sqrt{x^2+9}-5}$.

4. 求下列极限：

(1) $\lim\limits_{x\to 0}x^2\cos\dfrac{2}{x}$；　(2) $\lim\limits_{x\to 0^+}\sqrt{x}\sin^2\dfrac{2\pi}{x}$；

(3) $\lim\limits_{x\to \infty}\dfrac{\sin 5x}{x}$；　(4) $\lim\limits_{x\to \infty}\dfrac{\cos x}{x}$.

5. 求下列极限：

(1) $\lim\limits_{x\to \infty}\left(2-\dfrac{1}{x}+\dfrac{1}{x^2}\right)$；　(2) $\lim\limits_{x\to \infty}\left(1+\dfrac{1}{x}\right)\left(2-\dfrac{1}{x^2}\right)$；

(3) $\lim\limits_{x\to \infty}\dfrac{3x^3-4x^2+2}{7x^3+5x^2-3}$；　(4) $\lim\limits_{x\to \infty}\dfrac{x^2-1}{2x^2-x-1}$；

(5) $\lim\limits_{x\to \infty}\dfrac{3x^2-2x-1}{2x^3-x^2+5}$；　(6) $\lim\limits_{x\to \infty}\dfrac{2x^3-3x^2+1}{5x^2+x-4}$；

(7) $\lim\limits_{x\to \infty}\dfrac{2x^3-x^2+1}{3x^4+5x^3-2}$；　(8) $\lim\limits_{x\to \infty}\dfrac{x^4+2x^2-1}{3x^2+2x-1}$.

6. (1) $f(x)=\begin{cases}x^2+1 & \text{当 } x<1\\ (x-2)^2 & \text{当 } x\geqslant 1\end{cases}$，求：① $\lim\limits_{x\to 1^-}f(x)$；② $\lim\limits_{x\to 1^+}f(x)$；③ $\lim\limits_{x\to 1}f(x)$.

(2) $f(x)=\begin{cases}1+x & \text{当 } x\leqslant -1\\ x^2 & \text{当 } -1<x\leqslant 1\\ 2-x & \text{当 } x>1\end{cases}$，求：① $\lim\limits_{x\to -1^-}f(x)$；② $\lim\limits_{x\to -1^+}f(x)$；
③ $\lim\limits_{x\to -1}f(x)$；④ $\lim\limits_{x\to 1^-}f(x)$；⑤ $\lim\limits_{x\to 1^+}f(x)$；⑥ $\lim\limits_{x\to 1}f(x)$.

(3) $g(x)=\begin{cases}x & \text{当 } x<1\\ 3 & \text{当 } x=1\\ 2-x^2 & \text{当 } 1<x\leqslant 2\\ x-3 & \text{当 } x>2\end{cases}$，求：① $\lim\limits_{x\to 1^-}g(x)$；② $\lim\limits_{x\to 1}g(x)$；

③$g(1)$;④ $\lim\limits_{x\to 2^-} g(x)$;⑤ $\lim\limits_{x\to 2^+} g(x)$;⑥ $\lim\limits_{x\to 2} g(x)$.

(4) $g(x)=\dfrac{x^2+x-6}{|x-2|}$,求:① $\lim\limits_{x\to 2^-} g(x)$;② $\lim\limits_{x\to 2^+} g(x)$;③ $\lim\limits_{x\to 2} g(x)$.

12.5 两个重要的极限

本章重点知识:

1. 重要极限 1.
2. 等价无穷小及其替换定理.
3. 重要极限 2.

12.5.1 重要极限 1

$$\lim_{x\to 0}\frac{\sin x}{x}=1.$$

分析 显然 $\dfrac{\sin x}{x}$ 在 $x=0$ 无定义且当 $x\to 0$ 时,分子、分母的极限均为 0.

用计算器计算(x 是实数,$\sin x$ 中 x 取弧度制),可得表 12-7.

表 12-7

$\dfrac{\sin x}{x}$	0.95 885 018	0.97 354 586	0.98 506 736	0.99 334 665	0.99 833 417	0.99 998 333	0.99 999 983
x	± 0.5	± 0.4	± 0.3	± 0.2	± 0.1	± 0.05	± 0.001

从这个表格,我们可以猜测 $\lim\limits_{x\to 0}\dfrac{\sin x}{x}=1$. 由图 12-35 可知,这个猜测是正确的.

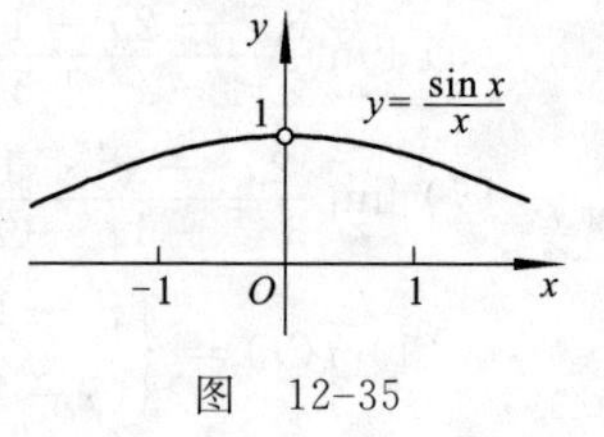

图 12-35

因此,我们得到重要极限 1 $\lim\limits_{x\to 0}\dfrac{\sin x}{x}=1$.

分析一下这个极限的特征:

(1)极限属于 $\dfrac{0}{0}$ 型;

(2) $\lim\limits_{[x]\to 0}\dfrac{\sin[x]}{[x]}=1$,方框中的变量必须一致,并且要趋向于 0.

由此公式可以得出 $\lim\limits_{x\to 0}\dfrac{x}{\sin x}=1$.

例 1 求 $\lim\limits_{x\to 0}\dfrac{\sin 5x}{x}$.

解　$\lim\limits_{x\to 0}\dfrac{\sin 5x}{x}=\lim\limits_{x\to 0}\dfrac{5\sin 5x}{5x}=5$.

例 2　求 $\lim\limits_{x\to 0}\dfrac{\tan x}{x}$.

解　$\lim\limits_{x\to 0}\dfrac{\tan x}{x}=\lim\limits_{x\to 0}\dfrac{\sin x}{x}\cdot\dfrac{1}{\cos x}=\lim\limits_{x\to 0}\dfrac{\sin x}{x}\cdot\lim\limits_{x\to 0}\dfrac{1}{\cos x}=1$.

例 2 的结论可以作为公式直接应用.

例 3　求 $\lim\limits_{x\to 0}\dfrac{1-\cos x}{x^2}$.

解　$\lim\limits_{x\to 0}\dfrac{1-\cos x}{x^2}=\lim\limits_{x\to 0}\dfrac{2\sin^2\dfrac{x}{2}}{x^2}=\dfrac{1}{2}\lim\limits_{x\to 0}\dfrac{\sin^2\dfrac{x}{2}}{\left(\dfrac{x}{2}\right)^2}=\dfrac{1}{2}\lim\limits_{x\to 0}\left(\dfrac{\sin\dfrac{x}{2}}{\dfrac{x}{2}}\right)^2=\dfrac{1}{2}\cdot 1^2=\dfrac{1}{2}$.

例 4　求 $\lim\limits_{x\to\infty}x\sin\dfrac{1}{x}$.

解　令 $x=\dfrac{1}{t}$，当 $x\to\infty$ 时，$t\to 0$，所以 $\lim\limits_{x\to\infty}x\sin\dfrac{1}{x}=\lim\limits_{t\to 0}\dfrac{\sin t}{t}=1$.

分析重要极限 1　$\lim\limits_{x\to 0}\dfrac{\sin x}{x}=1$，当 $x\to 0$ 时，分子、分母的极限均为 0，即当 $x\to 0$ 时，分子、分母均为无穷小量且 $\lim\limits_{x\to 0}\dfrac{\sin x}{x}=1$，具有这种特性的无穷小量在理论和应用上都非常重要.

12.5.2　等价无穷小及其替换定理

1. 等价无穷小

如果当 $x\to x_0$（或 $x\to\infty$）时，α、β 均为无穷小量，且 $\lim\limits_{x\to x_0}\dfrac{\alpha}{\beta}=1$（或 $\lim\limits_{x\to\infty}\dfrac{\alpha}{\beta}=1$）则称当 $x\to x_0$（或 $x\to\infty$）时，α 与 β 是**等价无穷小**，记为 $\alpha\sim\beta$.

2. 等价无穷小替换定理

若当 $x\to x_0$ 时，$\alpha\sim\alpha'$，$\beta\sim\beta'$，且 $\lim\limits_{x\to x_0}\dfrac{\alpha'}{\beta'}$ 存在，则 $\lim\limits_{x\to x_0}\dfrac{\alpha}{\beta}=\lim\limits_{x\to x_0}\dfrac{\alpha'}{\beta'}$.

此定理对 $x\to\infty$ 同样成立.

上述定理表明求两个无穷小之比的极限时，分子及分母都可以用等价无穷小来代替，因此可以简化计算. 由重要极限 1 和本节例 2 可知，当 $x\to 0$ 时，$\sin x\sim x$，$\tan x\sim x$.

例 5　求 $\lim\limits_{x\to 0}\dfrac{\sin 5x}{\tan 2x}$.

解　$x\to 0$ 时，$\sin 5x\sim 5x$，$\tan 2x\sim 2x$，所以

$$\lim_{x\to 0}\frac{\sin 5x}{\tan 2x}=\lim_{x\to 0}\frac{5x}{2x}=\frac{5}{2}.$$

例 6 求 $\lim\limits_{x\to 0}\dfrac{\sin x}{x^2+3x}$.

解 $x\to 0$ 时，$\sin x\sim x$，所以

$$\lim_{x\to 0}\frac{\sin x}{x^3+3x}=\lim_{x\to 0}\frac{x}{x^3+3x}=\lim_{x\to 0}\frac{1}{x^2+3}=\frac{1}{3}.$$

注意

(1)使用等价无穷小替换时，必须指明 x 的趋近过程；

(2)等价无穷小之替换只能对分子或分母的因式进行替换，而不能对分子或分母中"+""−"号连接的某一项替换，否则将可能导致错误.

下面给出一些常用的等价无穷小替换.

当 $x\to 0$ 时，有

$$\sin x\sim x;$$
$$\tan x\sim x;$$
$$1-\cos x\sim \frac{1}{2}x^2;$$
$$\arcsin x\sim x;$$
$$\arctan x\sim x;$$
$$\ln(1+x)\sim x;$$
$$e^x-1\sim x.$$

练一练

利用等价无穷小的性质求下列极限：

(1) $\lim\limits_{x\to 0}\dfrac{(x+1)\sin x}{\tan 2x}$；　　(2) $\lim\limits_{x\to 0}\dfrac{1-\cos x}{(1+x^2)\tan^2 x}$；

(3) $\lim\limits_{x\to 1}\dfrac{\tan(x^2-1)}{x-1}$；　　(4) $\lim\limits_{x\to 0}\dfrac{\ln(1+3x)}{2x}$.

12.5.3 重要极限 2

$$\lim_{x\to\infty}\left(1+\frac{1}{x}\right)^x=e.$$

其中 e 为无理数，它的值为 e=2.71 828 182 845….

特征：(1) $\left(1+\dfrac{1}{x}\right)^x$ 底数、指数均有变量，称为幂指函数；

(2) $(1+\text{无穷小量})^{\text{无穷小量的倒数}}$.

利用代换 $z=\dfrac{1}{x}$，当 $x\to\infty$ 时，$z\to 0$，重要极限 2 又可以写成 $\lim\limits_{z\to 0}(1+z)^{\frac{1}{z}}=e$.

例 7 求 $\lim\limits_{x\to\infty}\left(1+\dfrac{1}{x}\right)^{x+3}$.

解　$\lim\limits_{x\to\infty}\left(1+\dfrac{1}{x}\right)^{x+3}=\lim\limits_{x\to\infty}\left[\left(1+\dfrac{1}{x}\right)^{x}\cdot\left(1+\dfrac{1}{x}\right)^{3}\right]$

$$=\lim_{x\to\infty}\left(1+\frac{1}{x}\right)^{x}\cdot\lim_{x\to\infty}\left(1+\frac{1}{x}\right)^{3}=\mathrm{e}\cdot 1=\mathrm{e}.$$

例 8　求 $\lim\limits_{x\to\infty}\left(1-\dfrac{1}{x}\right)^{x}$.

解　$\lim\limits_{x\to\infty}\left(1-\dfrac{1}{x}\right)^{x}=\lim\limits_{x\to\infty}\left(1+\dfrac{1}{-x}\right)^{-x(-1)}=\lim\limits_{x\to\infty}\left[\left(1+\dfrac{1}{-x}\right)^{-x}\right]^{-1}$

$$=\left[\lim_{x\to\infty}\left(1+\frac{1}{-x}\right)^{-x}\right]^{-1}=\mathrm{e}^{-1}=\frac{1}{\mathrm{e}}.$$

例 9　求 $\lim\limits_{x\to 0}(1+2x)^{\frac{1}{x}}$.

解　$\lim\limits_{x\to 0}(1+2x)^{\frac{1}{x}}=\lim\limits_{x\to 0}(1+2x)^{\frac{1}{2x}\cdot 2}=[\lim\limits_{x\to 0}(1+2x)^{\frac{1}{2x}}]^{2}=\mathrm{e}^{2}$.

例 10　求 $\lim\limits_{x\to\infty}\left(\dfrac{x-1}{x+1}\right)^{x}$.

解　$\lim\limits_{x\to\infty}\left(\dfrac{x-1}{x+1}\right)^{x}=\lim\limits_{x\to\infty}\left(\dfrac{1-\dfrac{1}{x}}{1+\dfrac{1}{x}}\right)^{x}=\lim\limits_{x\to\infty}\dfrac{\left(1-\dfrac{1}{x}\right)^{x}}{\left(1+\dfrac{1}{x}\right)^{x}}=\dfrac{\lim\limits_{x\to\infty}\left(1-\dfrac{1}{x}\right)^{x}}{\lim\limits_{x\to\infty}\left(1+\dfrac{1}{x}\right)^{x}}$

$$=\frac{\lim\limits_{x\to\infty}\left[\left(1-\dfrac{1}{x}\right)^{-x}\right]^{-1}}{\mathrm{e}}=\frac{\left[\lim\limits_{x\to\infty}\left(1-\dfrac{1}{x}\right)^{-x}\right]^{-1}}{\mathrm{e}}$$

$$=\frac{\mathrm{e}^{-1}}{\mathrm{e}}=\mathrm{e}^{-2}=\frac{1}{\mathrm{e}^{2}}.$$

习　题　12.5

1. 求下列极限：

(1) $\lim\limits_{x\to 0}\dfrac{\sin kx}{x}$；　(2) $\lim\limits_{x\to 0}\dfrac{\sin 5x}{3x}$；

(3) $\lim\limits_{x\to 0}\dfrac{1-\cos 2x}{x\sin x}$；　(4) $\lim\limits_{x\to 0}\dfrac{1-\cos 4x}{x^{2}}$；

(5) $\lim\limits_{x\to 0}\dfrac{\tan 3x}{x}$；　(6) $\lim\limits_{x\to 0}x\cdot\cot x$；

(7) $\lim\limits_{x\to 0}\dfrac{\sin 2x}{\sin 5x}$；　(8) $\lim\limits_{x\to a}\dfrac{\sin(x-a)}{x^{2}-a^{2}}$；

(9) $\lim\limits_{x\to 0}\dfrac{\mathrm{e}^{2x}-1}{x}$；　(10) $\lim\limits_{x\to 0}\dfrac{\arcsin 3x}{x}$.

2. 求下列极限：

(1) $\lim\limits_{x\to\infty}\left(1-\dfrac{2}{x}\right)^{x}$；　(2) $\lim\limits_{x\to\infty}\left(1+\dfrac{3}{x}\right)^{2x}$；

(3) $\lim\limits_{x\to\infty}\left(\frac{1+x}{x}\right)^{3x}$；　(4) $\lim\limits_{x\to\infty}\left(1+\frac{2}{x}\right)^{x+1}$；

(5) $\lim\limits_{x\to 0}(1-3x)^{\frac{1}{x}}$；　(6) $\lim\limits_{x\to 0}(1+kx)^{\frac{2}{x}}\ (k\neq 0)$；

(7) $\lim\limits_{x\to 0}(1+2x^2)^{\frac{1}{x^2}}$；　(8) $\lim\limits_{x\to\infty}\left(\frac{2x+1}{2x+3}\right)^{x}$.

12.6　函数的连续性

本节重点知识：

1. 函数的连续性.
2. 初等函数的连续性.
3. 函数的连续性在求函数极限中的应用.
4. 闭区间上连续函数的性质.

12.6.1　函数的连续性

自然界的许多现象，如空气和水的流动、气温的变化、植物的生长等，都是随时间的变化而连续不断变化着(一个连续的变化过程是逐渐变化的，没有中断或突然的变化)，这种现象反映在数学上，就是函数的连续性．它是函数重要性态之一，是高等数学的又一重要概念．

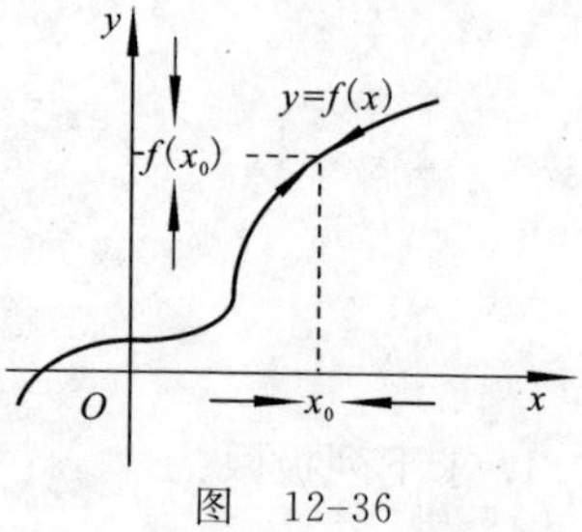

从图12-36可以看出，当x从x_0的左右两侧无限趋近于x_0时，$f(x)$的函数值无限趋近于$f(x_0)$．此时称$f(x)$在点x_0是连续．

图　12-36

定义　如果$\lim\limits_{x\to x_0}f(x)=f(x_0)$，则称函数$f(x)$在点$x_0$是**连续**的．

注意　$f(x)$在点x_0连续必须满足三个条件：

(1) $f(x)$在x_0点有定义，(即$f(x)$在x_0有函数值)；

(2) $\lim\limits_{x\to x_0}f(x)$ 存在；

(3) $\lim\limits_{x\to x_0}f(x)=f(x_0)$．

由定义可知，当x趋近于x_0时，$f(x)$趋近于$f(x_0)$，则称$f(x)$在点x_0连续．因此$f(x)$在点x_0连续是指当x在x_0处产生微小变化时，函数值的变化也很微小．

如果函数$f(x)$在x_0处不连续(上述三个条件至少有一个不满足)，则称$f(x)$在x_0处**间断**，x_0称为$f(x)$的**间断点**．

一个函数在开区间(a,b)内每点连续，则称其在(a,b)内连续，如果在整个定义域内连续，则称为连续函数．

注意　连续函数的图像是一条连续而不间断的曲线．

例 1　$f(x)$的图像如下(见图 12-37),判断哪些是 $f(x)$的间断点,为什么?

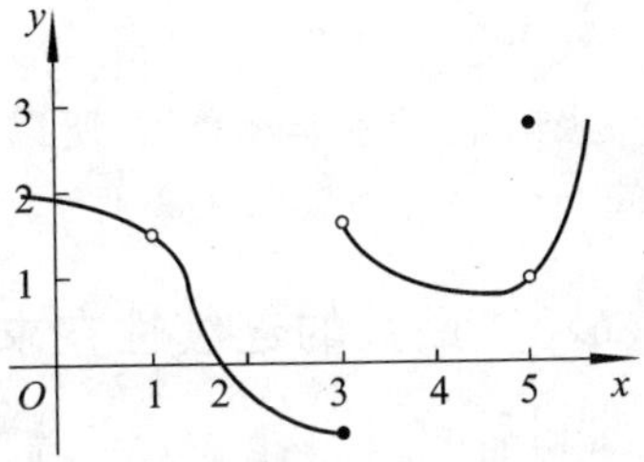

解　从图像上可以看出,1、3、5 是 $f(x)$的间断点.

图　12-37

因为 $f(x)$在 $x=1$ 没有定义,所以 $f(x)$在 $x=1$间断;

虽然 $f(x)$在 $x=3$ 有定义,但 $\lim\limits_{x\to 3}f(x)$ 不存在,所以 $f(x)$在 $x=3$ 间断;

$f(x)$在 $x=5$ 有定义,$\lim\limits_{x\to 5}f(x)$ 存在,但是 $\lim\limits_{x\to 5}f(x)\neq f(5)$,所以 $f(x)$在 $x=5$ 间断.

12.6.2　初等函数的连续性

连续函数的和、差、积、商(分母不为 0)和复合仍为连续函数;基本初等函数在它们的定义区间内都是连续的;一切初等函数在其定义区间内都是连续的.

求初等函数的连续区间就是求其定义区间.关于分段函数的连续性,除按上述结论考虑每一段函数的连续性外,还必须讨论分界点处的连续性.

例 2　求下列函数的间断点,并写出连续区间:

(1) $f(x)=\dfrac{x^2-x-2}{x-2}$;　　(2) $f(x)=\begin{cases}x^2+1 & 当\ x\geqslant 1\\ 2x-1 & 当\ x<1\end{cases}$;

(3) $f(x)=\begin{cases}\dfrac{x^2-x-2}{x-2} & 当\ x\neq 2\\ 1 & 当\ x=2\end{cases}$.

解　(1) $f(x)=\dfrac{x^2-x-2}{x-2}$ 为初等函数,它的间断点即为无定义点,而在 $x=2$ 函数没有定义,所以 $x=2$ 是函数的间断点,其连续区间为$(-\infty,2)$,$(2,+\infty)$.

(2)由初等函数的连续性知,$f(x)$在区间$(-\infty,1]$,$[1,+\infty)$连续,对于分界点$x=1$,有:

① $f(1)=2$,即函数在 $x=1$ 有定义;

② $\lim\limits_{x\to 1^-}f(x)=\lim\limits_{x\to 1^-}(2x-1)=1$,$\lim\limits_{x\to 1^+}f(x)=\lim\limits_{x\to 1^+}(x^2+1)=2$,左右极限不相等,所以 $\lim\limits_{x\to 1}f(x)$ 不存在;因此 $f(x)$在 $x=1$ 间断,$x=1$ 是 $f(x)$的间断点,其连续区间为$(-\infty,1]$,$(1,+\infty)$.

(3)由初等函数的连续性知,$f(x)$在区间$(-\infty,2)$,$(2,+\infty)$连续,对于分界点$x=2$,有:

① $f(2)=1$,即函数在 $x=2$ 有定义;

② $\lim\limits_{x\to 2}f(x)=\lim\limits_{x\to 2}\dfrac{x^2-x-2}{x-2}=\lim\limits_{x\to 2}\dfrac{(x+1)(x-2)}{x-2}=\lim\limits_{x\to 2}(x+1)=3$;

③ $\lim\limits_{x\to 2} f(x) \neq f(2)$.

极限值不等于函数值,所以 $f(x)$ 在 $x=2$ 间断,$x=2$ 是 $f(x)$ 的间断点,其连续区间为 $(-\infty,2)$,$(2,+\infty)$.

12.6.3 函数的连续性在求函数极限中的应用

(1)如果 $f(x)$ 在 x_0 点连续,则 $\lim\limits_{x\to x_0} f(x) = f(x_0)$. 即如果 $f(x)$ 在 x_0 连续,那么就可以用函数值代替求极限.

例 3 求下列极限:

① $\lim\limits_{x\to 0} \sqrt{1-x^2}$;　　② $\lim\limits_{x\to \pi} \dfrac{\sin x}{2+\cos x}$.

解 ① $\lim\limits_{x\to 0} \sqrt{1-x^2} = \sqrt{1} = 1$;

② $\lim\limits_{x\to \pi} \dfrac{\sin x}{2+\cos x} = \dfrac{\sin \pi}{2+\cos \pi} = \dfrac{0}{2-1} = 0$.

(2)假定 $f(u)$ 在 $u=a$ 连续,$\lim\limits_{x\to x_0} g(x) = a$,则

$$\lim_{x\to x_0} f(g(x)) = f(\lim_{x\to x_0} g(x)) = f(a).$$

即在上述条件下,求复合函数的极限时,函数符号与极限符号可以交换次序.

例 4 求下列极限:

① $\lim\limits_{x\to 0} \sin[(1+x)^{\frac{1}{x}}]$;　　② $\lim\limits_{x\to 0} \ln \dfrac{\sin 2x}{x}$.

解 ① $\lim\limits_{x\to 0} \sin[(1+x)^{\frac{1}{x}}] = \sin[\lim\limits_{x\to 0} (1+x)^{\frac{1}{x}}] = \sin \mathrm{e}$;

② $\lim\limits_{x\to 0} \ln \dfrac{\sin 2x}{x} = \ln\left[\lim\limits_{x\to 0} \dfrac{\sin 2x}{x}\right] = \ln\left[\lim\limits_{x\to 0} \dfrac{2\sin 2x}{2x}\right] = \ln\left[2\lim\limits_{x\to 0} \dfrac{\sin 2x}{2x}\right] = \ln 2$.

练一练

求下列极限:

(1) $\lim\limits_{x\to 0} \left(\sin \dfrac{x}{2}\right)^3$;　　(2) $\lim\limits_{x\to \frac{\pi}{6}} \ln(2\cos 2x)$;

(3) $\lim\limits_{x\to \infty} \mathrm{e}^{\frac{1}{x}}$;　　(4) $\lim\limits_{x\to -1} (x+2x^3)^4$;

(5) $\lim\limits_{x\to \frac{\pi}{2}} (1+\cot x)^{2\tan x}$;　　(6) $\lim\limits_{x\to 0} \cos[(1-x)^{\frac{1}{x}}]$;

(7) $\lim\limits_{x\to 0} \ln \dfrac{\sin 5x}{x}$;　　(8) $\lim\limits_{x\to 0} \ln \dfrac{1-\cos 2x}{x \sin x}$.

12.6.4　闭区间上连续函数的性质

最值定理　若函数 $f(x)$ 在闭区间 $[a,b]$ 上连续，则 $f(x)$ 在 $[a,b]$ 上必取得最大值和最小值．

这就是说，如果函数 $f(x)$ 在闭区间 $[a,b]$ 上连续，那么至少有一点 $\xi_1\in[a,b]$，使得 $f(\xi_1)$ 是 $f(x)$ 在 $[a,b]$ 上的最大值；又至少有一点 $\xi_2\in[a,b]$，使得 $f(\xi_2)$ 是 $f(x)$ 在 $[a,b]$ 上的最小值（见图 12-38）．

介值定理　若函数 $f(x)$ 在闭区间 $[a,b]$ 上连续，$f(a)\neq f(b)$，且常数 μ 介于 $f(a)$ 与 $f(b)$ 之间．则存在 $\xi\in(a,b)$，使得

$$f(\xi)=\mu$$

成立，如图 12-39 所示．

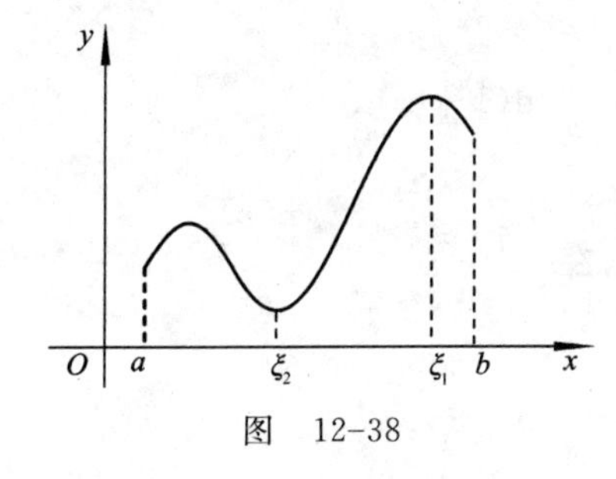

图　12-38

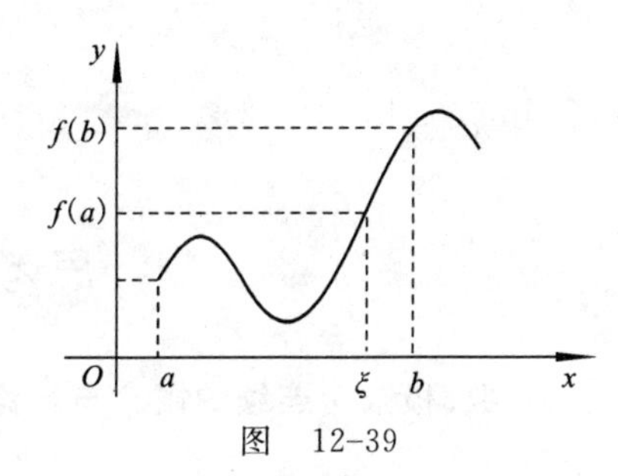

图　12-39

几何意义：介于两条水平直线 $y=f(a)$ 与 $y=f(b)$ 之间的任一条直线 $y=\mu$，与 $y=f(x)$ 的图像曲线至少有一个交点．

习　题　12.6

1. 讨论下列函数在指定点的连续性：

(1) $f(x)=\begin{cases}x & \text{当 } x\geqslant 1\\ x^3 & \text{当 } x<1\end{cases}$，　$x=1$；

(2) $f(x)=\begin{cases}1-x & \text{当 } x>0\\ 2 & \text{当 } x=0\\ \cos x & \text{当 } x<0\end{cases}$，　$x=0$.

2. 讨论函数

$f(x)=\begin{cases}a+x & \text{当 } x\leqslant 1\\ \ln x & \text{当 } x>1\end{cases}$，求 a 的值，使 $f(x)$ 为连续函数．

3. 讨论函数

$f(x)=\begin{cases}\dfrac{\sin 2x}{x} & \text{当 } x<0 \\ x^2+1 & \text{当 } x\geqslant 0\end{cases}$,在 $x=0$ 的连续性,并写出它的连续区间.

4. 求下列函数的间断点:

(1) $y=\dfrac{1}{(1+x)^2}$; (2) $y=\dfrac{x}{4-x^2}$;

(3) $y=\dfrac{\sin x}{x}+\dfrac{1}{1-x}$; (4) $y=\dfrac{x^2-1}{x-1}$.

5. 求下列极限:

(1) $\lim\limits_{x\to 0}\ln\cos x$; (2) $\lim\limits_{x\to 0}e^{x^2+4x-2}$;

(3) $\lim\limits_{x\to 0}\sqrt{\dfrac{x^4-3x^2+4}{2x+1}}$; (4) $\lim\limits_{x\to 0}(1+2\sin x)^{\csc x}$;

(5) $\lim\limits_{x\to 0}\cos\ln(1-2x)^{\frac{1}{x}}$; (6) $\lim\limits_{x\to 0}\dfrac{1}{x}\ln(1+x)$.

思考与总结

一、函数、极限与连续的概念与结论

1. 函数的概念

(1)函数.

以 x 为自变量的函数 $y=f(x)$ 是数集 D 到数集 M 的________. 对于数集 D 中的________,数集 M 中都有________和它对应. 其中数集 D 称为函数 $y=f(x)$ 的________,和 x 对应的 y 的值就是函数值,函数值的全体构成的集合称为函数的________.

函数的表示法通常有三种________、________、________. 其中用图像法表示函数是基于函数图像的概念,即坐标平面上的点集________称为函数 $y=f(x)$, $x\in D$ 的图像.

(2)函数的简单特性包括________、________和________.

(3)基本初等函数有六个,分别是________、________、________、________、________、________.

(4)复合函数.

若 $y=f(u)$, $u=\varphi(x)$,当 $u=\varphi(x)$ 的值域全部或部分落在 $f(u)$ 的定义域内时,得到一个以________为自变量________为因变量的函数,称其为由函数________和函数________构成的复合函数,记为________,变量________称为中间变量.

(5)初等函数.

由________经过有限次的四则运算和有限次的复合所构成的函数,称为初等函数.

2. 极限的概念

(1)数列的极限.

如果数列$\{x_n\}$,当n无限增大时,数列$\{x_n\}$的取值________一个确定的常数A,我们就称A是数列$\{x_n\}$的极限,或称数列$\{x_n\}$收敛于A,记作________.

如果当$n\to\infty$数列$\{x_n\}$不趋于一个确定的常数,我们就说数列$\{x_n\}$________,或称数列$\{x_n\}$是________的.

(2)函数的极限.

$x\to\infty$时,函数$f(x)$的极限

如果当自变量x的绝对值无限增大(记作$x\to\infty$)时,对应的函数值________一个确定的常数A,则称A为函数$f(x)$当$x\to\infty$时的极限,记作________.

$x\to x_0$时,函数$f(x)$的极限

设函数$f(x)$在点x_0的某个去心邻域内有定义,如果当x从x_0的左右两侧________趋近于x_0且________x_0时,函数$f(x)$________于一个确定的常数A,则称A是函数$f(x)$当x趋近于x_0时的极限,记作________.

$x\to\infty$的含义为$x\to\begin{cases}-\infty\\+\infty\end{cases}$;$x\to x_0$的含义为$x\to\begin{cases}x_0^-\\x_0^+\end{cases}$.

3. 无穷小量与无穷大量

如果在自变量的变化过程中,函数$f(x)$的极限为________,那么称函数$f(x)$为这个变化过程中的无穷小量(简称无穷小).

如果在自变量的变化过程中,函数$f(x)$的绝对值________,那么称函数$f(x)$为这个变化过程中的无穷大量(简称无穷大).

在自变量的同一变化过程中,无穷大量的倒数是________,非零的无穷小量的倒数是________.

4. 函数的连续性

(1)如果________则称函数$f(x)$在点x_0是连续的.

(2)$f(x)$在点x_0连续必须满足三个条件________、________和________.

(3)如果函数$f(x)$在x_0不连续,则称$f(x)$在x_0________,x_0称为$f(x)$的________.

(4)一切初等函数在________内都是连续的.

二、运算法则、基本性质与基本公式

1. 极限存在的充要条件

(1) $\lim\limits_{x\to\infty}f(x)=A$的充要条件是________.

(2) $\lim\limits_{x\to x_0}f(x)=A$的充要条件是________.

2. 极限运算法则

(1) $\lim\limits_{x \to x_0}[f(x) \pm g(x)] =$ ________;

(2) $\lim\limits_{x \to x_0}[cf(x)] =$ ________;

(3) $\lim\limits_{x \to x_0}[f(x) \cdot g(x)] =$ ________;

(4) $\lim\limits_{x \to x_0} \dfrac{f(x)}{g(x)} =$ ________;

(5) $\lim\limits_{x \to x_0} [f(x)]^n =$ ________;

(6) $\lim\limits_{x \to x_0} \sqrt[n]{f(x)} =$ ________.

上述法则使用的前提条件是________.

3. 无穷小量的基本性质

(1)有限个无穷小的和________;

(2)有界函数与无穷小的乘积________;

(3)常数与无穷小的乘积________;

(4)有限个无穷小的乘积________.

4. 两个重要极限

(1) $\lim\limits_{x \to 0} \dfrac{\sin x}{x} =$ ________;

(2) $\lim\limits_{x \to \infty} \left(1 + \dfrac{1}{x}\right)^x =$ ________.

5. 等价无穷小替换定理

若当 $x \to x_0$ 时,$\alpha \sim \alpha'$,$\beta \sim \beta'$,且 $\lim\limits_{x \to x_0} \dfrac{\alpha'}{\beta'}$ 存在,则 $\lim\limits_{x \to x_0} \dfrac{\alpha}{\beta} =$ ________.

当 $x \to 0$ 时,$\sin x \sim$ ________;$\tan x \sim$ ________;$1-\cos x \sim$ ________;$\arcsin x \sim$ ________;$\arctan x \sim$ ________;$\ln(1+x) \sim$ ________;$e^x-1 \sim$ ________.

三、极限与连续的关系

函数 $f(x)$ 在点 x_0 连续,则 $f(x)$ 在点 x_0 的极限一定________,函数 $f(x)$ 在点 x_0 的极限存在,$f(x)$ 在点 x_0 ________连续.

复习题十二

一、选择题:

1. 函数 $y = \sqrt{x+3} + \ln(5-x)$ 的定义域为(　　).

A. $\{x \mid -3 < x < 5\}$　　B. $\{x \mid -3 < x \leqslant 5\}$

C. $\{x \mid -3 \leqslant x < 5\}$　　D. $\{x \mid -3 \leqslant x \leqslant 5\}$

2. 下列选项中相同的函数是(　　).

A. $y=\dfrac{x^2-1}{x+1}$ 与 $y=x-1$　　B. $y=\sqrt{(x+1)^2}$ 与 $y=|x+1|$

C. $y=\sqrt{1-\sin^2 x}$ 与 $y=\cos x$　　D. $y=\ln x^2$ 与 $y=2\ln x$

3. 下列函数中是奇函数的是(　　).

A. $f(x)=x-2x^3$　　B. $f(x)=\dfrac{x}{x+1}$

C. $f(x)=x|x|+3$　　D. $f(x)=2x^3-3x^2+1$

4. 极限 $\lim\limits_{x\to x_0} f(x)=A$ 成立,当且仅当(　　)成立.

A. $\lim\limits_{x\to x_0} f(x)=\lim\limits_{x\to x_0^+} f(x)=A$　　B. $\lim\limits_{x\to x_0^+} f(x)=A$

C. $\lim\limits_{x\to x_0^-} f(x)=A$　　D. $\lim\limits_{x\to x_0^-} f(x)=\lim\limits_{x\to x_0^+} f(x)=A$

5. 函数 $y=f(x)$ 在点 x_0 处有定义是 $\lim\limits_{x\to x_0} f(x)$ 存在的(　　).

A. 必要非充分条件　　B. 充分非必要条件

C. 充分必要条件　　D. 无关条件

6. 极限值 $\lim\limits_{x\to 0}\dfrac{\sin^2 mx}{x^2}$ (m 为常数)等于(　　).

A. 0　　B. m^2　　C. 1　　D. $\dfrac{1}{m^2}$

7. $\lim\limits_{x\to\infty}\left(1-\dfrac{k}{x}\right)^x=\mathrm{e}^2$,则 $k=$(　　)

A. 2　　B. -2　　C. $\dfrac{1}{2}$　　D. $-\dfrac{1}{2}$

8. 当 $x\to 0$ 时,下列(　　)为无穷小量.

A. e^x　　B. $\sin x$　　C. $\dfrac{\sin x}{x}$　　D. $\sin\dfrac{1}{x}$

9. 函数 $y=f(x)$ 在点 x_0 处有极限是 $y=f(x)$ 在点 x_0 连续的(　　).

A. 必要非充分条件　　B. 充分非必要条件

C. 充分必要条件　　D. 无关条件

10. 设函数 $f(x)=\begin{cases} x+2 & 当\ x\leqslant 0 \\ x^2+a & 当\ 0<x<1 \\ bx & 当\ x\geqslant 1 \end{cases}$ 在 $(-\infty,+\infty)$ 内连续,则 a、b 分别为(　　).

A. 2,1　　B. 1,1　　C. 3,2　　D. 2,3

二、填空题:

1. 函数 $f(x)=\begin{cases} x+2 & 当 -2<x<0 \\ 0 & 当 x=0 \\ x^2-3 & 当 0<x\leqslant 4 \end{cases}$ 的定义域为________;

2. $f(u)=\sin u^2, u=g(x)=x^2+1$,则 $f(g(x))=$________;

3. 函数 $y=\ln^2(2x-1)$ 的复合过程为________;

4. 函数 $f(x)=\dfrac{1}{(x-1)^2}$ 当 $x\to$________时为无穷大,当 $x\to$________时为无穷小;

5. 设点 x_0 是初等函数 $f(x)$ 定义域内的点,则 $\lim\limits_{x\to x_0}f(x)=$________.

6. 设 $f(x)=\begin{cases} \dfrac{\sin x}{x} & 当 x<0 \\ k & 当 x=0 \\ x\sin\dfrac{1}{x}+1 & 当 x>0 \end{cases}$ 在$(-\infty,+\infty)$内连续,$k=$________;

7. 函数 $f(x)=\dfrac{x+2}{x^2-4}$ 的间断点为________;

8. 函数 $f(x)=\dfrac{x+1}{x^2-5x-6}$ 的连续区间为________;

9. $\lim\limits_{x\to 0}x\sin\dfrac{1}{x}=$________;$\lim\limits_{x\to\infty}x\sin\dfrac{1}{x}=$________;

10. $\lim\limits_{x\to 0}(1-x)^{\frac{1}{x}}=$________;$\lim\limits_{x\to\infty}\left(1+\dfrac{1}{x}\right)^{kx}=$________.

三、计算题:

求下列极限:

(1) $\lim\limits_{x\to\sqrt{3}}\dfrac{x^2-3}{x^2+1}$;

(2) $\lim\limits_{x\to -1}\dfrac{x^2+2x+5}{x^2-1}$;

(3) $\lim\limits_{x\to 0}\dfrac{4x^3-2x^2+x}{3x^2+2x}$;

(4) $\lim\limits_{x\to 1}\dfrac{x^2+2x-3}{x^2-1}$;

(5) $\lim\limits_{h\to 0}\dfrac{(x+h)^2-x^2}{h}$;

(6) $\lim\limits_{x\to\infty}\dfrac{2x^3-3x^2+1}{5x^3+x^2-4}$;

(7) $\lim\limits_{x\to\infty}\dfrac{3x^2-5x+1}{2x^3-4x^2+3}$;

(8) $\lim\limits_{x\to\infty}\dfrac{2x^3-5x^2}{5x^2+2x-4}$;

(9) $\lim\limits_{x\to 0}x^2\sin\dfrac{1}{x^2}$;

(10) $\lim\limits_{x\to\infty}\dfrac{1}{x}\cos x^3$;

(11) $\lim\limits_{x\to 0}\dfrac{x+\sin x}{x-\sin x}$;

(12) $\lim\limits_{x\to 0}\dfrac{\sqrt{1+x}-1}{2x}$;

(13) $\lim\limits_{x\to 0}\dfrac{x^2}{\sqrt{1+x^2}-\sqrt{1-x^2}}$;

(14) $\lim\limits_{x\to 4}\dfrac{\sqrt{2x+1}-3}{x-4}$;

(15) $\lim\limits_{x\to 0}\dfrac{\sin 2x}{\tan 5x}$；

(16) $\lim\limits_{x\to 0}\dfrac{1-\cos x}{2x^2}$；

(17) $\lim\limits_{x\to 1}\dfrac{\sin(x-1)}{x^2-1}$；

(18) $\lim\limits_{x\to\infty}\left(\dfrac{1+x}{x}\right)^x$；

(19) $\lim\limits_{x\to\infty}\left(1-\dfrac{2}{x}\right)^{2x}$；

(20) $\lim\limits_{x\to\infty}\left(\dfrac{2x-1}{2x+1}\right)^x$；

(21) $\lim\limits_{x\to\frac{\pi}{3}}\ln(2\sin x)$；

(22) $\lim\limits_{x\to\infty}3^{\frac{1}{x}}$；

(23) $\lim\limits_{x\to 0}\cos[(1-2x)^{\frac{1}{x}}]$；

(24) $\lim\limits_{x\to 0^+}\dfrac{\sqrt{x^3+x^2}}{x+\sin x}$.

四、解答题：

1. 讨论函数 $f(x)=\begin{cases}e^x & 当\ x<0\\ 0 & 当\ x=0\\ \dfrac{\sqrt{1+x^2}-1}{x} & 当\ x>0\end{cases}$ 在 $x=0$ 的连续性.

2. 设 $f(x)=\begin{cases}\dfrac{\sin 2x}{x} & 当\ x<0\\ k & 当\ x\geqslant 0\end{cases}$，$k$ 为何值时，函数在定义域内连续.

3. 讨论函数 $f(x)=\begin{cases}\dfrac{e^{2x}-e^x-1}{2x-1} & 当\ x<0\\ x^3+1 & 当\ x\geqslant 0\end{cases}$ 在 $x=0$ 的连续性，并写出它的连续区间.

4. 圆柱形金属饮料罐容积为 V，写出其表面积与底半径之间的函数关系.

5. 每批生产 x 单位某种产品的费用为 $C(x)=200+4x$，得到的收益为 $R(x)=10x-\dfrac{x^2}{100}$. 写出每批生产利润与生产量 x 之间的函数关系.

6. 某房地产公司有50套公寓要出租，当租金定为每月180元时，公寓全部租出去. 当租金每月增加10元时，就有一套公寓租不出去，而租出去的房子每月需花费20元的整修维护费. 试确定总收入与房租之间的函数关系.

第 13 章　导数与微分

本章将研究微分学的两个最基本的概念——导数与微分，推出导数的基本公式和运算法则，解决初等函数的求导问题.

力学、物理和其他学科的许多重要问题都涉及研究函数变化率和改变量问题，因此本章的导数与微分问题，是学习后继课程和工程技术中不可缺少的工具.

本章介绍的求导公式，微分公式及初等函数的求导均是高等数学的重要基本功，必须熟练掌握.

13.1　导数的概念

本节重点知识：

1. 导数的定义.
2. 导数的几何意义与物理意义.
3. 可导与连续的关系.
4. 高阶导数.

13.1.1　引例

17 与 18 世纪的数学家们常把自己的数学活动与各种不同自然领域(物理、化学、力学、技术)中的研究活动联系起来，并由实际需要提出了许多数学问题. 历史上，导数概念产生于以下两个实际问题的研究. 第一，求变速直线运动的速度；第二，曲线的切线问题.

引例 1　变速直线运动的瞬时速度.

分析　对于匀速直线运动，物体在任何时刻的速度都相同，且 $v=\frac{s}{t}$. 而对于变速直线运动，物体在不同时刻的速度不全相同. 设物体从某一时刻开始到时刻 t 所走过的路程为 s，则 s 是 t 的函数 $s=s(t)$，当时间 t 从时刻 t_0 变到时刻 $t_0+\Delta t$，物体运动的路程为

$$\Delta s=s(t_0+\Delta t)-s(t_0),$$

这段时间的平均速度为

$$\bar{v} = \frac{\Delta s}{\Delta t} = \frac{s(t_0 + \Delta t) - s(t_0)}{\Delta t}.$$

因物体作变速直线运动，它在任一时刻的速度随 t 的不同而不同. 当 Δt 很小时，速度的变化不大，可用平均速度近似地表示物体在时刻 t_0 的速度，显然 Δt 越小，近似的程度越好，平均速度 $\bar{v}$ 就越趋近于时刻 t_0 的速度 $v(t_0)$，也就是说，当 $\Delta t \to 0$ 时，平均速度 $\bar{v}$ 无限趋近于时刻 t_0 的瞬时速度 $v(t_0)$，即

$$v(t_0) = \lim_{\Delta t \to 0} \bar{v} = \lim_{\Delta t \to 0} \frac{\Delta s}{\Delta t} = \lim_{\Delta t \to 0} \frac{s(t_0 + \Delta t) - s(t_0)}{\Delta t}.$$

此例将匀速直线运动与变速直线运动联系起来，局部以匀速代替变速，以平均速度代替瞬时速度，然后通过取极限，从瞬时速度的近似值过渡到瞬时速度的精确值.

引例 2　平面曲线的切线斜率.

设曲线 $y = f(x)$ 的图形如图 13-1 所示.

分析　在曲线 $y = f(x)$ 上取一点 $M(x_0, y_0)$ 及邻近的另外一点 $M_1(x_0 + \Delta x, y_0 + \Delta y)$，作割线 MM_1，则割线的斜率为

$$k_{MM_1} = \frac{\Delta y}{\Delta x} = \frac{f(x_0 + \Delta x) - f(x_0)}{\Delta x}.$$

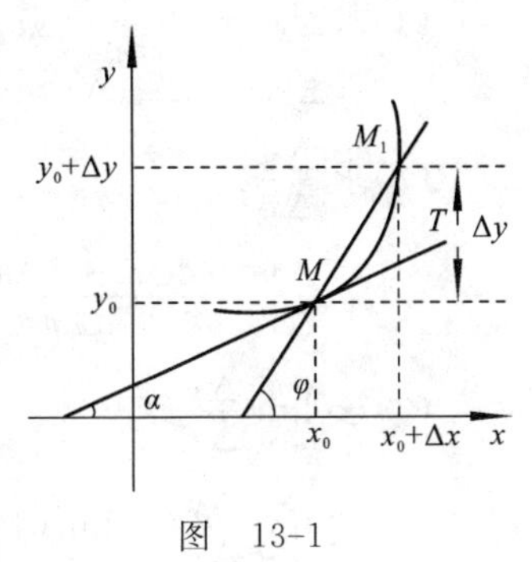

图　13-1

当 $\Delta x \to 0$ 时，动点 M_1 沿曲线 $y = f(x)$ 无限趋近于定点 M，使得割线 MM_1 的位置也随着变动而无限趋近于极限位置 MT，则称直线 MT 为曲线 $y = f(x)$ 在点 $M(x_0, y_0)$ 处的切线，显然，此时割线的斜率无限趋近于切线的斜率，即切线 MT 的斜率为

$$k = \lim_{M_1 \to M} k_{MM_1} = \lim_{\Delta x \to 0} \frac{\Delta y}{\Delta x} = \lim_{\Delta x \to 0} \frac{f(x_0 + \Delta x) - f(x_0)}{\Delta x}.$$

此例先以割线代替切线，算出割线的斜率，然后通过取极限，从割线过渡到切线，求出切线的斜率.

以上两个实例虽然实际意义不同，但是解决问题的思路和方法完全相同，最终都归结为计算自变量的改变量趋于零时，函数的改变量与自变量的改变量比值的极限. 在数学中，把此特殊类型的极限称做函数的导数.

13.1.2　导数的定义

定义　设函数 $y = f(x)$ 在点 x_0 的某个邻域内有定义，当自变量 x 在点 x_0 处取得改变量 Δx ($\Delta x \neq 0$) 时，函数 $y = f(x)$ 取得相应改变量 $\Delta y = f(x_0 + \Delta x) - f(x_0)$，如果当 $\Delta x \to 0$ 时，$\frac{\Delta y}{\Delta x}$ 的极限存在，即

$$\lim_{\Delta x \to 0} \frac{\Delta y}{\Delta x} = \lim_{\Delta x \to 0} \frac{f(x_0 + \Delta x) - f(x_0)}{\Delta x}$$

存在,则称此极限值为函数 $y=f(x)$ 在点 x_0 处的**导数**,记作 $f'(x_0)$,或 $y'|_{x=x_0}$,或 $\left.\frac{dy}{dx}\right|_{x=x_0}$,或 $\left.\frac{df(x)}{dx}\right|_{x=x_0}$. 即

$$f'(x_0)=\lim_{\Delta x\to 0}\frac{\Delta y}{\Delta x}=\lim_{\Delta x\to 0}\frac{f(x_0+\Delta x)-f(x_0)}{\Delta x}$$

并称函数 $y=f(x)$ 在点 x_0 **可导**. 如果 $\lim\limits_{\Delta x\to 0}\frac{\Delta y}{\Delta x}$ 不存在,则称函数 $y=f(x)$ 在点 x_0 **不可导**.

例 1 求函数 $y=x^2$ 在点 $x=2$ 处的导数.

解 根据导数的定义求导数通常分三步:

(1)求 $\Delta y=f(x_0+\Delta x)-f(x_0)$.

$$\Delta y=(2+\Delta x)^2-2^2=4\Delta x+(\Delta x)^2.$$

(2)求 $\frac{\Delta y}{\Delta x}$.

$$\frac{\Delta y}{\Delta x}=\frac{4\Delta x+(\Delta x)^2}{\Delta x}=4+\Delta x.$$

(3)求 $\lim\limits_{\Delta x\to 0}\frac{\Delta y}{\Delta x}$.

$$\lim_{\Delta x\to 0}\frac{\Delta y}{\Delta x}=\lim_{\Delta x\to 0}(4+\Delta x)=4,$$

因此 $f'(2)=4$.

通过上例容易看出,给定函数 $y=f(x)$ 后,其导数 $f'(x_0)$ 仅与 x_0 有关. 如果函数 $f(x)$ 在开区间 (a,b) 内的每一点都可导,则称函数 $f(x)$ 在开区间 (a,b) 内可导. 这时,对于区间 (a,b) 内的每一个 x 值,均有对应的导数值 $f'(x)$,因此 $f'(x)$ 也是 x 的函数,称其为函数 $f(x)$ 的**导函数**,简称为**导数**. 记作 $f'(x)$,y',$\frac{dy}{dx}$,$\frac{df(x)}{dx}$. 即

$$f'(x)=\lim_{\Delta x\to 0}\frac{\Delta y}{\Delta x}=\lim_{\Delta x\to 0}\frac{f(x+\Delta x)-f(x)}{\Delta x}.$$

注意 导数 $f'(x_0)$ 与导函数 $f'(x)$ 的区别和联系.

区别:$f'(x_0)$ 是常数,$f'(x)$ 是函数.

联系:函数 $f(x)$ 在点 x_0 处的导数 $f'(x_0)$ 就是导函数 $f'(x)$ 在 $x=x_0$ 处的函数值,即 $f'(x_0)=f'(x)|_{x=x_0}$. 注意 $f'(x_0)\neq[f(x_0)]'$

例 2 求函数 $y=x^2$ 的导数,并算出 $f'(1)$.

解 (1) $\Delta y=f(x+\Delta x)-f(x)=(x+\Delta x)^2-x^2=2x\Delta x+\Delta x^2$.

(2) $\frac{\Delta y}{\Delta x}=\frac{2x\Delta x+\Delta x^2}{\Delta x}=2x+\Delta x$.

(3) $\lim\limits_{\Delta x \to 0} \dfrac{\Delta y}{\Delta x} = \lim\limits_{\Delta x \to 0}(2x + \Delta x) = 2x$.

因此 $(x^2)' = 2x$，从而 $f'(1) = (x^2)'|_{x=1} = 2x|_{x=1} = 2$.

上例进一步可推广为 $(x^\alpha)' = \alpha x^{\alpha-1}$（$\alpha$ 为任意实数）利用这个公式，可以很方便地计算幂函数的导数. 例如

$$(x)' = 1 ;\ (\sqrt{x})' = \frac{1}{2\sqrt{x}} ;\ \left(\frac{1}{x}\right)' = -\frac{1}{x^2} ;\ (\sqrt[3]{x})' = (x^{\frac{1}{3}})' = \frac{1}{3}x^{-\frac{2}{3}} .$$

练一练

求下列函数的导数：

(1) $y = x^2$；$y = x^3$；$y = x^{\frac{5}{3}}$.

(2) $y = \dfrac{1}{x^2}$；$y = \dfrac{1}{x^3}$；$y = \dfrac{1}{x^4}$.

(3) $y = \sqrt[3]{x^2}$；$y = \sqrt[4]{x}$；$y = \sqrt[4]{x^3}$.

例 3　求函数 $y = \sin x$ 的导数.

解　(1) $\Delta y = f(x+\Delta x) - f(x) = \sin(x+\Delta x) - \sin x = 2\sin\dfrac{\Delta x}{2}\cos(x+\Delta x)$，

(2) $\dfrac{\Delta y}{\Delta x} = \cos(x+\Delta x)\dfrac{\sin\left(\dfrac{\Delta x}{2}\right)}{\dfrac{\Delta x}{2}}$，

(3) $\lim\limits_{\Delta x \to 0} \dfrac{\Delta y}{\Delta x} = \lim\limits_{\Delta x \to 0} \cos\dfrac{(2x+\Delta x)}{2}\dfrac{\sin\left(\dfrac{\Delta x}{2}\right)}{\dfrac{\Delta x}{2}} = \cos x$，

因此　$(\sin x)' = \cos x$.

类似地，可得到导数的基本公式：

$(\cos x)' = -\sin x$；　　　$(c)' = 0$（c 为常数）；

$(a^x)' = a^x \ln a$（$a > 0, a \neq 1$）；　　$(e^x)' = e^x$；

$(\log_a x)' = \dfrac{1}{x\ln a}$（$a > 0, a \neq 1$）；$(\ln x)' = \dfrac{1}{x}$.

练一练

求下列函数的导数：

(1) $y = 2^x$；$y = 3^x$；$y = \left(\dfrac{1}{2}\right)^x$；$y = \left(\dfrac{1}{4}\right)^x$；$y = e^5$；$y = \sin\dfrac{\pi}{3}$.

(2) $y = \log_2 x$；$y = \log_4 x$；$y = \lg x$；$y = \log_{\frac{1}{2}} x$；$y = \log_{\frac{1}{4}} x$；$y = \lg 2$.

13.1.3 导数的实际意义

1. 导数的几何意义

由引例 2 可知,函数 $y=f(x)$ 在点 x_0 处的导数 $f'(x_0)$,就是它所表示曲线在点 $M(x_0,y_0)$ 处切线的斜率. 即 $k=f'(x_0)$. 根据直线方程的点斜式,曲线 $y=f(x)$ 在点 $M(x_0,y_0)$ 处的切线方程为

$$y-y_0=f'(x_0)(x-x_0).$$

如果 $f'(x_0)\neq 0$,曲线 $y=f(x)$ 在点 $M(x_0,y_0)$ 处的法线方程为

$$y-y_0=-\frac{1}{f'(x_0)}(x-x_0).$$

例 4 求曲线 $y=\frac{1}{x}$ 在点 $(1,1)$ 处的切线的斜率,并写出在该点处的切线方程和法线方程.

解 $\left(\frac{1}{x}\right)'=-\frac{1}{x^2}$,

根据导数的几何意义,所求切线的斜率为

$$k=\left(\frac{1}{x}\right)'\bigg|_{x=1}=-\frac{1}{x^2}\bigg|_{x=1}=-1.$$

从而所求切线方程为 $y-1=-1(x-1)$,即 $x+y-2=0$.

法线方程为 $y-1=1\cdot(x-1)$,即 $x-y=0$.

练一练

求曲线 $y=\sin x$ 在点 $\left(\frac{\pi}{6},\frac{1}{2}\right)$ 处的切线方程.

2. 导数的物理意义

由引例 1 可知,若物体的运动规律为 $s=s(t)$,则物体在时刻 t 的瞬时速度 $v(t)$ 就是 $s=s(t)$ 在点 t 处的导数,即 $v(t)=s'(t)$. 与此类似,许多物理量其实质就是某一函数的导数. 例如,加速度 $a(t)$ 是速度 $v(t)$ 关于时间 t 的导数,即 $a(t)=v'(t)$.

13.1.4 可导与连续的关系

定理 如果函数 $y=f(x)$ 在点 x_0 可导,则它在点 x_0 处一定连续.

证明 因为函数 $y=f(x)$ 在点 x_0 可导

所以
$$\lim_{\Delta x\to 0}\frac{\Delta y}{\Delta x}=f'(x),$$

而
$$\lim_{\Delta x\to 0}\Delta y=\lim_{\Delta x\to 0}\frac{\Delta y}{\Delta x}\Delta x=\lim_{\Delta x\to 0}\frac{\Delta y}{\Delta x}\cdot\lim_{\Delta x\to 0}\Delta x=f'(x)\cdot 0=0,$$

故函数 $y = f(x)$ 在点 x_0 处一定连续.

但反过来,在点 x_0 连续的函数,不一定在点 x_0 处可导.

注意　函数在一点连续只是函数在该点可导的必要条件,而不是充分条件.

13.1.5　高阶导数

如果函数 $y = f(x)$ 的导数 $y' = f'(x)$ 在点 x 处可导,则称 $f'(x)$ 的导数为函数 $y = f(x)$ 的**二阶导数**,记作

$$f''(x) \text{ 或 } y''.$$

类似地,二阶导数 $y'' = f''(x)$ 的导数称为函数 $y = f(x)$ 的**三阶导数**,记作

$$f'''(x) \text{ 或 } y'''.$$

一般地,函数 $y = f(x)$ 的 $(n-1)$ 阶导数的导数称为函数 $y = f(x)$ 的 **n 阶导数**,记作

$$f^{(n)}(x) \text{ 或 } y^{(n)}.$$

二阶及二阶以上的导数统称为**高阶导数**.

例 5　求 $y = e^x$ 的各阶导数.

解　$y' = e^x$, $y'' = e^x$,…, $y^{(n)} = e^x$.

习　题　13.1

1. 求下列函数的导数:

(1) $y = x$;　(2) $y = \sqrt{x}$;　(3) $y = \dfrac{1}{x}$;

(4) $y = x^5$;　(5) $y = \dfrac{1}{\sqrt{x}}$;　(6) $y = x^{\frac{2}{5}}$;

(7) $y = e^4$;　(8) $y = e^x$;　(9) $y = \dfrac{3^x}{2^x}$;

(10) $y = \log_2 x$;　(11) $y = \ln x$;　(12) $y = \ln 2$;

(13) $y = \sin t$;　(14) $y = \sin \dfrac{\pi}{3}$;　(15) $y = \cos t$.

2. 求曲线 $y = \ln x$ 在点 $(e,1)$ 处的切线方程和法线方程.

3. 求曲线 $y = \cos x$ 在 $x = \dfrac{\pi}{3}$ 处的切线方程和法线方程.

4. 物体按规律 $s = t^2$ 作直线运动,求物体在 $t = 2$ 时的速度.

13.2　导数的基本公式与导数的四则运算法则

本节重点知识:

1. 基本初等函数的导数公式.

2. 导数的四则运算法则.

13.2.1 基本初等函数的导数公式

根据导数定义,我们已知求导数的步骤,但对任何函数如果都需经过那样烦杂的步骤去求导数,是非常麻烦的,因此需将求导运算公式化.为了方便起见,我们把基本初等函数的导数公式给出,其中有些已经证明了,其余的将通过以下几节陆续证明.

(1)常数的导数 $(c)'=0$(c 为常数).

(2)幂函数的导数 $(x^{\alpha})'=\alpha x^{\alpha-1}$($\alpha$ 为任意实数).

例如,$(x)'=1$;$(x^2)'=2x$;$(\sqrt{x})'=\dfrac{1}{2\sqrt{x}}$;$\left(\dfrac{1}{x}\right)'=-\dfrac{1}{x^2}$.

(3)指数函数的导数

① $(a^x)'=a^x\ln a$($a>0,a\neq 1$); ② $(\mathrm{e}^x)'=\mathrm{e}^x$.

(4)对数函数的导数

① $(\log_a x)'=\dfrac{1}{x\ln a}$($a>0,a\neq 1$); ② $(\ln x)'=\dfrac{1}{x}$.

(5)三角函数的导数

① $(\sin x)'=\cos x$; ② $(\cos x)'=-\sin x$;

③ $(\tan x)'=\sec^2 x=\dfrac{1}{\cos^2 x}$; ④ $(\cot x)'=-\csc^2 x=-\dfrac{1}{\sin^2 x}$;

⑤ $(\sec x)'=\sec x\tan x$; ⑥ $(\csc x)'=-\csc x\cot x$.

(6)反三角函数的导数

① $(\mathrm{arc}\cos x)'=-\dfrac{1}{\sqrt{1-x^2}}$; ② $(\arcsin x)'=\dfrac{1}{\sqrt{1-x^2}}$;

③ $(\arctan x)'=\dfrac{1}{x^2+1}$; ④ $(\mathrm{arccot}\, x)'=-\dfrac{1}{x^2+1}$.

基本初等函数的导数公式是求导的基础,必须熟记.实际中常会遇到较复杂的函数(如基本初等函数的和、差、积、商、复合函数等).因此需研究导数的运算法则,使复杂函数的求导问题简单化.

13.2.2 导数的四则运算法则

设 $u=u(x)$,$v=v(x)$ 都是 x 的可导函数,则

法则 1 $(u\pm v)'=u'\pm v'$;

法则 2 $(uv)'=u'v+uv'$,特殊地 $(cu)'=cu'$(c 为常数);

法则 3 $\left(\dfrac{u}{v}\right)'=\dfrac{u'v-uv'}{v^2}$($v\neq 0$),特殊地 $\left(\dfrac{c}{v}\right)'=-\dfrac{cv'}{v^2}$.

注意:法则 1、法则 2 可推广到有限多个可导函数的情况,例如

设 $u=u(x)$,$v=v(x)$,$\omega=\omega(x)$ 均可导,则有

$$(u \pm v \pm \omega)' = u' \pm v' \pm \omega';\ (uv\omega)' = u'v\omega + uv'\omega + uv\omega'.$$

例 1 求 $y = x^4 - x^2 + \sin x + 2^x$ 的导数.

解 $y' = (x^4 - x^2 + \sin x + 2^x)' = (x^4)' - (x^2)' + (\sin x)' + (2^x)'$

$= 4x^3 - 2x + \cos x + 2^x \ln 2$

练一练

(1)已知 $y = x^5 - \cos x$,则 $y' =$ ________;

(2)已知 $y = x^2 - x + 1$,则 $y' =$ ________;

(3)已知 $y = x^4 + \dfrac{1}{x}$,则 $y' =$ ________;

(4)已知 $y = \sin x - \cos x + 2^x - \log_4 x$,则 $y' =$ ________.

例 2 求 $y = 2\sqrt{x}\cos x + \ln \pi$ 的导数.

解 $y' = (2\sqrt{x}\cos x)' + (\ln\pi)' = 2\left[(\sqrt{x})'\cos x + \sqrt{x}(\cos x)'\right]$

$= \dfrac{1}{\sqrt{x}}\cos x - 2\sqrt{x}\sin x$.

例 3 求 $y = e^x(\sin x + \cos x)$ 的导数.

解 $y' = (e^x)'(\sin x + \cos x) + e^x(\sin x + \cos x)'$

$= e^x(\sin x + \cos x) + e^x(\cos x - \sin x) = 2e^x\cos x$.

练一练

(1)已知 $y = (x-3)(2x+5)$,则 $y' =$ ________;

(2)已知 $y = (3x^2 - 1)\cos x$,则 $y' =$ ________;

(3)已知 $y = (1 + e^x)(1 - \sin x)$,则 $y' =$ ________;

(4)已知 $y = \sin x \cos x + 2\sin x - 3\ln x$,则 $y' =$ ________.

例 4 求 $y = \dfrac{\ln x}{x^2}$ 的导数.

解 $y' = \left(\dfrac{\ln x}{x^2}\right)' = \dfrac{(\ln x)' \cdot x^2 - \ln x \cdot (x^2)'}{x^4} = \dfrac{1 - 2\ln x}{x^3}$.

例 5 求 $y = \tan x$ 的导数.

解 $y' = (\tan x)' = \left(\dfrac{\sin x}{\cos x}\right)' = \dfrac{(\sin x)'\cos x - \sin x(\cos x)'}{\cos^2 x}$

$= \dfrac{\cos^2 x + \sin^2 x}{\cos^2 x} = \dfrac{1}{\cos^2 x} = \sec^2 x$.

同理可得

$(\cot x)' = -\csc^2 x$; $(\sec x)' = \sec x \tan x$; $(\csc x)' = -\csc x \cot x$.

练一练

(1)已知 $y=\frac{5}{x^3}-\frac{3}{x^2}+\frac{1}{x}-2$,则 $y'=$ ________;

(2)已知 $y=\frac{x^3+3}{x-1}$,则 $y'=$ ________;

(3)已知 $y=\frac{x^2}{\cos x}$,则 $y'=$ ________;

(4)已知 $y=\frac{1+\sin x}{1-\sin x}$,则 $y'=$ ________.

例 6 求下列函数的导数:

(1) $y=\frac{x^4+\sqrt{x}-3+2x}{x}$; (2) $y=\tan x+x\sec x$; (3) $y=\frac{\arctan x}{1+x^2}$.

解 (1)因为 $y=\frac{x^4+\sqrt{x}-3+2x}{x}=x^3+x^{-\frac{1}{2}}-\frac{3}{x}+2$,故

$$y'=3x^2-\frac{1}{2}x^{-\frac{3}{2}}+\frac{3}{x^2};$$

(2) $y'=\sec^2 x+\sec x+x\sec x\tan x=\sec x(\sec x+1+x\tan x)$;

(3) $y'=\dfrac{\frac{1}{1+x^2}(1+x^2)-\operatorname{arc}\tan x\cdot 2x}{(1+x^2)^2}=\dfrac{1-2x\operatorname{arc}\tan x}{(1+x^2)^2}$.

想一想

(1) $[(2x^3-1)\ln x]'=(\quad)\ln x+(2x^3-1)(\quad)$;

(2) $(3x^3\sin x)'=(\quad)x^2\sin x+3x^3(\quad)$;

(3) $\left(\frac{\ln x}{x^2-1}\right)'=\frac{(\quad)(x^2-1)-\ln x(\quad)}{(x^2-1)^2}$;

(4) $\left(\frac{x+x^2}{\cos x}\right)'=\frac{(\quad)\cos x-(x+x^2)(\quad)}{(\quad)^2}$.

习　题　13.2

1. 求下列函数的导数:

(1) $y=5x^4-\cos x+3$;

(2) $y=\frac{x^2}{2}+\frac{2}{x^2}$;

(3) $y=x^e-e^x+e^e$;

(4) $y=\tan x-2\log_2 x$;

(5) $y=2^x x^2+e^2$;

(6) $y=x^3\ln x+3^x$;

(7) $y=(4+3x-2x^2)\sin x$；　(8) $y=\cos x-\cot x$；

(9) $y=\dfrac{x-1}{x+1}$；　(10) $y=\dfrac{e^x-1}{e^x+1}$.

2. 求下列函数的导数：

(1) $y=\sqrt{x}\cos x-\sin x$；　(2) $y=x\tan x-\cot x$；

(3) $y=\dfrac{1+x}{x^2-3}$；　(4) $y=(1+x^2)\arctan x$；

(5) $y=\dfrac{\sin x}{\sin x+\cos x}$；　(6) $y=(1-\tan x)(1-x)$；

(7) $y=(\cos x+\sin x)x^2$　(8) $y=\dfrac{1+10^x}{1-10^x}$；

(9) $y=\dfrac{3x^2+2x-\sqrt{x}+1}{\sqrt{x}}$；　(10) $y=\dfrac{1+\ln x}{1-\ln x}$.

3. 求下列函数在指定点的导数：

(1) $f(x)=3x^2+x\cos x$，求 $f'(0)$，$f'(\pi)$；

(2) $y=e^x\sin x$，求 $f'\left(\dfrac{\pi}{6}\right)$，$f'\left(\dfrac{\pi}{4}\right)$；

(3) $y=\dfrac{1}{1+\cos x}$，求 $f'(0)$，$f'\left(\dfrac{\pi}{3}\right)$.

4. 求曲线 $y=x\ln x$ 在 $x=e$ 处的切线方程和法线方程.

5. 求下列函数的一阶和二阶导数：

(1) $y=\cos x-\sin x$；　(2) $y=x^3-2e^x+1$；　(3) $y=a^x$.

13.3　复合函数的导数

本节重点知识：

1. 复合函数的求导法则.

2. 引入中间变量求复合函数的导数.

3. 省略中间变量求复合函数的导数.

目前为止我们已经会求不少简单函数的导数，但实际中遇到的函数多是复合函数，因此需要研究复合函数的导数.

1. 引例　$y=\sin 2x$，是否 $y'=\cos 2x$？

上述答案是错误的. 这是因为

$$y'=(\sin 2x)'=(2\sin x\cos x)'=2(\cos^2 x-\sin^2 x)=2\cos 2x.$$

为什么会错？这是因为求导数时，误把 $y=\sin 2x$ 看成是一个简单的正弦函数，实际上它是由 $y=\sin u$ 和 $u=2x$ 复合而成的复合函数. 因此必须建立复合函数的求导法则.

由于 $y=\sin u$, $y'_u=\cos u$; $u=2x$, $u'_x=2$. 因而

$$y'_u\cdot u'_x=2\cos u=2\cos 2x.$$

所以
$$y'_x=y'_u\cdot u'_x.$$

2. 复合函数的求导法则

定理 如果函数 $u=\varphi(x)$ 在点 x 可导,函数 $y=f(u)$ 在其对应点 $u=\varphi(x)$ 也可导,则复合函数 $y=f(\varphi(x))$ 在点 x 可导,且

$$y'_x=y'_u\cdot u'_x \quad 或 \quad \frac{dy}{dx}=\frac{dy}{du}\cdot\frac{du}{dx}.$$

例 1 求下列函数的导数:

(1) $y=(2x-3)^5$; (2) $y=\cos(x^2+1)$; (3) $y=\sqrt{\tan x}$.

解 (1)引入中间变量,令 $y=u^5$, $u=2x-3$,则

$$y'_x=y'_u\cdot u'_x=5u^4\cdot 2=10(2x-3)^4.$$

(2)引入中间变量,令 $y=\cos u$, $u=x^2+1$,则

$$y'_x=y'_u\cdot u'_x=-\sin u\cdot 2x=-2x\sin(x^2+1).$$

(3)引入中间变量,令 $y=\sqrt{u}$, $u=\tan x$,则

$$y'_x=y'_u\cdot u'_x=\frac{1}{2\sqrt{u}}\cdot\sec^2 x=\frac{\sec^2 x}{2\sqrt{\tan x}}.$$

注意 (1)根据复合函数的求导法则,若设函数 $u=u(x)$ 在点 x 可导,则导数的基本公式可变形为下列公式:

① $(u^\alpha)'_x=\alpha u^{\alpha-1}\cdot u'_x$; ② $(e^u)'_x=e^u\cdot u'_x$;

③ $(\sin u)'_x=\cos u\cdot u'_x$; ④ $(\cos u)'_x=-\sin u\cdot u'_x$;

⑤ $(\ln u)'_x=\frac{1}{u}\cdot u'_x$; ⑥ $(\arcsin u)'_x=\frac{1}{\sqrt{1-u^2}}\cdot u'_x$ 等等.

如若 $u=x^2$,则 $(e^{x^2})'=e^{x^2}\cdot(x^2)'$; $(\sin x^2)'=\cos x^2\cdot(x^2)'$.

如若 $u=\sqrt{x-1}$,则 $(\cos\sqrt{x-1})'=-\sin\sqrt{x-1}\cdot(\sqrt{x-1})'$.

(2)重复应用上述定理,可以把复合函数的求导法则推广到多次复合的情形,例如,设

$$y=f(u)\ ,\ u=\varphi(v)\ ,\ v=\omega(x)\ ,$$

则复合函数的导数

$$y'_x=y'_u\cdot u'_v\cdot v'_x \quad 或 \quad \frac{dy}{dx}=\frac{dy}{du}\cdot\frac{du}{dv}\cdot\frac{dv}{dx}.$$

(3)复合函数的求导方法熟悉之后,引入中间变量这一步就可以省略,只需从外向里,逐层求导即可.

例 2 求下列函数的导数:

(1) $y=\sqrt{2x^4+3}$；　(2) $y=\ln\sin 3x$；　(3) $y=e^{\arctan\frac{1}{x}}$.

解　(1) $y'=\dfrac{1}{2\sqrt{2x^4+3}}\cdot(2x^4+3)'=\dfrac{4x^3}{\sqrt{2x^4+3}}$.

(2) $y'=\dfrac{1}{\sin 3x}\cdot(\sin 3x)'=\dfrac{1}{\sin 3x}\cdot\cos 3x\cdot(3x)'=3\cot 3x$.

(3) $$y'=e^{\arctan\frac{1}{x}}\cdot\left(\arctan\frac{1}{x}\right)'=e^{\arctan\frac{1}{x}}\cdot\frac{1}{1+\left(\frac{1}{x}\right)^2}\cdot\left(\frac{1}{x}\right)'$$

$$=e^{\arctan\frac{1}{x}}\cdot\frac{x^2}{x^2+1}\cdot\left(-\frac{1}{x^2}\right)=-\frac{e^{\arctan\frac{1}{x}}}{x^2+1}.$$

想一想

下面的计算是否正确,如果不正确,请改正.

(1) $[(ax+b)^2]'=2(ax+b)$；

(2) $(\sin 3x)'=\cos 3x$；

(3) $[\sin(1-x)]'=-\cos(1-x)$；

(4) $(e^{-x})'=e^{-x}$.

练一练

(1) $[(5x-3)^5]'=5(5x-3)^4(\quad)$；

(2) $(1+\sin^2 x)'=2\sin x(\quad)$；

(3) $[(1-x^2)^2\cos 3x]'=2(1-x^2)(\quad)(\quad)+(1-x^2)^2(\quad)$

例 3　求下列函数的导数:

(1) $y=\ln\left(x+\sqrt{x^2+1}\right)$；　(2) $y=\sin^3 x\cdot\cos 3x$；

(3) $y=e^{-x}\ln(1-x)$；　(4) $y=\dfrac{x}{\sqrt{1-x^2}}$.

解　(1) $$y'=\frac{1}{x+\sqrt{x^2+1}}\left(x+\sqrt{x^2+1}\right)'$$

$$=\frac{1}{x+\sqrt{x^2+1}}\left(1+\frac{2x}{2\sqrt{x^2+1}}\right)=\frac{1}{\sqrt{x^2+1}}.$$

(2) $$\begin{aligned}y'&=3\sin^2 x(\sin x)'\cdot\cos 3x+\sin^3 x\cdot(-\sin 3x)(3x)'\\&=3\sin^2 x\cos x\cos 3x-3\sin^3 x\sin 3x\\&=3\sin^2 x(\cos x\cos 3x-\sin x\sin 3x)\\&=3\sin^2 x\cos 4x.\end{aligned}$$

(3) $y' = e^{-x}(-x)'\ln(1-x) + e^{-x}\frac{1}{1-x}(1-x)'$

$$= -e^{-x}\ln(1-x) - \frac{e^{-x}}{1-x} = -e^{-x}\left(\ln(1-x) + \frac{1}{1-x}\right).$$

(4) $y' = \dfrac{\sqrt{1-x^2} - x\dfrac{(-2x)}{2\sqrt{1-x^2}}}{1-x^2} = \dfrac{1}{(1-x^2)\sqrt{1-x^2}}$.

习　题　13.3

1.求下列函数的导数：

(1) $y = (2x+1)^{10}$；

(2) $y = \sqrt{x^2+1}$；

(3) $y = \ln\cos x$；

(4) $y = e^{\sin x}$；

(5) $y = \dfrac{1}{2x+1}$；

(6) $y = \cos(3x+2)$；

(7) $y = \sqrt{1+e^x}$；

(8) $y = \sqrt{\tan\dfrac{x}{2}}$；

(9) $y = e^{-x} + \ln(1-2x)$；

(10) $y = \sin 2x + \cos x^2$；

(11) $y = \log_2(x^2+1)$；

(12) $y = \sin^2 3x$；

(13) $y = e^{-\frac{1}{x}} + e^{x^2}$；

(14) $y = \sin\sqrt{1-x^2}$；

(15) $y = \arctan(1+x^2)$；

(16) $y = \arcsin 3x$；

(17) $y = 3^{\arctan\frac{x}{2}}$；

(18) $y = \ln\sin x^2$；

(19) $y = 2^{\sin^2\frac{1}{x}}$；

(20) $y = (\ln\ln x)^4$.

2.求下列函数的导数：

(1) $y = \sqrt{2x+1}(x^2+x)$；

(2) $y = e^{2x}\cos 3x$；

(3) $y = e^{-x}\ln(2x+1)$；

(4) $y = \sin^2 x \cdot \cos 2x$；

(5) $y = (2-x^2)\sin 3x$；

(6) $y = \sin\dfrac{x}{3} \cdot \cot\dfrac{x}{2}$；

(7) $y = \sqrt{3x-5}\cos^2 x$；

(8) $y = \sin^n x \cdot \cos nx$；

(9) $y = (\sin x + \cos x)^n$；

(10) $y = \sin\dfrac{1}{x} \cdot e^{\tan\frac{1}{x}}$；

(11) $y = \ln\left(x + \sqrt{a^2+x^2}\right)$；

(12) $y = \dfrac{\sin 2x}{x}$；

(13) $y = (x + \sin^2 x)^4$；

(14) $y = e^{-5x^2} \cdot \tan 3x$.

3. 求下列函数的二阶导数：

(1) $y = e^{2x-1}$ ；　　(2) $y = \ln(1+x)$ ；

(3) $y = \ln\cos x$ ；　　(4) $y = \sin^2 x$.

13.4　隐函数的导数

本节重点知识：

1. 隐函数的定义.

2. 隐函数的求导方法.

1. 隐函数的定义

前面讨论的函数求导方法，都是对于因变量 y 已写成自变量 x 的显性表达式 $y = f(x)$ 来说的，这样的函数称做显函数. 但有时还会遇到函数关系不是用显函数形式表示的情形. 例如，中心在原点的单位圆方程 $x^2 + y^2 = 1$. 又例如 $e^y = xy$ ，它们都表示 x ，y 之间的函数关系. 我们把由方程 $F(x,y) = 0$ 表示的因变量 y 与自变量 x 的函数关系，称为隐函数.

2. 隐函数的求导方法

有些隐函数可以化为显函数，但有些隐函数很难或不能化为显函数 $y = f(x)$ 的形式. 例如 $e^y = xy$ 就是这样. 因此，我们需要寻找一种不需要把隐函数化为显函数，直接从确定隐函数关系的方程中计算出隐函数的导数的方法. 下面举例说明隐函数的求导方法.

例 1　求由方程 $x^2 + y^2 = 1$ 所确定的隐函数的导数 y' .

解　将方程两端对 x 求导数，注意 y^2 是 y 的函数，而 $y = f(x)$ 又是 x 的函数，故 y^2 是复合函数，利用复合函数的求导法则，得

$$2x + 2yy' = 0 ,$$

则

$$y' = -\frac{x}{y} .$$

隐函数的求导法：

(1)方程两端对 x 求导数，注意 y 是 x 的函数 $y = f(x)$ ，y 的函数就是 x 的复合函数，利用复合函数的求导法则.

(2)从(1)的所得式中解出 y' 即可.

例 2　求由方程 $e^y = xy$ 所确定的隐函数 y 的导数.

解　方程两端对 x 求导数，得

$$e^y y' = y + xy' ,$$

则

$$y' = \frac{y}{e^y - x} .$$

例 3 求由方程 $x = y - \sin(xy)$ 所确定的隐函数 y 的导数.

解 方程两端对 x 求导数,得

$$1 = y' - \cos(xy)(y + xy'),$$

则

$$y' = \frac{1 + y\cos(xy)}{1 - x\cos(xy)}.$$

例 4 求由 $xy + \ln y = 1$ 所确定的隐函数 y 在给定点的导数 $y'\big|_{\substack{x=1\\y=1}}$.

解 方程两端对 x 求导数,得

$$y + xy' + \frac{1}{y}y' = 0,$$

则

$$y' = -\frac{y^2}{xy + 1}.$$

故

$$y'\big|_{\substack{x=1\\y=1}} = -\frac{1}{2}.$$

习　题　13.4

1. 求下列隐函数的导数:

(1) $y^3 - 3y + 4x = 0$;

(2) $x^2 + y^2 + xy = 1$;

(3) $y = 1 + xe^y$;

(4) $y = x + \ln y$;

(5) $\sqrt{x} + \sqrt{y} = \sqrt{a}$;

(6) $y = \cos x + \frac{1}{2}\sin y$;

(7) $ye^x + \ln y = 1$;

(8) $e^{x+y} = xy$;

(9) $\sin(xy) = x + y$;

(10) $x\sin x = \cos(x + y)$.

2. 求下列隐函数在指定点的导数:

(1) $y^3 + y^2 = 2x$ 在点 $(1,1)$;

(2) $e^y - y\sin x = e$ 在点 $(0,1)$.

13.5 微　　分

本节重点知识:

1. 微分的概念.

2. 微分的运算.

13.5.1 微分的概念

微分概念的引入来自于计算函数改变量的估值,在实际问题中,经常要计算当自变量有一微小改变量 Δx 时,相应的函数的改变量 Δy 的大小. 如果函数比较复杂,计算函数的改变量

$$\Delta y = f(x_0 + \Delta x) - f(x_0)$$

也会很复杂.能否找到一种既简单,又有较高精确度的计算 Δy 近似值的方法,就是本节要讨论的微分.

微分和导数本质上是一致的.利用微分可估算函数的改变量,计算函数的近似值,微分的概念在后继内容(不定积分、常微分方程)中都有重要的应用,应熟练掌握.

引例　一正方形的金属薄片受温度影响,其边长由 x_0 变化到 $x_0 + \Delta x$,其面积 $A(x) = x^2$ 相应的改变量为

$$\Delta A = (x_0 + \Delta x)^2 - x_0^2 = 2x_0 \cdot \Delta x + (\Delta x)^2$$

分析　如图 13-2 所示,阴影部分表示 ΔA .它由两部分组成:第一部分 $2x_0 \cdot \Delta x$,它是 Δx 的一次函数;第二部分 $(\Delta x)^2$,当 $|\Delta x|$ 很小时,它也非常小,可以忽略不计.所以我们可以用第一部分 $2x_0 \cdot \Delta x$ 近似地表示 ΔA ,即 $\Delta A \approx 2x_0 \cdot \Delta x$.由于 $A(x) = x^2$,则 $A'(x_0) = 2x_0$.故上式又可以写成 $\Delta A \approx A'(x_0)\Delta x$.

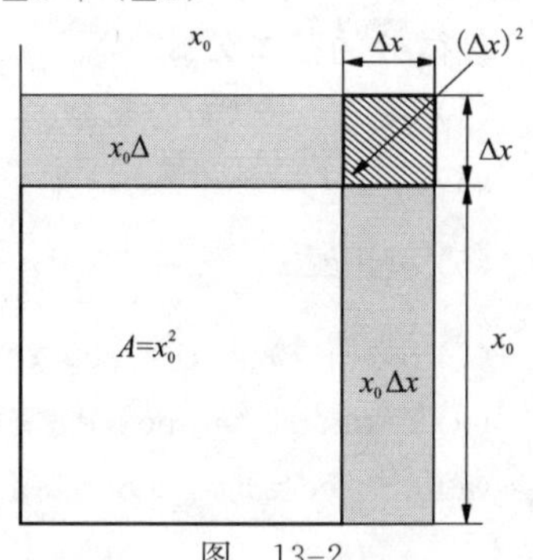

图　13-2

一般地,当 $|\Delta x|$ 很小时,函数的改变量 $\Delta y = f(x_0 + \Delta x) - f(x_0)$ 也可以近似地用 $f'(x_0)\Delta x$ 表示,误差非常小,即 $\Delta y \approx f'(x_0)\Delta x$.我们就把 $f'(x_0)\Delta x$ 称做函数 $y = f(x)$ 在点 x_0 处的微分.

定义　设函数 $y = f(x)$ 在点 x_0 处可导,则称 $f'(x_0)\Delta x$ 是函数 $y = f(x)$ 在点 x_0 处的**微分**,记作 $\mathrm{d}y|_{x=x_0}$,即 $\mathrm{d}y|_{x=x_0} = f'(x_0)\Delta x$.此时,也称函数 $y = f(x)$ 在点 x_0 处**可微**.

例如,函数 $y = \sin x$ 在点 $x = \frac{\pi}{3}$ 处的微分为

$$\mathrm{d}y|_{x=\frac{\pi}{3}} = (\sin x)'|_{x=\frac{\pi}{3}} \cdot \Delta x = \cos\frac{\pi}{3} \cdot \Delta x = \frac{1}{2}\Delta x .$$

函数 $y = f(x)$ 在任意点 x 处的微分,称做函数 $y = f(x)$ 的微分,记作 $\mathrm{d}y = f'(x)\Delta x$.

对于函数 $y = x$,它的微分 $\mathrm{d}y = \mathrm{d}x = (x)'\Delta x = \Delta x$.因此,我们规定:自变量的微分 $\mathrm{d}x$ 就等于自变量的改变量 Δx ,即 $\mathrm{d}x = \Delta x$.于是,函数 $y = f(x)$ 的微分又可写成 $\mathrm{d}y = f'(x)\mathrm{d}x$.从而 $\frac{\mathrm{d}y}{\mathrm{d}x} = f'(x)$,即函数的导数 $f'(x)$ 等于函数的微分与自变量的微分之商,故导数又称为**微商**.

注意

导数与微分的概念虽有本质区别,但可导与可微是等价的.

例 1　求函数 $y = x^2 \sin x$ 的微分.

解　$dy=(x^2\sin x)'dx=x(2\sin x+x\cos x)dx$.

一般地,当 $|\Delta x|$ 很小时,$\Delta y\approx dy$,在实际中往往用函数的微分来求函数改变量的近似值.

13.5.2　微分的运算

根据微分的定义 $dy=f'(x)dx$,计算微分只需求出导数 $f'(x)$ 再乘以 dx 即可,于是根据导数的基本公式和运算法则可直接得出微分的基本公式和运算法则.

1. 微分的基本公式

(1) $d(c)=0$ (c 为常数);　　(2) $d(x^\alpha)=\alpha x^{\alpha-1}dx$ ($\alpha\in\mathbf{R}$);

(3) $d(a^x)=a^x\ln a dx$;　　(4) $d(e^x)=e^x dx$;

(5) $d(\log_a x)=\dfrac{1}{x\ln a}dx$;　　(6) $d(\ln x)=\dfrac{1}{x}dx$;

(7) $d(\sin x)=\cos x dx$;　　(8) $d(\cos x)=-\sin x dx$;

(9) $d(\tan x)=\sec^2 x dx$;　　(10) $d(\cot x)=-\csc^2 x dx$;

(11) $d(\sec x)=\sec x\tan x dx$;　　(12) $d(\csc x)=-\csc x\cot x dx$;

(13) $d(\arcsin x)=\dfrac{1}{\sqrt{1-x^2}}dx$;　　(14) $d(\arccos x)=-\dfrac{1}{\sqrt{1-x^2}}dx$;

(15) $d(\arctan x)=\dfrac{1}{x^2+1}dx$;　　(16) $d(\mathrm{arccot}\, x)=-\dfrac{1}{x^2+1}dx$.

2. 微分的四则运算法则

设 u , v 都是可导函数,则

(1) $d(u\pm v)=du\pm dv$;　　(2) $d(uv)=vdu+udv$;

(3) $d(cu)=cdu$ (c 为常数);　　(4) $d\left(\dfrac{u}{v}\right)=\dfrac{vdu-udv}{v^2}$;

(5) $d\left(\dfrac{c}{v}\right)=-\dfrac{cdv}{v^2}$ (c 为常数).

3. 微分形式的不变性(复合函数的微分法则)

设函数 $y=f(u)$ 的导数 $f'(u)$ 存在,且

(1)若 u 是自变量时,其微分为 $dy=f'(u)du$.

(2)若 u 不是自变量时,而是另一自变量 x 的可导函数 $u=\varphi(x)$,则 y 就是以 u 为中间变量的复合函数,根据复合函数的求导法则, y 对自变量 x 的导数为

$$y'=f'(u)\cdot\varphi'(x),$$

于是其微分为

$$dy=f'(u)\cdot\varphi'(x)dx,$$

而
$$du = \varphi'(x)dx,$$
所以
$$dy = f'(u)du.$$

这就是说,无论 u 是自变量还是中间变量,函数 $y = f(u)$ 的微分形式总是 $dy = f'(u)du$.这个性质就称做微分形式的不变性.

由此可知,基本初等函数的微分公式,其意义可以推广,例如 $d(\sin u) = \cos u du$,$d(e^u) = e^u du$ 等.这里,u 不仅可以是自变量,也可以是一个函数.这对于求复合函数的微分,十分方便.

例 2　求下列函数的微分:

(1) $y = e^{ax+bx^2}$;　(2) $y = e^{-x}\sin 2x$;　(3) $y = \sqrt{1+\cos^2 x}$.

解　(1) $dy = e^{ax+bx^2}d(ax+bx^2) = e^{ax+bx^2}(a+2bx)dx$.

(2)
$$\begin{aligned} dy &= \sin 2x d(e^{-x}) + e^{-x}d(\sin 2x) \\ &= e^{-x}\sin 2x d(-x) + e^{-x}\cos 2x d(2x) \\ &= -e^{-x}(\sin 2x - 2\cos 2x)dx. \end{aligned}$$

(3)
$$\begin{aligned} dy &= \frac{1}{2\sqrt{1+\cos^2 x}}d(1+\cos^2 x) \\ &= \frac{1}{2\sqrt{1+\cos^2 x}}2\cos x d(\cos x) \\ &= \frac{2\cos x(-\sin x)}{2\sqrt{1+\cos^2 x}}dx = -\frac{\sin 2x}{2\sqrt{1+\cos^2 x}}dx. \end{aligned}$$

习　题　13.5

1. 求下列函数的微分:

(1) $y = (x^3 - 2x + 1)^5$;　(2) $y = \sqrt{x^2 - 1}$;

(3) $y = \ln\cos x$;　(4) $y = x^3 e^{\sin x}$;

(5) $y = \dfrac{1}{2x+1}$;　(6) $y = \dfrac{1}{a}\arctan\dfrac{x}{a}$;

(7) $y = \sin 2x\cos 3x$;　(8) $y = (e^x + e^{-x})^2$;

(9) $y = e^{-2x}\sin(3x+2)$;　(10) $y = \sin^3 x - \sin 3x$.

2. 将适当的函数填入括号内,使等式成立.

(1) $d(\quad) = 2dx$;　(2) $d(\quad) = \dfrac{1}{1+x}dx$;

(3) $d(\quad) = 2xdx$;　(4) $d(\quad) = \cos x dx$;

(5) $d(\quad) = \dfrac{1}{\sqrt{x}}dx$;　(6) $d(\quad) = e^{-x}dx$;

(7) $d(\qquad)=\frac{1}{x^2}dx$；　　(8) $d(\qquad)=\sin 2x dx$；

(9) $d(\quad)=\frac{1}{1+x^2}dx$；　　(10) $d(\quad)=\frac{1}{1+4x^2}dx$.

思考与总结

一、导数与微分的概念与结论

1. 导数的概念

(1)导数的定义：________.

(2)导数 $f'(x_0)$ 的几何意义：________，切点处的切线方程：________；法线方程：________.

(3)导数 $f'(t_0)$ 的物理意义：________；二阶导数 $f''(t_0)$ 的物理意义：________.

(4)函数在 x_0 点连续与可导的关系：________.

(5)高阶导数的记号与求法：________.

2. 微分的概念

(1) $f(x)$ 在任意点 x 处的微分：________.

(2)微分与导数的关系：________.

二、导数与微分的基本公式与运算法则

1. 基本初等函数的导数公式

(1) $(c)'=$ ________（c 为常数）；　(2) $(x^\alpha)'=$ ________（α 为任意实数）；

(3) $(x)'=$ ________；　(4) $(x^2)'=$ ________；

(5) $(\sqrt{x})'=$ ________；　(6) $\left(\frac{1}{x}\right)'=$ ________；

(7) $(a^x)'=$ ________（$a>0, a\neq 1$）；(8) $(e^x)'=$ ________；

(9) $(\log_a x)'=$ ________；　(10) $(\ln x)'=$ ________；

(11) $(\sin x)'=$ ________；　(12) $(\cos x)'=$ ________；

(13) $(\tan x)'=$ ________；　(14) $(\cot x)'=$ ________；

(15) $(\sec x)'=$ ________；　(16) $(\csc x)'=$ ________；

(17) $(\arcsin x)'=$ ________；　(18) $(\arccos x)'=$ ________；

(19) $(\arctan x)'=$ ________；　(20) $(\text{arccot}\, x)'=$ ________.

2. 导数的四则运算法则

(1) $(u\pm v)'=$ ________；　(2) $(uv)'=$ ________；

(3) $(cu)'=$ ________；　(4) $\left(\frac{u}{v}\right)'=$ ________（$v\neq 0$）；

(5) $\left(\frac{c}{v}\right)' =$ ________ ($v \neq 0$, c 为常数).

3. 复合函数的求导法则:________.

(1)若 $u = u(x)$ 可导,则 $(\sin u)'_x =$ ________; $(\ln u)'_x =$ ________.

(2)若 $u = 2x$,则 $(\cos 2x)' =$ ________; $(\arctan 2x)' =$ ________.

4. 隐函数的求导法:________.

5. 微分形式的不变性:________.

(1) $\mathrm{d}(\mathrm{e}^u) =$ ________; (2) $(u^\alpha)' =$ ________ ($\alpha \in \mathbf{R}$);(3) $(\tan u)' =$ ________.

三、可导、可微、连续与极限存在的关系:

可微________可导________连续________极限存在.

复习题十三

一、填空题:

1. 将适当的函数填入括号内.

① $\mathrm{d}(\quad) = \sin x\mathrm{d}x$;　② $\mathrm{d}(\quad) = -\frac{1}{1+x^2}\mathrm{d}x$;

③ $\mathrm{d}(\quad) = \frac{1}{x}\mathrm{d}x$;　④ $\mathrm{d}(\sqrt{x^2+1}+c) = (\quad)\mathrm{d}x$.

2. 若 $f(x) = x^2 2^x + \mathrm{e}^2 + 2$,则 $f'(x) = (\quad)$, $f'(0) = (\quad)$.

3. 函数 $f(x)$ 在点 x_0 处可导是 $f(x)$ 在点 x_0 处连续的(　　);是 $f(x)$ 在点 x_0 处可微的(　　).

4. 曲线 $y = \ln x$ 在点 $(\mathrm{e},1)$ 处的切线方程是(　　),法线方程是(　　).

5. $y = \sin(x^2 - 1)$,则 $y'|_{x=1} = (\quad)$.

6. $y = a^x$,则 $y'' = (\quad)$.

7. 质点作直线运动方程为 $s = 10 + 20t - 5t^2$,求 $t = 2$ 时的速度(　　),加速度(　　).

8. 设 $f(x)$ 在点 x_0 处可导,则 $\lim\limits_{x \to x_0} f(x) = (\quad)$.

9. 设曲线 $y = 3x^2 - 3x - 17$ 上点 M 处的切线斜率是 15,则点 M 的坐标为(　　).

10. 设 $f(x)$ 在点 $x = 2$ 处可导, $\lim\limits_{\Delta x \to 0} \frac{f(2+3\Delta x) - f(2)}{\Delta x} = \frac{1}{2}$,则 $f'(2) = (\quad)$.

二、判断题:

1. $f(x)$ 在点 x_0 可导是 $f(x)$ 在点 x_0 连续的必要条件.　(　　)

2. 若任意 $x \in \mathbf{R}$,有 $f'(x) = a$,则 $f(x) = ax + b$.　(　　)

3. $(\ln 3)' = \frac{1}{3}$. ( )

4. $y = e^{-x}$ 在 $x = 2$ 处切线的斜率是 $\frac{1}{e^2}$. ( )

5. $\left(\arctan \frac{1}{x}\right)' = \frac{1}{1+x^2}$. ( )

6. 若 $y = x \ln y$，则 $y' = \ln y + \frac{x}{y}$. ( )

7. $(x^2 \sin x)' = 2x \cos x$. ( )

8. 设 $y = f(x)$ 可微，则 $\mathrm{d}f(\cos 2x) = f'(\cos 2x)\mathrm{d}x$. ( )

9. $(x + \sqrt{1+x^2})' = \left(1 + \frac{1}{2\sqrt{1+x^2}}\right) \cdot 2x$. ( )

10. 设 $y = \cos \frac{1}{x}$，则 $f'\left(\frac{2}{\pi}\right) = \frac{\pi^2}{4}$. ( )

三、计算题：

1. 求下列函数的导数：

(1) $y = \sin 5x + \cos 6x$；
(2) $y = x^2 \sin 2x$；

(3) $y = (2x^2 - 3x + 1)^4$；
(4) $y = \sqrt{1-x^2}$；

(5) $y = \ln \tan \frac{x}{2}$；
(6) $y = \frac{1}{4}\ln(4x^2+1)$；

(7) $x^2 - y^2 - xy = 1$；
(8) $y = \sin^2 x \cdot \sin x^2$；

(9) $e^x - x^2 y - \sin(xy) = 0$；
(10) $y = e^{-x}(\sin 2x + \cos 2x)$.

2. 求下列函数在指定点的导数：

(1) $y = 1 + x^2 + \ln(1+x^2)$，求 $y'|_{x=1}$；
(2) $y = \sin(x+y)$，求 $y'|_{\substack{x=\pi \\ y=0}}$；

(3) $y = 2\cos^2 x$，求 $y''|_{x=0}$；
(4) $y = (1+x^2)\arctan x$，求 $y''|_{x=1}$.

3. 求下列函数的微分：

(1) $y = e^x \sin^2 x$；
(2) $y = \arcsin(2^x)$；

(3) $y = x^3 e^{-2x}$；
(4) $y = \tan^2 x^2$.

四、解答题：

1. 求曲线 $x + x^2 y^2 - y = 1$ 在点 $(1,1)$ 处的切线方程和法线方程.

2. 物体按规律 $s = \frac{b}{a^2}(at + e^{-at})$ (a, b 为常数)作直线运动，求物体在 $t = \frac{1}{2a}$ 时的速度和加速度.

第 14 章　导数的应用

上一章介绍了微分学的两个基本概念——导数与微分及其计算方法，解决了求瞬时速度、加速度、求曲线的切线与法线等问题．本章以微分学中的基本定理——微分中值定理为基础，学习利用导数求未定式的极限，利用导数判定函数和曲线的一些性态等，并利用这些知识解决一些实际问题．

14.1　微分中值定理与洛必达法则

本节重点知识：

1. 微分中值定理．
2. 洛必达法则．

14.1.1　微分中值定理

微分中值定理是一系列中值定理的总称，它在微积分理论中占有重要地位，它提供了导数应用的基本理论依据，是研究函数的有力工具，其中最重要的内容是拉格朗日中值定理，可以说其他中值定理都是拉格朗日中值定理的特殊情况或推广．

1. 罗尔中值定理

定理 1　设函数 $y=f(x)$ 在闭区间 $[a,b]$ 上连续，在开区间 (a,b) 内可导，且 $f(a)=f(b)$，则至少存在一点 $\xi\in(a,b)$，使 $f'(\xi)=0$．

罗尔中值定理的几何意义：如图 14-1 所示，如果在闭区间 $[a,b]$ 上的连续曲线 $\overset{\frown}{AB}$，在 (a,b) 内处处都有不垂直于 x 轴的切线，且曲线弧在两个端点处的纵坐标相同，那么在曲线弧上至少存在一点，使得在该点的切线平行于 x 轴，即

$$f'(\xi)=0.$$

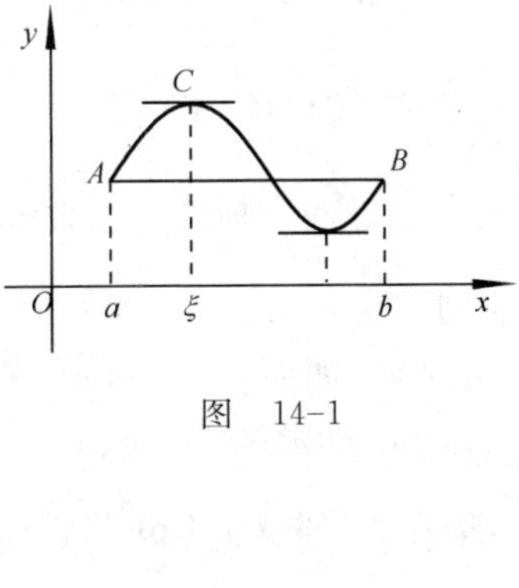

图　14-1

通常称使 $f'(x_0)=0$ 的点 x_0 为函数 $f(x)$ 的**驻点**．

2. 拉格朗日中值定理

定理 2　设函数 $y=f(x)$ 在闭区间 $[a,b]$ 上连续，在开区间 (a,b) 内可导，

则至少存在一点 $\xi \in (a, b)$,使得 $f'(\xi) = \dfrac{f(b)-f(a)}{b-a}$.

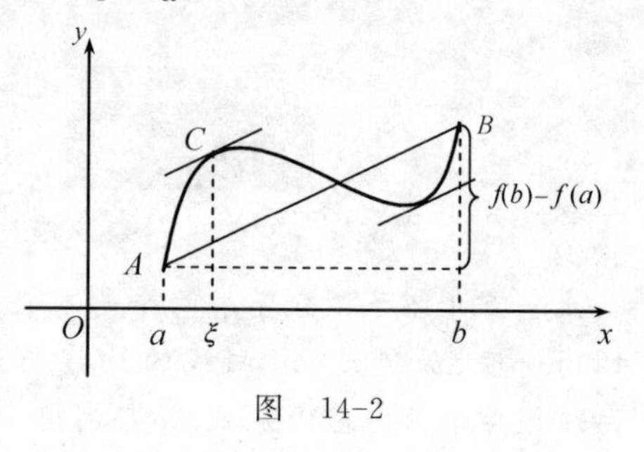

图 14-2

拉格朗日中值定理的几何意义:如图 14-2所示,如果在闭区间$[a, b]$上的连续曲线 $\overset{\frown}{AB}$,除两端点 A、B 外,处处都有不垂直于 x 轴的切线,那么在曲线弧上至少有一点 $C(\xi, f(\xi))$,使曲线在 C 点处的切线平行于直线 AB(斜率相等),即 $f'(\xi) = \dfrac{f(b)-f(a)}{b-a}$.

罗尔定理是拉格朗日中值定理当 AB 为水平时的特例.

推论 若函数 $y = f(x)$ 在某区间上的导数恒为零,则 $f(x)$ 在此区间上是一个常数.

3. 柯西中值定理

定理 3 设函数 $f(x)$ 与 $g(x)$ 在闭区间$[a, b]$上都连续,在开区间(a, b)内都可导,且在开区间(a, b)内 $g'(x) \neq 0$,则至少存在一点 $\xi \in (a, b)$,使

$$\frac{f'(\xi)}{g'(\xi)} = \frac{f(b)-f(a)}{g(b)-g(a)}.$$

在柯西中值定理中,若取 $g(x) = x$,则得到拉格朗日中值定理. 因此柯西中值定理可以看成是拉格朗日中值定理的推广

14.1.2 洛必达法则

在第 1 章求极限时,遇到过形如 $\dfrac{f(x)}{g(x)}$ 的函数,当 $x \to x_0$(或 $x \to \infty$)时,两个函数 $f(x)$ 和 $g(x)$ 都趋向于零或都趋向于无穷大的例子. 这时极限 $\lim\limits_{x \to x_0} \dfrac{f(x)}{g(x)}$ 或 $\lim\limits_{x \to \infty} \dfrac{f(x)}{g(x)}$ 可能存在,也可能不存在,通常称这种极限为未定式,并简记为 $\dfrac{0}{0}$ 型或 $\dfrac{\infty}{\infty}$ 型. 下面介绍一种求这类未定式极限的简便而有效方法——洛必达(L'Hospital)法则.

定理 4 如果 $f(x)$ 和 $g(x)$ 满足下列条件:

(1) $\lim\limits_{x \to x_0} f(x) = \lim\limits_{x \to x_0} g(x) = 0$(或 ∞);

(2)在 x_0 邻域 $f'(x)$ 和 $g'(x)$ 都存在,且 $g'(x) \neq 0$;

(3) $\lim\limits_{x \to x_0} \dfrac{f'(x)}{g'(x)} = A$(或 ∞),则

$$\lim_{x \to x_0} \frac{f(x)}{g(x)} = \lim_{x \to x_0} \frac{f'(x)}{g'(x)} = A\,(\text{或}\ \infty).$$

注意

(1)此定理对于 $x \to \infty$ 时 $\frac{0}{0}$ 型或 $\frac{\infty}{\infty}$ 型未定式也适用.

(2)洛必达法则的实质就是通过对分子分母分别求导,使原来极限脱离 $\frac{0}{0}$ 型或 $\frac{\infty}{\infty}$ 型的状态,进而求出该极限.

(3)在第一次用洛必达法则之后,必须检查所得的极限,如果 $\lim\limits_{x \to x_0} \frac{f'(x)}{g'(x)}$ 仍是 $\frac{0}{0}$ 型或 $\frac{\infty}{\infty}$ 型未定式,可以继续使用洛必达法则进行计算.如果 $\lim\limits_{x \to x_0} \frac{f'(x)}{g'(x)}$ 已不是未定式,则不能再用洛必达法则,否则就会导致错误结果.

例 1 求 $\lim\limits_{x \to 2} \frac{x^3 - 8}{x - 2}$.

解 当 $x \to 2$ 时,极限为 $\frac{0}{0}$ 型,由洛必达法则得

$$\lim_{x \to 2} \frac{x^3 - 8}{x - 2} = \lim_{x \to 2} \frac{(x^3 - 8)'}{(x - 2)'} = \lim_{x \to 2} \frac{3x^2}{1} = 12.$$

例 2 求 $\lim\limits_{x \to 2} \frac{x^3 - 12x + 16}{x^2 - 4x + 4}$.

解 当 $x \to 2$ 时,极限为 $\frac{0}{0}$ 型,由洛必达法则得

$$\lim_{x \to 2} \frac{x^3 - 12x + 16}{x^2 - 4x + 4} = \lim_{x \to 2} \frac{(x^3 - 12x + 16)'}{(x^2 - 4x + 4)'} = \lim_{x \to 2} \frac{3x^2 - 12}{2x - 4}\ (\text{此时仍为}\ \frac{0}{0}\ \text{型}).$$

$$= \lim_{x \to 2} \frac{6x}{2} = 6.$$

例 3 求 $\lim\limits_{x \to \frac{\pi}{2}} \frac{\cos x}{x - \frac{\pi}{2}}$.

解 当 $x \to \frac{\pi}{2}$ 时,极限为 $\frac{0}{0}$ 型,由洛必达法则得

$$\lim_{x \to \frac{\pi}{2}} \frac{\cos x}{x - \frac{\pi}{2}} = \lim_{x \to \frac{\pi}{2}} \frac{(\cos x)'}{\left(x - \frac{\pi}{2}\right)'} = \lim_{x \to \frac{\pi}{2}} \frac{-\sin x}{1} = -1.$$

例 4 求 $\lim\limits_{x \to 0} \frac{\sin 3x}{\sin 5x}$.

解 当 $x \to 0$ 时,极限为 $\frac{0}{0}$ 型,由洛必达法则得

$$\lim_{x\to 0}\frac{\sin 3x}{\sin 5x}=\lim_{x\to 0}\frac{(\sin 3x)'}{(\sin 5x)'}=\lim_{x\to 0}\frac{3\cos 3x}{5\cos 5x}=\frac{3}{5}.$$

例 5 求 $\lim\limits_{x\to\infty}\dfrac{2x^3+3x-8}{x^3-2x^2+4x+1}$.

解 当 $x\to\infty$ 时,极限为 $\dfrac{\infty}{\infty}$ 型,由洛必达法则得

$$\lim_{x\to\infty}\frac{2x^3+3x-5}{x^3-2x^2+4x-4}=\lim_{x\to\infty}\frac{6x^2+3}{3x^2-4x+4}=\lim_{x\to\infty}\frac{12x}{6x-4}=\frac{12}{6}=2.$$

例 6 求 $\lim\limits_{x\to+\infty}\dfrac{e^x}{x}$.

解 当 $x\to+\infty$ 时,极限为 $\dfrac{\infty}{\infty}$ 型,由洛必达法则得

$$\lim_{x\to+\infty}\frac{e^x}{x}=\lim_{x\to+\infty}\frac{e^x}{1}=\infty$$

例 7 求 $\lim\limits_{x\to+\infty}\dfrac{\ln x}{x^n}\quad(n>0)$.

解 当 $x\to+\infty$ 时,极限为 $\dfrac{\infty}{\infty}$ 型,由洛必达法则得

$$\lim_{x\to+\infty}\frac{\frac{1}{x}}{nx^{n-1}}=\lim_{x\to+\infty}\frac{1}{nx^n}=0\,.$$

练一练

求下列极限:

(1) $\lim\limits_{x\to 0}\dfrac{\sin ax}{\sin bx}$; (2) $\lim\limits_{x\to 0^+}\dfrac{\ln(1+2x)}{x}$; (3) $\lim\limits_{t\to 1}\dfrac{t^4-1}{t^3-1}$;

(4) $\lim\limits_{x\to 0}\dfrac{e^x-e^{-x}}{\sin x}$; (5) $\lim\limits_{h\to 0}\dfrac{(x+h)^3-x^3}{h}$; (6) $\lim\limits_{x\to 4}\dfrac{\sqrt{x+5}-3}{\sqrt{x}-2}$;

(7) $\lim\limits_{x\to 0^+}\dfrac{\ln\sin x}{\ln x}$; (8) $\lim\limits_{x\to 0}\dfrac{x-\sin x}{x^3}$; (9) $\lim\limits_{x\to\infty}\dfrac{4x^3-3x+1}{x^3+2x^2-4x+3}$.

注意

(1) $\dfrac{0}{0}$ 型和 $\dfrac{\infty}{\infty}$ 型是未定式的两种最基本类型.其他类型的未定式还有:“$\infty-\infty$”型、“$0\cdot\infty$”型、“0^0”型、“1^∞”型、“∞^0”型等.

(2)洛必达法则只能用于求 $\dfrac{0}{0}$ 型或 $\dfrac{\infty}{\infty}$ 型未定式的极限,对其他类型的未定式必须先化为这两种类型之一,然后才能用洛必达法则.

例 8 求 $\lim\limits_{x\to 1}\left(\dfrac{2}{x^2-1}-\dfrac{1}{x-1}\right)$.

解　这是 $\infty-\infty$ 型未定式,不能直接使用洛必达法则.但可以通过函数恒等变形"通分"将其转化为 $\frac{0}{0}$ 型未定式,再利用洛必达法则.

$$\lim_{x\to1}\left(\frac{2}{x^2-1}-\frac{1}{x-1}\right)=\lim_{x\to1}\frac{2-(x+1)}{x^2-1}=\lim_{x\to1}\frac{-1}{2x}=-\frac{1}{2}.$$

例 9　求 $\lim\limits_{x\to0^+}x\ln x$.

解　这是 $0\cdot\infty$型未定式

$$\lim_{x\to0^+}x\ln x=\lim_{x\to0^+}\frac{\ln x}{\frac{1}{x}}=\lim_{x\to0^+}\frac{\frac{1}{x}}{-\frac{1}{x^2}}=0.$$

说明:对于 $0\cdot\infty$型未定式,要通过"同除法"将函数变形,转化为 $\frac{0}{0}$ 型或是 $\frac{\infty}{\infty}$ 型未定式解决。如 $\lim\limits_{x\to x_0}[f(x)\cdot g(x)]=\lim\limits_{x\to x_0}\dfrac{g(x)}{\frac{1}{f(x)}}\left(\frac{\infty}{\infty}\text{型}\right)$或$\lim\limits_{x\to x_0}[f(x)\cdot g(x)]=\lim\limits_{x\to x_0}\dfrac{f(x)}{\frac{1}{g(x)}}\left(\frac{0}{0}\text{型}\right)$要根据函数的具体形式采用适当的方法进行计算.

例 10　求 $\lim\limits_{x\to+\infty}\dfrac{\sqrt{1+x^2}}{x}$.

解　所给极限为 $\frac{\infty}{\infty}$ 型,可用洛必达法则.但是

$$\lim_{x\to+\infty}\frac{\sqrt{1+x^2}}{x}=\lim_{x\to+\infty}\frac{(\sqrt{1+x^2})'}{(x)'}=\lim_{x\to+\infty}\frac{x}{\sqrt{1+x^2}},$$

$$\lim_{x\to+\infty}\frac{x}{\sqrt{1+x^2}}=\lim_{x\to+\infty}\frac{(x)'}{(\sqrt{1+x^2})'}=\lim_{x\to+\infty}\frac{\sqrt{1+x^2}}{x}.$$

说明不能用洛必达法则求出该未定式的极限,根据前面所学的知识求得

$$\lim_{x\to+\infty}\frac{\sqrt{1+x^2}}{x}=\lim_{x\to+\infty}\frac{\sqrt{\frac{1}{x^2}+1}}{1}=1.$$

例 11　求 $\lim\limits_{x\to0}\dfrac{x^2\sin\frac{1}{x}}{\sin x}$.

解　所给极限为 $\frac{0}{0}$ 型,可用洛必达法则.

$$\lim_{x\to0}\frac{x^2\sin\frac{1}{x}}{\sin x}=\lim_{x\to0}\frac{2x\sin\frac{1}{x}+x^2\cos\frac{1}{x}\cdot\left(-\frac{1}{x^2}\right)}{\cos x}=\lim_{x\to0}\frac{2x\sin\frac{1}{x}-\cos\frac{1}{x}}{\cos x}.$$

$\cos\frac{1}{x}$ 不存在,法则失效.正确做法是

$$\lim_{x\to 0}\frac{x^2\sin\frac{1}{x}}{\sin x}=\lim_{x\to 0}\frac{x\cdot x\sin\frac{1}{x}}{\sin x}=0.$$

注意

(1)在使用洛必达法则时,如果有可约因子,或有非零极限的乘积因子,则可先约去或提出,然后再利用洛必达法则,以简化演算步骤;

(2)当用洛必达法则求出极限不存在时,并不能判定原极限不存在,此时要使用其他方法求极限.

练一练

求下列极限:

(1) $\lim\limits_{x\to 1}\left(\frac{x}{x-1}-\frac{1}{\ln x}\right)$; (2) $\lim\limits_{x\to 0^+}x\cdot\cot 2x$; (3) $\lim\limits_{x\to\infty}\frac{x+\sin x}{x}$.

习 题 14.1

用洛必达法则求下列极限:

(1) $\lim\limits_{x\to 0}\frac{\sin nx}{x}$; (2) $\lim\limits_{x\to 0}\frac{1-\cos x}{x^2}$;

(3) $\lim\limits_{x\to 1}\frac{2x^3+3x-5}{x^3-x^2+4x-4}$; (4) $\lim\limits_{x\to 0}\frac{x^3\cos x}{2x-\sin x}$;

(5) $\lim\limits_{x\to 0}\frac{\tan 2x}{\sin 3x}$; (6) $\lim\limits_{x\to 0^+}\frac{\ln(1+2x)}{\sin 3x}$;

(7) $\lim\limits_{x\to +\infty}\frac{x^2}{\ln x}$; (8) $\lim\limits_{x\to +\infty}\frac{2x^2-5x+1}{3x^2+2x-1}$;

(9) $\lim\limits_{x\to 1}\left(\frac{3}{x^3-1}-\frac{1}{x-1}\right)$; (10) $\lim\limits_{x\to 0^+}\ln x\cdot\sin x$.

14.2 函数的单调性与极值

本节重点知识:

1. 函数的单调性.
2. 函数的极值.

14.2.1 函数的单调性

我们已经学习了用代数方法研究一些函数的性态,如单调性、极值等,但由于

方法的限制，这些研究既不全面又不深入，计算烦琐不易掌握其规律．导数为我们广泛深入地研究函数的性态提供了有力工具．本节我们介绍利用导数来判断函数单调性的方法，并在此基础上求函数的极值．

由几何图形可以看出(见图 14-3)，如果函数 $f(x)$ 在某区间上单调增加，则它的图形是随着 x 的增大而逐渐上升．那么曲线上任意一点处的切线与 x 轴正向的夹角均为锐角，根据导数的几何意义可知：$f'(x)>0$，如图 14-3(a)所示．反之，如果函数 $f(x)$ 在某区间上单调递减，则它的图形是随着 x 的增大而逐渐下降．那么曲线上任意一点处的切线与 x 轴正向的夹角均为钝角，根据导数的几何意义可知：$f'(x)<0$，如图 14-3(b)所示．

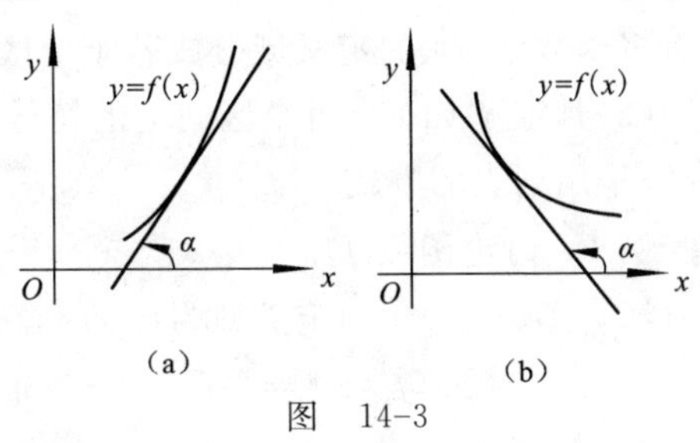

图 14-3

由此可见，函数的单调性与导数的符号有关．根据拉格朗日中值定理可以得出判定函数单调性的方法：

定理 1 设函数 $f(x)$ 在闭区间 $[a,b]$ 上连续，在开区间 (a,b) 内可导，则有

(1)如果在 (a,b) 内 $f'(x)>0$，那么函数 $f(x)$ 在 $[a,b]$ 上单调增加；

(2)如果在 (a,b) 内 $f'(x)<0$，那么函数 $f(x)$ 在 $[a,b]$ 上单调减少．

这个判断法可列成表 14-1．

表 14-1

x	(a,b)	(a,b)
$f'(x)$	$+$	$-$
$f(x)$	↗ (单调增加)	↘ (单调减少)

注意

(1)此判断方法不仅对闭区间成立，对其他各种区间(开区间、半开区间或是无穷区间)均适用．

(2)根据此判断方法讨论函数的单调性时，只需求出函数的导数，再判断它的符号即可．为此，我们必须找到导数取正负值区间的分界点，即单调区间的分界点．根据函数的可导性可知，单调区间的分界点一定是导数为零的点(驻点)或者导数不存在的点．

(3)单调区间的分界点一定是导数为零的点或者导数不存在的点，但反之不成立．例如 $y=x^3$，当 $x=0$ 时，$f'(x)=0$，但函数 $y=x^3$ 在定义域 $(-\infty,+\infty)$ 内单调增加．

于是,讨论函数 $f(x)$ 的单调性可按以下步骤进行:

(1)确定函数 $f(x)$ 的定义域;

(2)求导数 $f'(x)$. 令 $f'(x)=0$,解方程求出驻点和 $f'(x)$ 不存在的点. 用这些点将函数 $f(x)$ 的定义域分成若干个区间;

(3)判定 $f'(x)$ 在每个区间上的符号,即可确定函数 $f(x)$ 的单调性. 为了表达清晰,采用列表的方式.

例 1 讨论函数 $f(x)=2x^3-3x^2-12x+1$ 的单调性.

解 函数 $f(x)$ 的定义域为 $(-\infty,+\infty)$.

$$f'(x)=6x^2-6x-12=6(x+1)(x-2),$$

令 $f'(x)=0$,得 $x_1=-1$, $x_2=2$.

函数 $f(x)$ 在 $(-\infty,+\infty)$ 内处处可导,没有不可导点.

驻点将定义域分成 $(-\infty,-1)$, $(-1,2)$, $(2,+\infty)$ 三个区间,为了讨论方便,列表 14-2.

表 14-2

x	$(-\infty,-1)$	-1	$(-1,2)$	2	$(2,+\infty)$
$f'(x)$	$+$	0	$-$	0	$+$
$f(x)$	↗		↘		↗

所以,函数 $f(x)$ 在 $(-\infty,-1)$ 和 $(2,+\infty)$ 内单调增加,在 $(-1,2)$ 内单调减少.

例 2 确定函数 $f(x)=(x-1)\sqrt[3]{x}$ 的单调区间.

解 函数 $f(x)$ 的定义域为 $(-\infty,+\infty)$.

$$f'(x)=\frac{4x-1}{3\sqrt[3]{x^2}},$$

令 $f'(x)=0$,得 $x=\frac{1}{4}$,当 $x=0$ 时函数的导数不存在.

它们将函数的定义域分成 $(-\infty,0)$, $\left(0,\frac{1}{4}\right)$, $\left(\frac{1}{4},+\infty\right)$ 三个区间. 列表 14-3.

表 14-3

x	$(-\infty,0)$	0	$\left(0,\frac{1}{4}\right)$	$\frac{1}{4}$	$\left(\frac{1}{4},+\infty\right)$
$f'(x)$	$-$	不存在	$-$	0	$+$
$f(x)$	↘		↘		↗

所以,函数在$\left(\frac{1}{4},+\infty\right)$内单调增加,在$\left(-\infty,\frac{1}{4}\right)$内单调减少.

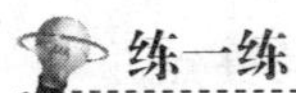

练一练

1. 求下列函数的单调区间:

(1) $y=2x-1$;　　(2) $y=-3x+2$;

(3) $y=2x^2-4x-3$;　　(4) $y=-x^2+2x+3$.

2. 讨论下列函数的单调性:

(1) $y=3x-x^3$;　　(2) $y=\mathrm{e}^{-x^2}$.

14.2.2　函数的极值

如图 14-4 所示,从画出的函数 $y=f(x)$ 的草图中可以看出,在点 x_0 的左侧邻近和右侧邻近,有 $f(x)<f(x_0)$;而在点 x_1 的左侧邻近和右侧邻近,有 $f(x)>f(x_1)$.具有这种局部性质的点在应用上都有重要的意义.一般地,有如下定义:

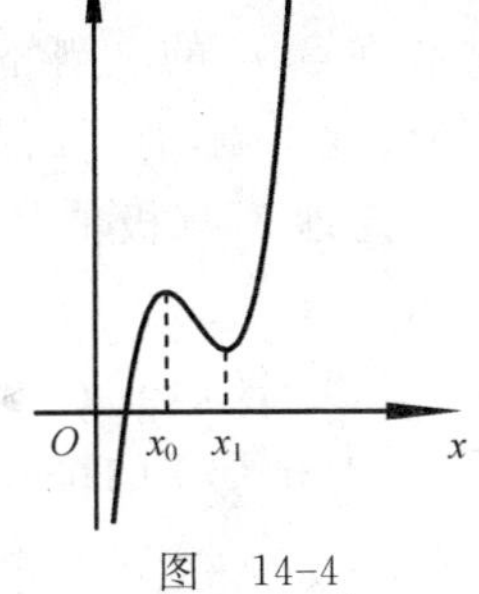

图　14-4

定义　设函数 $f(x)$ 在 x_0 的某一邻域内有定义,若在 x_0 的某一邻域内都有($x\neq x_0$),则

(1) $f(x)<f(x_0)$,则称 $f(x_0)$为函数 $f(x)$ 的一个**极大值**;称 x_0 为函数的一个**极大值点**.

(2) $f(x)>f(x_0)$,则称 $f(x_0)$ 为函数 $f(x)$ 的一个**极小值**;称 x_0 为函数的一个**极小值点**.

函数的极大值、极小值统称为**极值**.使函数取得极值的点称为**极值点**.

注意　极值是一个局部性概念.如果 $f(x_0)$是函数 $f(x)$ 的一个极大值,只意味在 x_0 的某一邻域内 $f(x_0)$是一个最大值.从整个定义域来看,$f(x_0)$不一定是最大的,甚至比某个极小值还小.如图 14-5 所示,极小值 $f(x_5)$ 大于极大值 $f(x_1)$.

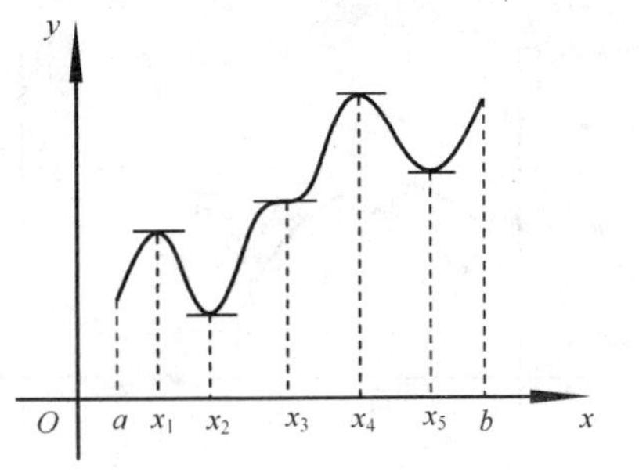

图　14-5

下面讨论如何求函数的极值.

由图 14-5 可以看出,函数 $y=f(x)$ 的曲线在它的极值点处都有水平切线,即在这些点处导数为零.但反过来,有水平切线的地方,函数不一定取得极值.如图中在 $x=x_3$ 处曲线有水平切线,但 $f(x_3)$不是极值.可见关于函数的极值有下面定理:

定理 2 (极值的必要条件)设函数 $f(x)$ 在点 x_0 处可导,且 x_0 为 $f(x)$ 的极值点,则 $f'(x_0)=0$.

定理告诉我们,可导函数的极值点必定是它的驻点. 反之,函数的驻点并不一定是极值点. 例如 $y=x^3$,$x=0$ 是这个函数的驻点,但 $x=0$ 不是函数 $f(x)$ 的极值点.

还要注意,有些函数的不可导的点也可能是其极值点,例如函数 $y=|x|$ 在 $x=0$ 处不可导,但 $x=0$ 为其极小值点.

由此可知,欲求函数的极值点,先要求出其驻点和不可导点,这些点统称为极值可疑点. 然后还需要判别它们是否为极值点,如果是极值点,那么它是极大值点还是极小值点? 因此,我们需要进一步寻找出判定驻点和不可导点是不是极值点的方法.

仔细观察图 14-5,函数 $f(x)$ 在点 x_1 (或点 x_2)处取得极大值(极小值),它除了在点 x_1 (或点 x_2)处有一条水平切线外,曲线在点 x_1 左侧邻近是上升的 $f'(x)>0$,右侧邻近是下降的 $f'(x)<0$ (曲线在点 x_2 左侧邻近是下降的 $f'(x)<0$,右侧邻近是上升的 $f'(x)>0$). 在点 x_5 (或 x_4)也有类似的情形. 而曲线在点 x_3 的左侧邻近和右侧邻近都是上升的 $f'(x)>0$,它在点 x_3 处不取得极值. 由此可见,有下面判定函数极值的法则:

定理 3 (极值的第一充分条件)设函数 $f(x)$ 在 x_0 的去心邻域内可导,且 $f'(x_0)=0$ 或 $f'(x_0)$ 不存在,当 x 由小到大经过 x_0 时,如果:

(1) $f'(x)$ 的符号由正变负,则函数 $f(x)$ 在点 x_0 处取得极大值.

(2) $f'(x)$ 的符号由负变正,则函数 $f(x)$ 在点 x_0 处取得极小值.

(3) $f'(x)$ 符号不改变,则函数 $f(x)$ 在点 x_0 处不取得极值.

如图 14-6 所示.

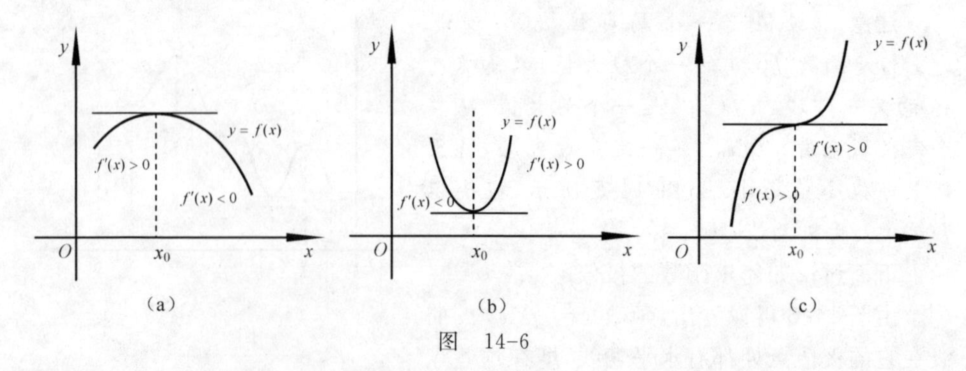

图 14-6

综合以上的讨论,可将求函数极值的一般步骤归纳如下:

(1)确定函数 $f(x)$ 的定义域;

(2)求出 $f'(x)$，令 $f'(x)=0$，找出所有驻点及 $f'(x)$ 不存在的点，用这些点将函数 $f(x)$ 的定义域分成若干区间；

(3)列表确定 $f'(x)$ 在每个子区间上的符号，判断函数 $f(x)$ 的单调性.

(4)根据极值判断法则，检查 $f'(x)$ 在极值可疑点左右的符号，确定 $f(x)$ 是否取得极值，如果是极值点求出相应的极值.

例 3 求函数 $f(x)=x^3-3x^2-9x+2$ 的极值

解 函数 $f(x)$ 的定义域为$(-\infty,+\infty)$.

$$f'(x)=3x^2-6x-9=3(x-3)(x+1),$$

令 $f'(x)=0$，得 $x_1=-1$，$x_2=3$. 它们将函数的定义域分成$(-\infty,-1)$，$(-1,3)$，$(3,+\infty)$三个区间，列表 14-4.

表 14-4

x	$(-\infty,-1)$	-1	$(-1,3)$	3	$(3,+\infty)$
$f'(x)$	+	0	−	0	+
$f(x)$	↗	极大值	↘	极小值	↗

所以函数在 $x_1=-1$ 处取得极大值为 $f(-1)=7$，函数在 $x_2=3$ 处取得极小值为 $f(3)=-25$.

例 4 求函数 $f(x)=2x-3\sqrt[3]{x^2}+1$ 的极值.

解 函数 $f(x)$ 的定义域为$(-\infty,+\infty)$.

$$f'(x)=2-2x^{-\frac{1}{3}}=2\,\frac{\sqrt[3]{x}-1}{\sqrt[3]{x}},$$

令 $f'(x)=0$，得 $x_1=1$，当 $x_2=0$ 时，$f'(x)$ 不存在.

它们将函数的定义域分成$(-\infty,0)$，$(0,1)$，$(1,+\infty)$三个区间，列表 14-5.

表 14-5

x	$(-\infty,0)$	0	$(0,1)$	1	$(1,+\infty)$
$f'(x)$	+	不存在	−	0	+
$f(x)$	↗	极大值	↘	极小值	↗

所以，函数在 $x_1=1$ 处取得极小值为 $f(1)=0$，函数在 $x_2=0$ 处取得极大值为 $f(0)=1$.

定理 4 （极值的第二充分条件）设函数 $f(x)$ 在点 x_0 处具有二阶可导，且 $f'(x_0)=0$，$f''(x_0)\neq 0$，

如果(1) $f''(x_0)<0$，则 x_0 为函数的极大值点.

(2) $f''(x_0) > 0$，则 x_0 为函数的极小值点.

若 $f''(x_0) = 0$ 此定理失效，只能用极值的第一充分条件判定.

此定理表明，若函数在驻点 x_0 处 $f''(x_0) \neq 0$，则该驻点一定是极值点，可根据 $f''(x_0)$ 的符号判定是极大值还是极小值.

例 5　求函数 $f(x) = (x^2 - 1)^3 - 2$ 的极值.

解　函数 $f(x)$ 的定义域为$(-\infty, +\infty)$.

$$f'(x) = 6x(x^2-1)^2,\ f''(x) = 6(x^2-1)(5x^2-1)$$

令 $f'(x) = 0$，得 $x_1 = -1$，$x_2 = 0$，$x_3 = 1$.

当 $x_2 = 0$ 时，$f''(0) > 0$，那么 $x_2 = 0$ 为函数的极小值点，极小值为 $f(0) = 0$.

当 $x_1 = -1$，$x_3 = 1$ 时，$f''(0) = 0$，那么定理 5 失效，只能用定理 4 判定这两点是否为极值点. 事实上，在$(-\infty, -1)$，$(-1, 0)$ 内，$f'(x) < 0$，$x_1 = -1$ 不是函数的极值点. 同理，在$(0, 1)$，$(1, +\infty)$内，$f'(x) > 0$，$x_3 = 1$ 不是函数的极值点.

练一练

求下列函数的极值：

(1) $f(x) = x^2 - 2x + 3$；　　(2) $f(x) = x^3 - 12x$.

习　题　14.2

1. 确定下列函数的单调区间：

(1) $f(x) = 2x^3 - 6x^2 - 18x - 1$；　　(2) $f(x) = 2x + \dfrac{8}{x}$ $(x > 0)$；

(3) $f(x) = \dfrac{x+1}{x-1}$；　　(4) $f(x) = (x-1)(x+1)^3$；

(5) $f(x) = x(1 + \sqrt{x})$；　　(6) $f(x) = x - \ln(1 + x^2)$.

2. 求下列函数的极值：

(1) $f(x) = x^3 - 2x^2$；　　(2) $f(x) = x - 2x^2 + 3$；

(3) $f(x) = x + \sqrt{1 - x}$；　　(4) $f(x) = x - \ln(1 + x)$.

14.3　函数的最大值、最小值问题

本节重点知识：

1. 闭区间上连续函数的最大值与最小值的求法.

2. 实际问题中最大值或最小值的求法.

在工农业生产、工程技术及经济管理中，常常会遇到这样一类问题：在一定条件下，怎样使“产品最多”“用料最省”“成本最低”“效率最高”等，这类问题在数学上归结为求某一函数的最大值或最小值问题.

14.3.1　闭区间上连续函数的最大值与最小值的求法

闭区间 $[a,b]$ 上的连续函数 $y=f(x)$ 一定存在最大值和最小值，其最大值与最小值可能在区间的端点处取得，也可能在区间内部的极值点处取得. 而极值点只可能是驻点和不可导点.

因此，求连续函数 $y=f(x)$ 在闭区间 $[a,b]$ 上的最大值和最小值的一般步骤为：

(1)求出函数 $y=f(x)$ 的导数 $f'(x)$；

(2)求出使 $f'(x)=0$ 的点和 $f'(x)$ 不存在的点；

(3)求出驻点、不可导点和区间端点处的函数值，比较这些函数值的大小，最大的即为函数在 $[a,b]$ 上的最大值，最小的即为最小值.

例 1　求函数 $f(x)=2x^3+3x^2-12x-5$ 在 $[-3,4]$ 上的最大值与最小值.

解　$f'(x)=6x^2+6x-12=6(x+2)(x-1)$，

令 $f'(x)=0$，得到 $x_1=-2, x_2=1$，

比较驻点和区间端点处的函数值：

$$f(-2)=15,\ f(1)=-12,\ f(-3)=4,\ f(4)=123,$$

所以 $f(x)$ 在 $[-3,4]$ 的最大值为 $f(4)=123$，最小值为 $f(1)=-12$.

例 2　求函数 $f(x)=2^x+3$ 在 $[-1,4]$ 上的最大值与最小值.

解　因为 $f'(x)=2^x\ln 2>0$，所以函数 $f(x)$ 在 $[-1,4]$ 是单调递增函数. 故最小值为 $f(-1)=3.5$，最大值为 $f(4)=19$.

14.3.2　实际问题中最大值或最小值的求法

实际问题中最大值或最小值的一般方法：

(1)根据题意建立函数关系，也称之为建立数学模型或目标函数.

(2)求出目标函数在定义区间内的驻点.

(3)如果驻点唯一，且根据实际意义可以判定函数确有最大值或最小值，并且在定义区间内部取得，那么不必讨论，所求驻点一定就是函数的最大(小)值点. 如果驻点有多个，且函数既存在最大值点也存在最小值点，只需比较这几个驻点处的函数值，其中最大值即为所求最大值；最小值即为所求最小值. 最后对解出的结果是否符合实际需要加以检验.

例 3　一农场要围建一个面积为 512m^2 的矩形菜园. 一边可以利用原来的围墙，其余三边需要篱笆围栏. 问菜园的长和宽各为多少米时所用的材料最省?

解 设菜园的宽度为 x (m),则长为 $\frac{512}{x}$ (m),围成菜园所需篱笆长为

$$l = 2x + \frac{512}{x} \ (x > 0),$$

问题转化为求目标函数 $l = 2x + \frac{512}{x}$ 在区间 $(0, +\infty)$ 内的最小值.

$$l' = 2 - \frac{512}{x^2},$$

令 $l' = 0$,得唯一驻点 $x = 16$.

由问题的实际意义知,l 在区间 $(0, +\infty)$ 内必有最小值,故最小值必在唯一驻点 $x = 16$ 处取得. 即当菜园的宽为 16m,长为 32m 时,可以使所用篱笆围栏的材料最省.

例 4 某一汽车出租公司有 40 辆汽车要出租,当租金定为每天每辆车 200 元时,汽车可以全部租出;当每辆车每天租金提高 10 元时,出租数量就会减少 1 辆. 公司对已出租的汽车的维护费为每天每辆车 20 元. 问每天每辆车的租金定为多少元时,公司获利最大? 最大利润是多少元?

解 设租金每辆车每天提高 x 个 10 元,即现租金为 $200 + 10x$,则租出量为 $40 - x$,此时公司收入为

$$y = (200 + 10x)(40 - x) - 20(40 - x) = 7200 + 220x - 10x^2$$

$y' = 220 - 20x$,令 $y' = 0$,得唯一驻点 $x = 11$.

因为公司实际最大利润一定存在,而且驻点唯一,所以驻点为函数的最大值点.

$$200 + 10 \times 11 = 310 (\text{元/辆·天}),$$

$$f(11) = 7200 + 220 \times 11 - 10 \times 11 = 8410 (\text{元}),$$

所以当每天每辆车的租金为 310 元时,公司获利最大,最大利润为 8410 元.

例 5 某工厂定制一批容积为 V_0 的圆柱形金属易拉罐,如果不考虑其他成本影响,只考虑材料使用方面,那么它的高与底面半径应怎样选取,才能使所用的材料最省?

解 设该圆柱的高为 h,底面半径为 r,则圆柱的表面积为 $S = 2\pi rh + 2\pi r^2$,据题意,$V_0 = \pi r^2 h$,所以,$h = \frac{V_0}{\pi r^2}$.

表面积 $S = 2\pi r \frac{V_0}{\pi r^2} + 2\pi r^2 = \frac{2V_0}{r} + 2\pi r^2$,

$$S' = -\frac{2V_0}{r^2} + 4\pi r,$$

令 $S' = 0$,

解得 $r=\sqrt[3]{\frac{V_0}{2\pi}}$，所以，$h=2\sqrt[3]{\frac{V_0}{2\pi}}$，

得 $h=2r$，

因为 S 只有一个极小值，那么该极小值即为函数的最大值.

因此，当易拉罐的高与底面直径相等时，所用的材料最省.

练一练

(1)求函数 $f(x)=x^2-2x+3, x\in[0,1]$ 的最小值.

(2)求函数 $f(x)=-x^2+2x+3, x\in[-1,2]$ 的最大值.

(3)将一根长为 1m 的铁丝围成一个矩形，问怎样围时面积最大？

习　题　14.3

1. 求下列函数最大值和最小值：

(1) $f(x)=x^3-3x^2+2$，$x\in[-4,4]$；

(2) $f(x)=x+\sqrt{1-x}$，$x\in[-5,1]$.

2. 设函数 $y=2x-5x^2$，问 x 等于多少时，y 的值最大？最大值是多少？

3. 某车间靠墙壁盖一间仓库，现有存砖只够砌墙 20m. 问应该围成怎样的长方形才能使这间仓库的面积最大？

4. 要建造一个圆柱形油罐，体积为 V. 问底面半径 r 和高 h 等于多少时，才能使表面积最小？这时底面直径与高的比是多少？

5. 欲围一个面积为 150m^2 的矩形场地，所用材料的造价其正面是每平方米 6 元，其余三面是每平方米 3 元. 问场地的长、宽各为多少米时，才能使所用材料费最少？

14.4　曲线的凹凸性与拐点

本节重点知识：

1. 曲线的凹凸性及其判定.

2. 拐点及其求法.

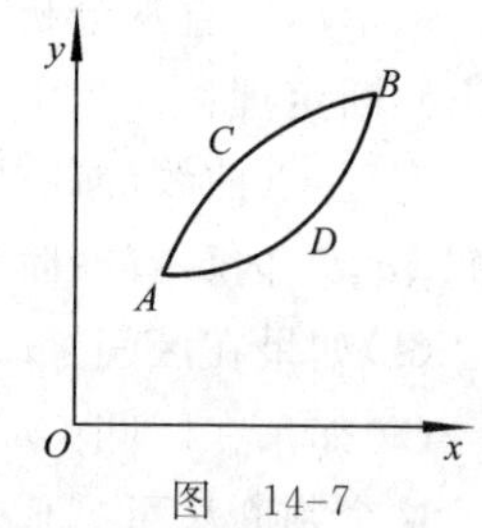

图　14-7

我们研究了函数的单调性和极值，为描绘函数图形提供了重要依据. 但是仅有这些知识还不能准确描绘函数的图形. 例如图 14-7 中有两条曲线弧，虽然它们都是上升的，但是图形却有显著的不同，弧 $\overset{\frown}{ACB}$ 与弧 $\overset{\frown}{ADB}$ 的弯曲方向不同. 为进一步研究函数图形弯曲的方向，需要建立一个判断函数图形弯曲方向的

法则.为此,我们先介绍曲线的凹凸性的概念.

14.4.1 曲线的凹凸性及其判定

在图 14-8 中,可以看到,曲线上每一点处的切线都在曲线的下方或上方,利用曲线与它的切线的这种关系,就可以给出曲线的凹凸性的定义.

定义 1 在区间 (a,b) 内,若曲线 $y=f(x)$ 上每一点处的切线都在曲线弧的下方,则称此曲线在 (a,b) 内是**凹的**;若曲线 $y=f(x)$ 上每一点处的切线都在曲线弧的上方,则称此曲线在 (a,b) 内是**凸的**.

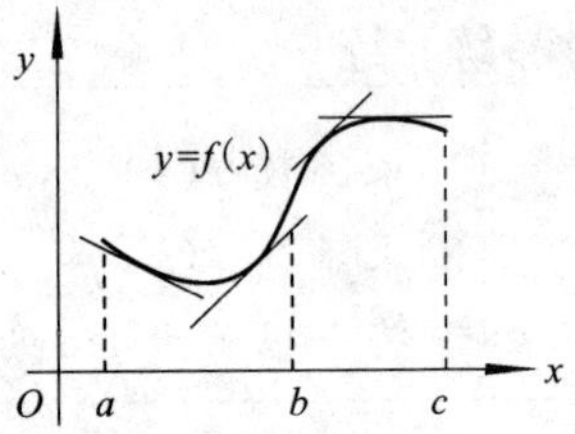

图 14-8

下面再结合图 14-9 说明判定曲线的凹凸性的法则.

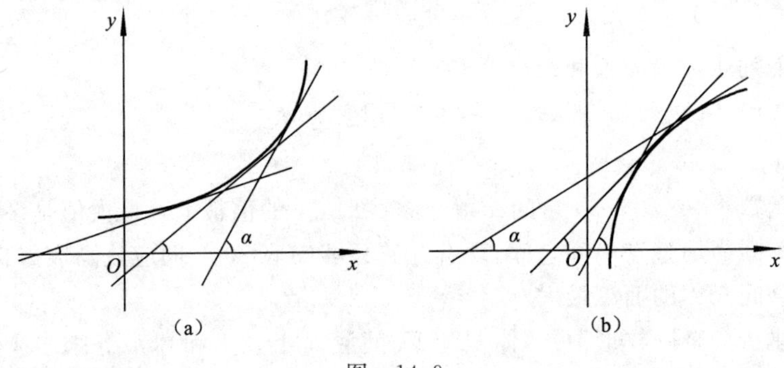

图 14-9

曲线弧是凹的,随着 x 的逐渐增大,曲线在对应点处切线的倾斜角逐渐增大,根据导数的几何意义,函数 $f'(x)$ 是单调增加的,从而函数 $f'(x)$ 的导数 $f''(x)>0$(见图 14--9(a)).同样,曲线弧是凸的,随着 x 的逐渐增大,曲线在对应点处切线的倾斜角逐渐减少,函数 $f'(x)$ 是单调减少的,从而函数 $f'(x)$ 的导数 $f''(x)<0$(见图 14--9(b)).

从上面的直观分析,可见曲线的凹凸性与函数的二阶导数的符号有关,归纳为如下判断定理:

定理 (曲线的凹凸性的判定定理)设函数 $f(x)$ 在闭区间 $[a,b]$ 上连续,在开区间 (a,b) 内具有一阶和二阶导数,

(1)如果在区间 (a,b) 内 $f''(x)>0$,则曲线 $f(x)$ 在 $[a,b]$ 内是凹的;

(2)如果在区间 (a,b) 内 $f''(x)<0$,则曲线 $f(x)$ 在 $[a,b]$ 内是凸的.

这个判断法可列成表 14-6.

表 14-6

x	(a,b)	(a,b)
$f''(x)$	+	−
$f(x)$	∪	∩

注意 曲线的凹凸性判定定理的一个直观记忆方法,把曲线当作“碗”,凹时,“碗”可以“+”水,凸时,“碗”可以“−”水.

例 1 讨论曲线 $y = \ln x$ 的凹凸性.

解 函数的定义域为$(0,+\infty)$. $y' = \frac{1}{x}, y'' = -\frac{1}{x^2}$.

因为 $f''(x) < 0$,所以曲线 $y = \ln x$ 在$(0,+\infty)$是凸的.

例 2 判定曲线 $y = 2x^3 - 6x^2 + 5x - 1$ 的凹凸性.

解 函数的定义域为$(-\infty,+\infty)$.

$$y' = 6x^2 - 12x + 5, \quad y'' = 12x - 12.$$

令 $f''(x) = 0$,得 $x = 1$,

判断法可列成表 14-7.

表 14-7

x	$(-\infty,1)$	1	$(1,+\infty)$
$f''(x)$	−	0	+
$f(x)$	∩		∪

于是,曲线 $y = 2x^3 - 6x^2 + 5x - 1$ 在 $(1,+\infty)$ 内是凹的,在 $(-\infty,1)$ 内是凸的

在例 2 中,点 (1,12) 是曲线由凸变凹的分界点. 这样的点在描绘图形时很重要.

14.4.2 拐点及其求法

定义 2 连续曲线 $f(x)$ 上凹与凸的分界点,称为曲线的**拐点**.

如何求拐点? 由定义可知,在拐点两侧,函数 $f(x)$ 的二阶导数的符号一定相反,所以在拐点处函数的二阶导数一定为零或是不存在. 反之不一定.

因此,判定曲线凹凸性和拐点的一般步骤是:

(1)求函数 $f(x)$ 的定义域及二阶导数;

(2)求出 $f''(x) = 0$ 的点及 $f''(x)$ 不存在的点;

(3)这些点将定义域分成若干个区间,考察 $f''(x)$ 在每个区间的符号,若 $f''(x)$ 在某分割点两侧异号,则该点就是拐点,否则不是拐点.

例 3 求函数 $f(x) = 2x^4 - 8x^3 + 3x - 2$ 的凹凸区间与拐点.

解 函数的定义域为$(-\infty,+\infty)$.

$y' = 8x^3 - 24x^2 + 3$, $y'' = 24x^2 - 48x$,

令 $f''(x)=0$,得 $x_1=0,x_2=2$,没有 $f''(x)$ 不存在的点. $x_1=0,x_2=2$ 将函数的定义域分成三个区间 $(-\infty,0)$, $(0,2)$, $(2,+\infty)$,列表14-8讨论.

表 14-8

x	$(-\infty,0)$	0	$(0,2)$	2	$(2,+\infty)$
$f''(x)$	+	0	−	0	+
$f(x)$	凹	拐点	凸	拐点	凹

所以函数在 $(-\infty,0)$ 和 $(2,+\infty)$ 内是凹的,在 $(0,2)$ 内是凸的.拐点是 $(0,-2)$, $(2,-28)$.

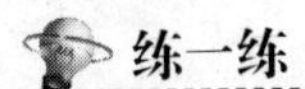

求函数的凹向区间:(1) $y=\dfrac{1}{x}$; (2) $y=x^2$.

14.4.3 曲线的渐近线

为了了解曲线上的点无限远离坐标原点时函数的性态,把函数的图形画的更加准确,下面介绍两种简单的曲线的渐近线.

定义 3 若曲线 C 上的任一动点 P 沿着曲线无限地远离原点时,点 P 与某一固定直线 L 的距离趋近于零,则称直线 L 为曲线 C 的**渐近线**.

1. 水平渐近线

若曲线 $y=f(x)$ 的渐近线 L 与 x 轴平行,则称 L 为曲线 $y=f(x)$ 的**水平渐近线**.

例如,仔细观察曲线 $y=\arctan x$ 的图像(见图14-10),已知它有两条水平渐近线: $y=-\dfrac{\pi}{2}$, $y=\dfrac{\pi}{2}$.

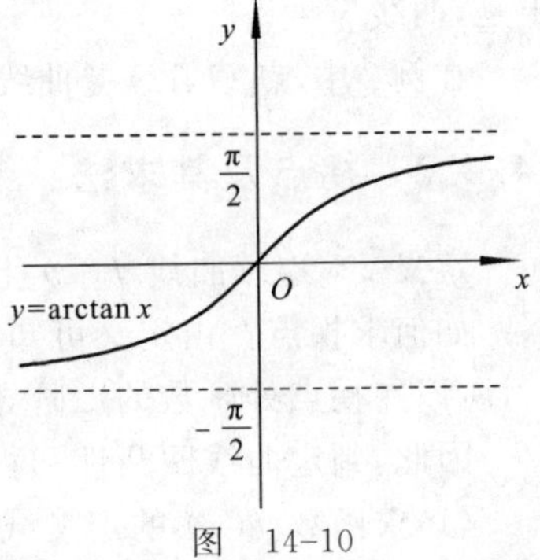

图 14-10

即
$$\lim_{x\to-\infty}\arctan x=-\frac{\pi}{2},$$
$$\lim_{x\to+\infty}\arctan x=\frac{\pi}{2}.$$

一般地,若 $\lim\limits_{x\to-\infty}f(x)=c$ 或 $\lim\limits_{x\to+\infty}f(x)=c$,则直线 $y=c$ 为曲线 $y=f(x)$ 的水平渐近线.

例 4 求下列曲线的水平渐近线.

(1) $y=\dfrac{1}{x-2}+1$; (2) $y=x^2-x+1$.

解 (1)因为 $\lim\limits_{x\to\infty}\left(\dfrac{1}{x-2}+1\right)=1$

所以 $y=1$ 是曲线 $y=\dfrac{1}{x-2}+1$ 的水平渐近线.

(2)因为 $\lim\limits_{x\to\infty}(x^2-x+1)=\infty$

所以曲线 $y=x^2-x+1$ 没有水平渐近线.

2. 垂直渐近线

若曲线 $y=f(x)$ 的渐近线 L 与 x 轴垂直,则称 L 为曲线 $y=f(x)$ 的**垂直渐近线**.

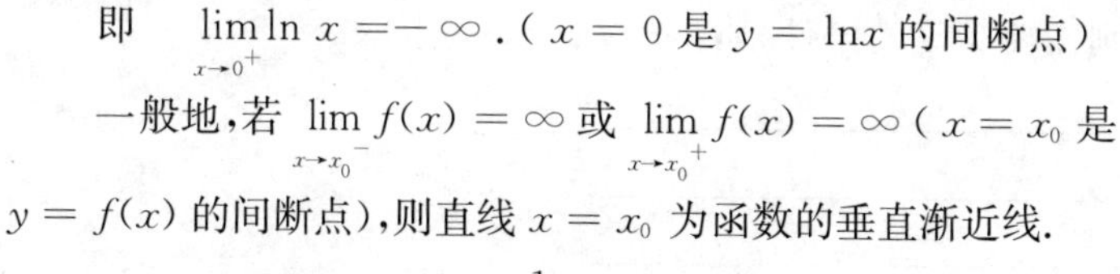

例如,仔细观察曲线 $y=\ln x$ 的图像(见图 14-11),知它有一条垂直渐近线 $x=0$.

即　$\lim\limits_{x\to 0^+}\ln x=-\infty$.($x=0$ 是 $y=\ln x$ 的间断点)

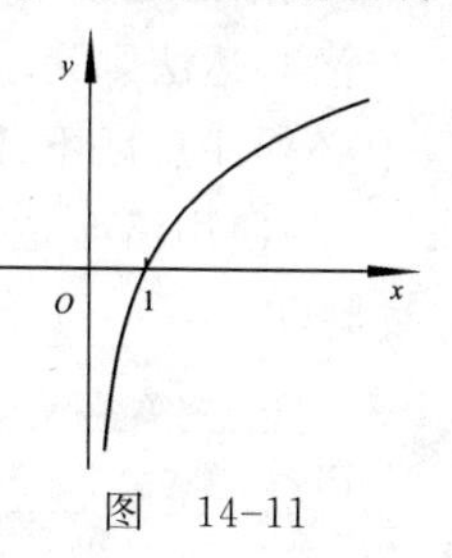

图　14-11

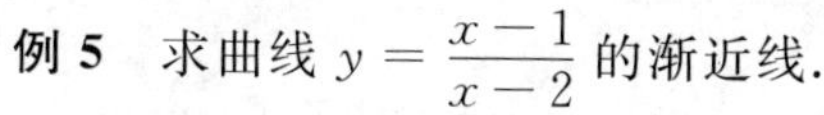

一般地,若 $\lim\limits_{x\to x_0^-}f(x)=\infty$ 或 $\lim\limits_{x\to x_0^+}f(x)=\infty$($x=x_0$ 是 $y=f(x)$ 的间断点),则直线 $x=x_0$ 为函数的垂直渐近线.

例 5　求曲线 $y=\dfrac{x-1}{x-2}$ 的渐近线.

解　因为 $\lim\limits_{x\to\infty}\left(\dfrac{x-1}{x-2}\right)=1$,

所以 $y=1$ 是曲线 $y=\dfrac{x-1}{x-2}$ 的水平渐近线.

因为 $x=2$ 是 $y=\dfrac{x-1}{x-2}$ 的间断点,且

$\lim\limits_{x\to 2^-}\dfrac{x-1}{x-2}=-\infty$,$\lim\limits_{x\to 2^+}\dfrac{x-1}{x-2}=+\infty$,

所以 $x=2$ 是曲线 $y=\dfrac{x-1}{x-2}$ 的垂直渐近线.

习　题　14.4

1. 讨论曲线 $y=2x^2-3x+1$ 的凹凸性与拐点.
2. 求曲线 $y=3x^4-4x^3+5x-2$ 的凹凸区间与拐点.
3. 求曲线 $y=\dfrac{x-1}{x+3}$ 的水平和垂直渐近线.
4. 求曲线 $y=\dfrac{1}{x^2-2x-3}$ 的水平和垂直渐近线.
5. 求曲线 $y=\dfrac{\ln x}{x}$ 的水平和垂直渐近线.

思考与总结

一、微分中值定理

应明确罗尔定理、________、柯西中值定理的条件、结论以及几何解释.

二、洛必达法则

洛必达法则是求解________和________型未定式极限的有效方法,在求解过程中必须注意以下几点:

(1)使用洛必达法则需要满足的条件是:

i ____;

ii ____;

iii ____。

(2)只要是符合条件可以连续使用法则;

(3)如果有可约因子或有非零极限的乘积因子,可以________或提出,再利用洛必达法则计算,以简化运算步骤;

(4)在使用洛必达法则时,可以应用________定理或是________以简化运算步骤;

(5)对于其它类型的未定式,可以进行适当的变形转化为________和________型未定式求极限;

(6)当 $\lim\limits_{x\to x_0}\dfrac{f'(x)}{g'(x)}$(或 $\lim\limits_{x\to\infty}\dfrac{f'(x)}{g'(x)}$)不存在时,不能断定 $\lim\limits_{x\to x_0}\dfrac{f(x)}{g(x)}$(或 $\lim\limits_{x\to\infty}\dfrac{f(x)}{g(x)}$)不存在,可以用其他方法求得极限.

三、函数单调性

设函数 $f(x)$ 在闭区间$[a,b]$上________,在开区间(a,b)内________,则

① 如果在(a,b)内,________,那么,函数 $f(x)$ 在$[a,b]$上单调增加;

② 如果在(a,b)内,________,那么,函数 $f(x)$ 在$[a,b]$上单调减少.

四、函数的极值

(1)极值的第一充分条件:设函数 $f(x)$ 在点 x_0 连续,且在 x_0 的去心邻域内可导,若

① ________,那么称 x_0 为函数的极大值点.

② ________,那么称 x_0 为函数的极小值点.

③ ________,那么 x_0 不是函数的极值点.

(2)极值的第二充分条件:设函数 $f(x)$ 在点________处二阶可导,且________,________,则① $f''(x_0)<0$,那么 x_0 为函数的________点.

② $f''(x_0)>0$,那么 x_0 为函数的________点.

五、函数的最值及应用

连续函数 $y=f(x)$ 在________上的最值：只需求出极值可疑点和端点处的函数值，并不需要判断驻点是否是极值点. 然后________，最大的即为最大值，最小的即为最小值.

对于在实际的问题中求其最大(小)值，应首先以数学模型思想建立优化目标与优化对象之间的函数关系，确定其考察范围. 在实际问题中，经常使用________和________做为判定驻点即为最值点的方法. 最后要对解出的结果是否符合实际需要加以检验.

六、曲线的凹凸性

(1)曲线的凹凸性的判定定理：设函数 $f(x)$ 在闭区间 $[a,b]$ 上连续，在开区间 (a,b) 内具有________和________，那么

① 如果在区间 (a,b) 内________，则曲线 $f(x)$ 在 $[a,b]$ 内是________的；

② 如果在区间 (a,b) 内________，则曲线 $f(x)$ 在 $[a,b]$ 内是________的；

(2)曲线的拐点

在拐点两侧函数 $f(x)$ 的________的符号一定________且分界点处函数的二阶导数为________或是不存在.

(3)曲线的渐近线

① 对于函数 $y=f(x)$，若________或________，则称直线________为函数的水平渐近线

② 对于函数 $y=f(x)$，若________或________（$x=x_0$ 是函数的间断点），则称直线________为函数的垂直渐近线.

七、小结

表中的 x_0 是(一阶或二阶)导数的零点，或者是(一阶或二阶导数)不存在的点(不可导点).

	函数的单调性及极值的判定				函数图象的凹凸性与拐点的判定			
	x	(x_1,x_0)	x_0	(x_0,x_2)	x	(x_1,x_0)	x_0	(x_0,x_2)
(1)	y'	+	0	−	y''	+	0	−
	y	单调增加	极大值	单调减少	y	凹的	拐点	凸的
(2)	y'	−	0	+	y''	−	0	+
	y	单调减少	极小值	单调增加	y	凸的	拐点	凹的
(3)	y'	+(−)	0	+(−)	y''	+(−)	0	+(−)
	y	单调增加(减少)	无极值	单调增加(减少)	y	凹(凸)的	无拐点	凹(凸)的

复习题十四

一、选择题:

1. 函数 $f(x)=\dfrac{1+x}{x}$ 在[1,2]上满足拉格朗日中值定理的 ξ 等于(　　).

A. 1　　B. $\sqrt{2}$　　C. $\sqrt{3}$　　D. 2

2. 在区间(0,1)内,下列函数是减函数的是(　　).

A. $f(x)=x^3-x^2$　　B. $f(x)=2\cos x+x$

C. $f(x)=e^x-x$　　D. $f(x)=\ln x+\dfrac{1}{x}$

3. 若 x_0 为 $f(x)$ 的极值点,则下列命题(　　)正确.

A. $f'(x_0)=0$　　B. $f'(x_0)=0$

C. $f'(x_0)=0$ 或 $f'(x_0)$ 不存在　　D. $f'(x_0)$ 不存在

4. 设 x_0 为 $f(x)$ 的驻点,则 $y=f(x)$ 在 x_0 处必定(　　).

A. 连续　　B. 可导　　C. 有极值

D. 曲线 $y=f(x)$ 在点$(x_0, f(x_0))$处的切线平行于 x 轴

5. $\lim\limits_{x\to 0}\dfrac{\ln(1+x)}{x}$ 的值为(　　).

A. 0　　B. 1　　C. 2　　D. ∞

6. 设函数 $y=x^2-4$,在区间$(-2,0)$和$(2,+\infty)$内,函数分别为(　　).

A. 单调增加,单调增加　　B. 单调增加,单调减少

C. 单调减少,单调增加　　D. 单调减少,单调减少

7. 函数 $y=x^3-12x+1$ 在(0,2)内(　　).

A. 单调增加　　B. 单调减少　　C. 凹的　　D. 凸的

8. 函数 $y=x^4-2x^2+5$ 在[-2,2]上的最大值和最小值分别是(　　).

A. 0 与 5　　B. 8 与 15　　C. 4 与 13　　D. 4 与 8

9. 下列(　　)时,曲线 $y=f(x)$ 有垂直渐近线 $x=x_0$.

A. $\lim\limits_{x\to x_0^-}f(x)=+\infty$　　B. $\lim\limits_{x\to x_0^-}f(x)=-\infty$

C. $\lim\limits_{x\to x_0}f(x)=\infty$　　D. $\lim\limits_{x\to\infty}f(x)=x_0$

10. 在下列函数中以 $x=0$ 为极值点的函数是(　　).

A. $y=1-x^3$　　B. $y=-x^2$　　C. $y=x$　　D. $y=\tan x$

二、填空题:

1. 函数 $y=2x^2-8x+3$ 的极值点是________.

2. 函数 $y = x^2 - 1$ 在 $[1,2]$ 内的最小值是________.

3. $\lim\limits_{x \to \frac{\pi}{2}} \dfrac{\tan x}{\tan 3x} =$ ________.

4. 当 $a =$ ________时，函数 $f(x) = a\sin x + \dfrac{1}{3}\sin 3x$ 在 $x = \dfrac{\pi}{3}$ 处有极值？它的极值是________.

5. 设 $y = \dfrac{1}{5}x^5 - \dfrac{2}{3}x^3$，当(1) $x \in (0, +\infty)$ 时函数的驻点为________；

(2) $x \in (-\infty, 0)$ 时函数的驻点为________；

(3) $x \in (-\infty, +\infty)$ 时函数的驻点为________.

6. $y = x + \dfrac{4}{x}$ 的凹区间为________.

7. 函数 $y = x^2 + (2-x)^2$ 在 $[0,2]$ 上的最大值点是________；最大值为________.

8. 曲线 $y = \dfrac{1}{x^2 + x - 6}$ 的水平渐近线为________；垂直渐近线为________.

9. 函数 $y = \dfrac{\ln x}{x}$ 在________时为增函数；在________时为减函数.

10. 函数函数 $y = 3x^4 - 4x^3 + 1$ 的拐点为________.

三、解答题：

1. 用洛必达法则求下列函数的极限：

(1) $\lim\limits_{x \to 0} \dfrac{\ln(1+2x)}{x}$；

(2) $\lim\limits_{x \to \frac{\pi}{2}} \dfrac{\tan x}{\tan 3x}$；

(3) $\lim\limits_{x \to a} \dfrac{\sin x - \sin a}{x - a}$；

(4) $\lim\limits_{x \to \infty} \dfrac{2x^3 + 4x - 5}{x^3 - 3x^2 + 2x - 1}$；

(5) $\lim\limits_{x \to 1} \left(\dfrac{2}{x^2 - 1} - \dfrac{1}{x - 1}\right)$；

(6) $\lim\limits_{x \to \frac{\pi}{2}} (\sec x - \tan x)$；

(7) $\lim\limits_{x \to 0} \dfrac{e^{2x} - 2e^x + 1}{x^2 \cos x}$；

(8) $\lim\limits_{x \to 0} \dfrac{\cos ax - \cos bx}{x^2}$；

(9) $\lim\limits_{x \to +0} x^n \ln x (n > 0)$；

(10) $\lim\limits_{x \to +\infty} x(\dfrac{\pi}{2} - \arctan x)$.

2. 确定函数 $y = 2x^3 + 3x^2 - 12x + 4$ 的单调区间.

3. 求下列函数的极值：

(1) $f(x) = x^2 - 2x + 3$；

(2) $f(x) = 2x^3 - 6x^2 - 18x + 7$；

(3) $f(x) = x + \sqrt{1-x}$；

(4) $f(x) = x + \dfrac{4}{x}$；

(5) $f(x) = 2e^x + e^{-x}$；

(6) $f(x) = x + \tan x$；

(7) $f(x) = 2 - (x-1)^{\frac{2}{3}}$；

(8) $f(x) = 3 - 2(x+1)^{\frac{1}{3}}$.

4. 求下列函数的最大值、最小值：

(1) $f(x)=x^4-8x^2+2, x\in[-1,3]$；

(2) $f(x)=x-x^2, x\in[0,1]$；

(3) $f(x)=\sin 2x-x, x\in\left[-\frac{\pi}{2},\frac{\pi}{2}\right]$；

(4) $f(x)=1-\frac{2}{3}(x-2)^{\frac{2}{3}}, x\in[0,3]$.

5. 若两个正数的和为8,其中一个数为 x ,求这两个正数的立方和 $S(x)$,并求其最小值与最小值点.

6. 在椭圆 $\frac{x^2}{a^2}+\frac{y^2}{b^2}=1$ 内作一内接矩形,问它的长、宽各为多少时,矩形面积最大？此时面积值为多少？

7. 将边长为 $2a$ 的一块正方形铁片,四角各截去一个大小相同的小正方形,然后再把它的四边沿虚线折起,作成一个无盖的方底盒子,如图 14-12. 问截掉的小正方形边长为多少时,盒子的容积最大？最大容积是多少？

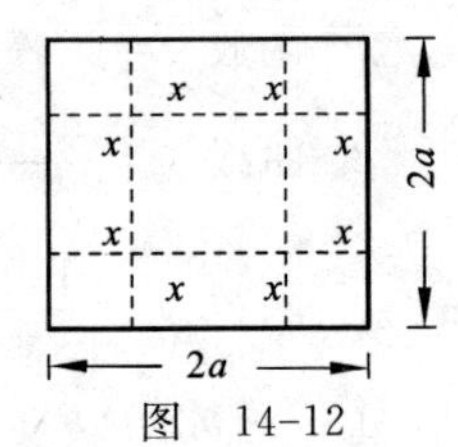

图 14-12

8. 求曲线 $y=3x^4-4x^3+1$ 的凹向区间及拐点.

9. 求曲线 $y=2+(x-4)^{\frac{1}{3}}$ 的凹向区间及拐点.

10. 问 a 、b 为何值时点 $(1,3)$ 为曲线 $y=ax^3+bx^2$ 的拐点？

11. 求曲线 $y=\frac{1}{x^2-3x-10}$ 的水平渐近线及垂直渐近线.

12. 求曲线 $y=x\sin\frac{1}{x}$ 的水平渐近线及垂直渐近线.

第15章 不定积分

前面学习了一元函数的微分学,掌握了已知函数求导数的方法.但在科学技术中常常需要研究与此相反的问题,即已知某函数的导数求这个函数,比如已知运动物体的速度,要求物体运动的规律等.这就是本章要学习的不定积分.

不定积分是积分学的基础,它在积分计算中起着重要的作用.本章先介绍原函数的概念,由此给出不定积分的概念,然后介绍不定积分的基本积分公式、运算法则、换元积分法和分部积分法.

15.1 不定积分的概念及性质

本节重点知识:

1. 原函数的概念.
2. 不定积分的概念.
3. 不定积分的性质.

15.1.1 原函数的概念

引例 已知曲线 $y=F(x)$ 在任意一点 (x,y) 处的切线斜率为 $2x$,且曲线过点(1,0),求该曲线的方程 $y=F(x)$.

分析 由导数的几何意义知,切线斜率 $k=F'(x)=2x$.

由导数公式,不难想到

$$(x^2)'=2x\,,(x^2+C)'=2x\,,(C\text{是任意常数})$$

所以 $y=F(x)=x^2+C$,又曲线过点(1,0),即 $x=1$ 时, $y=0$.得 $C=-1$,故所求的曲线方程为 $y=x^2-1$.

以上例子所揭示的问题,在数学及其应用中具有普遍的意义,它可归结为:已知函数 $f(x)$,要找出一个函数 $F(x)$,使得 $F'(x)=f(x)$.把这种求导运算的逆运算称为求原函数.因此,有以下定义

定义1 设 $f(x)$ 是定义在区间 I 上的一个函数,如果存在函数 $F(x)$,使得在该区间内任一点都有 $F'(x)=f(x)$ 或 $\mathrm{d}F(x)=f(x)\mathrm{d}x$,那么 $F(x)$ 称做函数 $f(x)$ 在区间 I 上的一个**原函数**.

例如　因为 $(x^2)' = 2x$,所以 x^2 是 $2x$ 的一个原函数;

因为 $(e^x)' = e^x$,所以 e^x 是 e^x 的一个原函数;

因为 $(-\cos x)' = \sin x$,所以 $-\cos x$ 是 $\sin x$ 的一个原函数.

但是,我们看到

$(x^2)' = 2x$, $(x^2+1)' = 2x$, $(x^2+2)' = 2x$, $\cdots$, $(x^2+C)' = 2x$,其中 C 为任意常数.于是 x^2 , x^2+1 , x^2+2 , $\cdots$, x^2+C 都是 $2x$ 的原函数.

因此,我们提出一个问题:若已知函数 $f(x)$ 有原函数,那么 $f(x)$ 的原函数一共有多少?

很明显,若 $F(x)$ 是 $f(x)$ 的一个原函数,即 $F'(x) = f(x)$,从而有

$$[F(x)+C]' = F'(x) = f(x) \quad (C\text{为任意常数})$$

则 $F(x)+C$ 中的任意一个函数都是 $f(x)$ 的原函数.这就说明,若函数 $f(x)$ 有原函数,则原函数就有无穷多个.那么除了 $F(x)+C$ 以外,函数 $f(x)$ 还有其他形式的原函数吗?

事实上,设 $\varphi(x)$ 是 $f(x)$ 在区间 I 上的任一原函数,即

$$\varphi'(x) = f(x) ,$$

从而
$$[\varphi(x)-F(x)]' = \varphi'(x)-F'(x) = f(x)-f(x) = 0$$

已知在某区间上导数恒等于零的函数必为常数,由此得到

$$\varphi(x)-F(x) = C ,$$

即　$\varphi(x) = F(x)+C$ (C 为任意常数).

因此 $F(x)+C$ 就是 $f(x)$ 的全部原函数.

一般地,有下面的定理:

定理　若 $F(x)$ 是函数 $f(x)$ 在区间 I 上的一个原函数,则

(1) $F(x)+C$ 都是 $f(x)$ 的原函数(C 为任意常数);

(2) $f(x)$ 在区间 I 上的任何一个原函数都可以表示成 $F(x)+C$ 的形式.即 $F(x)+C$ 是 $f(x)$ 的全部原函数.

由定理可知:函数 $f(x)$ 的任何两个原函数之间只差一个常数.

15.1.2　不定积分的概念

前面讲了原函数的概念,即已知 $f(x)$ 要求出 $F(x)$,使 $F'(x) = f(x)$ 。因为 $f(x)$ 是已知的,而 $F(x)$ 是未知的,那么如何用 $f(x)$ 表示出 $F(x)$ 呢?由此引出不定积分的概念。

定义 2　设 $F(x)$ 是 $f(x)$ 的一个原函数,那么函数 $f(x)$ 的全体原函数 $F(x)+C$ (C 为任意常数)称做 $f(x)$ 的**不定积分**,记作 $\int f(x)\mathrm{d}x$,即

$$\int f(x)\mathrm{d}x = F(x) + C\text{，其中 } F'(x) = f(x)$$

上式中“$\int$”称做积分号，$f(x)$ 称做被积函数，$f(x)\mathrm{d}x$ 称做被积表达式，x 称做积分变量，任意常数 C 称做积分常数.

注意:(1)由不定积分的定义可知:要求一个函数的不定积分,只需找到它的一个原函数,再加上积分常数 C 即可. 即

$$\int f(x)\mathrm{d}x = F(x) + C.$$

根据前面所述，

$$\int 2x\mathrm{d}x = x^2 + C,$$

$$\int \mathrm{e}^x\mathrm{d}x = \mathrm{e}^x + C,$$

$$\int \sin x\mathrm{d}x = -\cos x + C.$$

(2)求不定积分的方法称做积分法,它是由函数的导数求这个函数本身的过程,所以积分法是微分法的逆运算.

例　求下列不定积分:

(1) $\int 3x^2\mathrm{d}x$；　(2) $\int \cos x\mathrm{d}x$；　(3) $\int \sec^2 x\mathrm{d}x$；　(4) $\int \frac{1}{x}\mathrm{d}x$.

解　(1)因为 $(x^3)' = 3x^2$，所以 $\int 3x^2\mathrm{d}x = x^3 + C$，

(2)因为 $(\sin x)' = \cos x$，所以 $\int \cos x\mathrm{d}x = \sin x + C$，

(3)因为 $(\tan x)' = \sec^2 x$，所以 $\int \sec^2 x\mathrm{d}x = \tan x + C$，

(4)因为当 $x > 0$ 时，$(\ln x)' = \frac{1}{x}$，所以 $\int \frac{1}{x}\mathrm{d}x = \ln x + C\ (x > 0)$；

而当 $x < 0$ 时，$[\ln(-x)]' = \frac{1}{-x}\cdot(-1) = \frac{1}{x}$，所以

$$\int \frac{1}{x}\mathrm{d}x = \ln(-x) + C\ (x < 0).$$

合并上面两式,得到

$$\int \frac{1}{x}\mathrm{d}x = \ln|x| + C\ (x \neq 0).$$

15.1.3　不定积分的性质

根据不定积分的定义,可以得出如下性质:

(1) $\left[\int f(x)\mathrm{d}x\right]' = f(x)$,或 $\mathrm{d}\left[\int f(x)\mathrm{d}x\right] = f(x)\mathrm{d}x$;

(2) $\int F'(x)\mathrm{d}x = F(x) + C$,或 $\int \mathrm{d}F(x) = F(x) + C$.

此性质表明,若先积分后微分,则两者的作用相互抵消;若先微分后积分,则两者的作用相互抵消后再加上任意常数 C . 由此可见,微分运算与积分运算互为逆运算.

想一想

1. 求 0 的原函数 $F(x)$.

2. 若 $f(x)$ 存在原函数,则 $f(x)$ 的原函数有多少个? 它们之间有什么关系?

3. $F(x) = -\cos x$ 是 $f(x) = \sin x$ 的不定积分吗?

4. 思考下列问题:

(1)若 $\int f(x)\mathrm{d}x = \frac{a^x}{\ln a} + C$,则求 $f(x)$.

(2)若 $f(x)$ 的一个原函数为 x^2 ,则求 $f(x)$.

习 题 15.1

1. 在表 15-1 空格处填上适当的函数.

表 15-1

函数 $f(x)$	理 由	$f(x)$ 的一个原函数
k (常数)	$(kx)' = k$	kx
$5x^4$		
$\sin x$		
$\cos x$		
$\sqrt{x}$		
$\frac{1}{x}$		
$\frac{1}{x^2}$		
$\frac{1}{1+x^2}$		
$\frac{1}{\sqrt{1-x^2}}$		

2. 在括号内填入一个适当的函数，并求出相应的不定积分：

(1)(　　)$'=4$，$\int 4\mathrm{d}x=$(　　)；

(2)(　　)$'=4x^3$，$\int 4x^3\mathrm{d}x=$(　　)；

(3)(　　)$'=\mathrm{e}^x$，$\int \mathrm{e}^x\mathrm{d}x=$(　　)；

(4)(　　)$'=\dfrac{1}{1+x^2}$，$\int \dfrac{1}{1+x^2}\mathrm{d}x=$(　　)；

(5)(　　)$'=\cos x$，$\int \cos x\mathrm{d}x=$(　　)；

(6)(　　)$'=\sec^2 x$，$\int \sec^2 x\mathrm{d}x=$(　　).

3. 根据不定积分的定义，验证下列等式：

(1) $\int \dfrac{1}{x^3}\mathrm{d}x=-\dfrac{1}{2}x^{-2}+C$；

(2) $\int(\sin x+\mathrm{e}^x)\mathrm{d}x=-\cos x+\mathrm{e}^x+C$.

4. 求通过点(0,0)且斜率为 $3x^2+1$ 的曲线的方程.

15.2　不定积分的基本公式和运算法则

本节重点知识：

1. 不定积分的基本公式.
2. 不定积分的运算法则.
3. 直接积分法.

15.2.1　不定积分的基本公式

我们已经知道，积分运算是微分运算的逆运算. 因此，可以从导数公式得到相应的不定积分基本公式，列表 15-2 对照.

表 15-2

序号	导数基本公式	不定积分基本公式
1	$(C)'=0$	$\int 0\mathrm{d}x=C$
2	$(x)'=1$	$\int 1\mathrm{d}x=x+C$
3	$\left(\dfrac{1}{a+1}x^{a+1}\right)'=x^a$	$\int x^a\mathrm{d}x=\dfrac{1}{a+1}x^{a+1}+C\ (a\neq -1)$

续表

序号	导数基本公式	不定积分基本公式
4	$(\ln x)'=\frac{1}{x}\ (x>0)$ $[\ln(-x)]'=\frac{1}{x}\ (x<0)$	$\int\frac{1}{x}\mathrm{d}x=\ln\mid x\mid+C$
5	$\left(\frac{a^x}{\ln a}\right)'=a^x$	$\int a^x\mathrm{d}x=\frac{a^x}{\ln a}+C\ (a>0, a\neq 1)$
6	$(\mathrm{e}^x)'=\mathrm{e}^x$	$\int\mathrm{e}^x\mathrm{d}x=\mathrm{e}^x+C$
7	$(\sin x)'=\cos x$	$\int\cos x\mathrm{d}x=\sin x+C$
8	$(-\cos x)'=\sin x$	$\int\sin x\mathrm{d}x=-\cos x+C$
9	$(\tan x)'=\sec^2 x$	$\int\frac{1}{\cos^2 x}\mathrm{d}x=\int\sec^2 x\mathrm{d}x=\tan x+C$
10	$(-\cot x)'=\csc^2 x$	$\int\frac{1}{\sin^2 x}\mathrm{d}x=\int\csc^2 x\mathrm{d}x=-\cot x+C$
11	$(\sec x)'=\tan x\sec x$	$\int\tan x\sec x\mathrm{d}x=\sec x+C$
12	$(-\csc x)'=\cot x\csc x$	$\int\cot x\csc x\mathrm{d}x=-\csc x+C$
13	$(\arcsin x)'=\frac{1}{\sqrt{1-x^2}}$	$\int\frac{1}{\sqrt{1-x^2}}\mathrm{d}x=\arcsin x+C$ 或$(-\arccos x+C)$
14	$(\arctan x)'=\frac{1}{1+x^2}$	$\int\frac{1}{1+x^2}\mathrm{d}x=\arctan x+C$ 或$(-\operatorname{arccot} x+C)$

例 1 求下列不定积分:

(1)$\int\frac{1}{x^2}\mathrm{d}x$; (2)$\int x\sqrt[3]{x}\mathrm{d}x$; (3)$\int 2^x\mathrm{d}x$.

解 (1)$\int\frac{1}{x^2}\mathrm{d}x=\int x^{-2}\mathrm{d}x=\frac{1}{-2+1}x^{-2+1}+C=-\frac{1}{x}+C$;

(2)$\int x\sqrt[3]{x}\mathrm{d}x=\int x^{\frac{4}{3}}\mathrm{d}x=\frac{1}{\frac{4}{3}+1}x^{\frac{4}{3}+1}+C=\frac{3}{7}x^{\frac{7}{3}}+C$;

(3)$\int 2^x\mathrm{d}x=\frac{2^x}{\ln 2}+C$.

练一练

求下列不定积分：

(1) $\int x\mathrm{d}x$；　(2) $\int x^2\mathrm{d}x$；　(3) $\int x^3\mathrm{d}x$；

(4) $\int x^4\mathrm{d}x$；　(5) $\int \frac{1}{x}\mathrm{d}x$；　(6) $\int \frac{1}{x^2}\mathrm{d}x$；

(7) $\int \frac{1}{x^3}\mathrm{d}x$；　(8) $\int \frac{1}{x^4}\mathrm{d}x$；　(9) $\int \sqrt{x}\mathrm{d}x$；

(10) $\int \frac{1}{\sqrt{x}}\mathrm{d}x$；　(11) $\int x\sqrt{x}\mathrm{d}x$；　(12) $\int \frac{1}{x\sqrt{x}}\mathrm{d}x$.

15.2.2　不定积分的运算法则

根据不定积分的定义和导数的运算法则，可以推出不定积分的两个运算法则：

(1)两个函数代数和的不定积分等于这两个函数的不定积分的代数和. 即

$$\int[f(x)\pm g(x)]\mathrm{d}x=\int f(x)\mathrm{d}x\pm\int g(x)\mathrm{d}x.$$

上述法则可以推广到有限个函数的代数和情形. 即

$$\int[f_1(x)\pm f_2(x)\pm\cdots\pm f_n(x)]\mathrm{d}x=\int f_1(x)\mathrm{d}x\pm\int f_2(x)\mathrm{d}x\pm\cdots\pm\int f_n(x)\mathrm{d}x.$$

(2)被积函数中不为零的常数因子可以提到积分号的前面. 即

$$\int kf(x)\mathrm{d}x=k\int f(x)\mathrm{d}x\ (k\text{ 是常数}, k\neq 0).$$

综合上述两条性质，可得不定积分的线性性质

$\int[af(x)+bg(x)]\mathrm{d}x=a\int f(x)\mathrm{d}x+b\int g(x)\mathrm{d}x$，其中 a,b 为不全为零的常数.

例 2　求下列不定积分：

(1) $\int(2x^3-3x+5)\mathrm{d}x$；　(2) $\int(2x^2+1-\mathrm{e}^x)\mathrm{d}x$；

(3) $\int\left(\frac{1}{x}-\sin x\right)\mathrm{d}x$；　(4) $\int(2^x+x^2)\mathrm{d}x$.

解　(1) $\int(2x^3-3x+5)\mathrm{d}x=2\int x^3\mathrm{d}x-3\int x\mathrm{d}x+5\int\mathrm{d}x$

$$=2\times\frac{1}{4}x^4-3\times\frac{1}{2}x^2+5x+C$$

$$=\frac{1}{2}x^4-\frac{3}{2}x^2+5x+C$$

(2) $\int(2x^2+1-\mathrm{e}^x)\mathrm{d}x=2\int x^2\mathrm{d}x+\int\mathrm{d}x-\int\mathrm{e}^x\mathrm{d}x=\frac{2}{3}x^3+x-\mathrm{e}^x+C$

(3) $\int\left(\frac{1}{x}-\sin x\right)\mathrm{d}x=\int\frac{1}{x}\mathrm{d}x-\int\sin x\mathrm{d}x=\ln|x|+\cos x+C$

(4) $\int(2^x+x^2)\mathrm{d}x=\int 2^x\mathrm{d}x+\int x^2\mathrm{d}x=\frac{2^x}{\ln 2}+\frac{1}{3}x^3+C$

注意

(1)在各项积分后,每个不定积分的结果都含有任意常数 C,但因为任意常数的和仍然是任意常数,所以在最后的结果中只写一个任意常数即可.

(2)检验积分的结果是否正确,只要把结果求导,看所求导数是否等于被积函数.

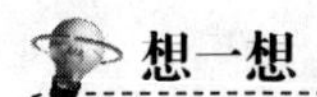

想一想

同一个不定积分,通过不同的方法求解,所得的结果在形式上一致吗?如果不一致,如何验证结果的正确性?

练一练

1. 求下列不定积分:

(1) $\int\sin x\mathrm{d}x$;　　(2) $\int a^x\mathrm{d}x$ ($a>0$ 且 $a\neq 1$);

(3) $\int m\mathrm{d}x$ (m 为常数);　　(4) $\int\frac{1}{x}\mathrm{d}x$;

(5) $\int\frac{1}{\sin^2 x}\mathrm{d}x$;　　(6) $\int\frac{1}{x^2}\mathrm{d}x$.

2. 求下列不定积分:

(1) $\int\sqrt{x}\mathrm{d}x$;　　(2) $\int x^{-9}\mathrm{d}x$;

(3) $\int(3\mathrm{e})^x\mathrm{d}x$;　　(4) $\int\frac{1}{2x}\mathrm{d}x$;

(5) $\int(5x^4+2\sqrt{x})\mathrm{d}x$;　　(6) $\int(x^6+6^x)\mathrm{d}x$;

(7) $\int(\sin x-\cos x)\mathrm{d}x$;　　(8) $\int\left(\frac{3}{1+x^2}-\frac{2}{\sqrt{1-x^2}}\right)\mathrm{d}x$.

3. 设曲线上任一点 $M(x,y)$ 处切线的斜率 $k=2x^2+3$,并且该曲线经过原点,求此曲线的方程.

15.2.3　直接积分法

被积函数直接或进行适当的恒等变形后，运用不定积分的运算法则和基本积分公式求出结果，这种积分方法叫做直接积分法.

例 3　求下列不定积分：

(1) $\int(x-3)(x+2)\mathrm{d}x$；　(2) $\int\frac{(x-1)(x+4)}{x}\mathrm{d}x$；　(3) $\int\frac{x^3-3x^2+2x+1}{x^2}\mathrm{d}x$.

解　(1) $\int(x-3)(x+2)\mathrm{d}x=\int(x^2-x-6)\mathrm{d}x=\int x^2\mathrm{d}x-\int x\mathrm{d}x-6\int\mathrm{d}x$

$$=\frac{x^3}{3}-\frac{x^2}{2}-6x+C.$$

(2) $\int\frac{(x-1)(x+4)}{x}\mathrm{d}x=\int\left(x+3-\frac{4}{x}\right)\mathrm{d}x=\int x\mathrm{d}x+3\int\mathrm{d}x-4\int\frac{1}{x}\mathrm{d}x$

$$=\frac{x^2}{2}+3x-4\ln|x|+C.$$

(3) $\int\frac{x^3-3x^2+2x+1}{x^2}\mathrm{d}x=\int\left(x-3+\frac{2}{x}+\frac{1}{x^2}\right)\mathrm{d}x$

$$=\int x\mathrm{d}x-3\int\mathrm{d}x+2\int\frac{1}{x}\mathrm{d}x+\int x^{-2}\mathrm{d}x$$

$$=\frac{1}{2}x^2-3x+2\ln|x|-\frac{1}{x}+C.$$

例 4　求(1) $\int(x+\sqrt{x})^2\mathrm{d}x$；　(2) $\int(\sqrt{x}+1)\left(x-\frac{1}{\sqrt{x}}\right)\mathrm{d}x$.

解　(1) $\int(x+\sqrt{x})^2\mathrm{d}x=\int(x^2+2x\sqrt{x}+x)\mathrm{d}x=\frac{1}{3}x^3+\frac{4}{5}x^{\frac{5}{2}}+\frac{1}{2}x^2+C.$

(2) $\int(\sqrt{x}+1)\left(x-\frac{1}{\sqrt{x}}\right)\mathrm{d}x=\int\left(x\sqrt{x}+x-1-\frac{1}{\sqrt{x}}\right)\mathrm{d}x$

$$=\frac{2}{5}x^{\frac{5}{2}}+\frac{1}{2}x^2-x-2x^{\frac{1}{2}}+C.$$

例 5　求 $\int\frac{x^2}{1+x^2}\mathrm{d}x$.

解　$\int\frac{x^2}{1+x^2}\mathrm{d}x=\int\frac{x^2+1-1}{1+x^2}\mathrm{d}x=\int\left(1-\frac{1}{1+x^2}\right)\mathrm{d}x=x-\arctan x+C.$

例 6　求 $\int\frac{\cos 2x}{\cos x+\sin x}\mathrm{d}x$.

解　$\int\frac{\cos 2x}{\cos x+\sin x}\mathrm{d}x=\int\frac{\cos^2 x-\sin^2 x}{\cos x+\sin x}\mathrm{d}x=\int(\cos x-\sin x)\mathrm{d}x$

$$= \sin x + \cos x + C.$$

例 7 求 $\int \frac{1}{\sin^2 x \cos^2 x} dx$.

解 $\int \frac{1}{\sin^2 x \cos^2 x} dx = \int \frac{\sin^2 x + \cos^2 x}{\sin^2 x \cos^2 x} dx = \int \left(\frac{1}{\cos^2 x} + \frac{1}{\sin^2 x} \right) dx$

$$= \tan x - \cot x + C.$$

例 8 求 $\int \sin^2 \frac{x}{2} dx$

解 $\int \sin^2 \frac{x}{2} dx = \int \frac{1 - \cos x}{2} dx = \frac{1}{2} \int (1 - \cos x) dx = \frac{1}{2}(x - \sin x) + C.$

练一练

求下列不定积分：

(1) $\int \left(\sin \frac{x}{2} + \cos \frac{x}{2} \right)^2 dx$；

(2) $\int \left(\sin \frac{x}{2} - \cos \frac{x}{2} \right)^2 dx$；

(3) $\int \frac{x + 10}{\sqrt{x}} dx$；

(4) $\int \frac{(x^2 - 1)^2}{x^4} dx$；

(5) $\int \left(2^x e^x - \frac{2}{x} \right) dx$.

习 题 15.2

求下列不定积分：

(1) $\int \sqrt{x}(x^3 - 3) dx$；

(2) $\int \frac{x - 4}{\sqrt{x} + 2} dx$；

(3) $\int \frac{\sin 2x}{\cos x} dx$；

(4) $\int \frac{\sin 2x}{2\sin x} dx$；

(5) $\int \frac{\cos 2x}{\sin^2 x} dx$；

(6) $\int \frac{\cos 2x}{\cos^2 x} dx$；

(7) $\int \sin^2 \frac{x}{2} dx$；

(8) $\int \cos^2 \frac{x}{2} dx$；

(9) $\int \frac{3x^2}{1 + x^2} dx$；

(10) $\int \frac{x^4}{1 + x^2} dx$；

(11) $\int \frac{1 + x + x^2}{x(1 + x^2)} dx$；

(12) $\int \frac{(x - 1)^3}{x^2} dx$.

15.3　第一类换元积分法

本节重点知识：

1. 第一类换元积分法.

2. 第一类换元积分法的常见类型.

3. 含三角函数的积分.

4. 简单有理分式的积分.

不定积分的概念较为简单，但计算却较为繁杂. 不定积分作为微分运算的逆运算，其难易程度相差甚远，若把求导数比喻为将一根绳子打结，求不定积分则是解结，解结显然比打结难. 而用直接积分法所能计算的不定积分是非常有限的，因此，有必要进一步研究不定积分的求法. 由复合函数求导法则可推出一种十分重要的积分方法——换元积分法.

为了说明这种方法，我们先看下面的例子.

引例　求 $\int \cos 2x\mathrm{d}x$.

解　在基本积分公式里有

$$\int \cos x\mathrm{d}x = \sin x + C$$

但是我们不能直接应用. 为了套用这个积分公式，将原积分作如下变形与计算：

凑微分 $$\int \cos 2x\mathrm{d}x = \int \cos 2x \cdot \frac{1}{2}\mathrm{d}2x$$

换元 $$\xlongequal{\text{令 } 2x=u} \frac{1}{2}\int \cos u\mathrm{d}u$$

积分 $$= \frac{1}{2}\sin u + C$$

回代 $$\xlongequal{\text{回代 } u=2x} \frac{1}{2}\sin 2x + C$$

验证 $\left(\frac{1}{2}\sin 2x + C\right)' = \cos 2x$ ，所以上面的方法是正确的. 此例的解法特点是先凑微分再引入新变量 $u = 2x$ ，把原积分化为积分变量为 u 的积分，再用基本积分公式来解，它是利用 $\int \cos x\mathrm{d}x = \sin x + C$ 得 $\int \cos u\mathrm{d}u = \sin u + C$. 这表明，在基本积分公式中，把自变量 x 换成 u 的任一可导函数后，公式仍成立，这就扩大了基本积分公式的使用范围. 例如，$\int u^{\alpha}\mathrm{d}u = \frac{1}{\alpha+1}u^{\alpha+1} + C\ (\alpha \neq -1)$；$\int \sin u\mathrm{d}u = -\cos u + C$ 等，有了这个结果，我们就可以将一些不能直接套用基本公式的积分，通过变量代换化成

基本公式的形式而求得.

一般地,若所求不定积分的被积表达式 $f(x)\mathrm{d}x$ 可以凑成可直接积分的微分形式

$$g(\varphi(x))\varphi'(x)\mathrm{d}x = g(\varphi(x))\mathrm{d}\varphi(x),$$

做变量代换令 $u=\varphi(x)$,得

$$\int f(x)\mathrm{d}x = \int g(\varphi(x))\varphi'(x)\mathrm{d}x = \int g(\varphi(x))\mathrm{d}[\varphi(x)] = \int g(u)\mathrm{d}u$$

如果由基本积分公式可以求得

$$\int g(u)\mathrm{d}u = F(u)+C$$

再把关系式 $u=\varphi(x)$ 代入,将新变量 u 换回到原来的自变量 x,即

$$\int f(x)\mathrm{d}x = \int g(\varphi(x))\mathrm{d}\varphi(x) = F(\varphi(x))+C$$

将上述过程联立起来,写成下面四步:

$$\begin{aligned}\int f(x)\mathrm{d}x = \int g(\varphi(x))\varphi'(x)\mathrm{d}x &\xlongequal{\text{凑微分}} \int g(\varphi(x))\mathrm{d}\varphi(x)\\ &\xlongequal[\text{换元}]{\text{令 }\varphi(x)=u} \int g(u)\mathrm{d}u\\ &\xlongequal{\text{积分}} F(u)+C\\ &\xlongequal{\text{回代 }u=\varphi(x)} F(\varphi(x))+C\end{aligned}$$

这种求不定积分的方法称做**第一类换元积分法(凑微分法)**.

例 1 求 $\int \mathrm{e}^{5x}\mathrm{d}x$.

解 在基本积分公式里有

$$\int \mathrm{e}^{x}\mathrm{d}x = \mathrm{e}^{x}+C$$

但是这里不能直接应用.为了套用这个积分公式,要想办法使被积表达式化为上面的积分形式.注意到

$$\mathrm{d}(5x)=5\mathrm{d}x\text{,即 }\frac{1}{5}\mathrm{d}(5x)=\mathrm{d}x$$

于是

$$\begin{aligned}\int \mathrm{e}^{5x}\mathrm{d}x &\xlongequal{\text{凑微分}} \int \mathrm{e}^{5x}\cdot\frac{1}{5}\mathrm{d}5x\\ &\xlongequal[\text{换元}]{\text{令 }5x=u} \frac{1}{5}\int \mathrm{e}^{u}\mathrm{d}u\\ &\xlongequal{\text{积分}} \frac{1}{5}\mathrm{e}^{u}+C\\ &\xlongequal{\text{回代 }u=5x} \frac{1}{5}\mathrm{e}^{5x}+C\end{aligned}$$

例 2　求 $\int \sqrt{ax+b}\mathrm{d}x$.

解　因为 $\mathrm{d}x=\frac{1}{a}\mathrm{d}(ax+b)$，所以

$$\int \sqrt{ax+b}\mathrm{d}x=\frac{1}{a}\int \sqrt{ax+b}\mathrm{d}(ax+b)$$

$$\xlongequal{令\ ax+b=u}\frac{1}{a}\int u^{\frac{1}{2}}\mathrm{d}u=\frac{1}{a}\cdot\frac{2}{3}u^{\frac{3}{2}}+C$$

$$\xlongequal{回代\ u=ax+b}\frac{2}{3a}(ax+b)\sqrt{ax+b}+C.$$

例 3　求 $\int (2x+1)^{100}\mathrm{d}x$.

解　因为 $2\mathrm{d}x=\mathrm{d}(2x+1)$，所以

$$\int (2x+1)^{100}\mathrm{d}x=\frac{1}{2}\int (2x+1)^{100}2\mathrm{d}x=\frac{1}{2}\int (2x+1)^{100}\mathrm{d}(2x+1)$$

$$\xlongequal{令\ 2x+1=u}\frac{1}{2}\int u^{100}\mathrm{d}u=\frac{1}{202}u^{101}+C$$

$$\xlongequal{回代\ u=2x+1}\frac{1}{202}(2x+1)^{101}+C.$$

例 4　求 $\int \frac{2}{3x-1}\mathrm{d}x$.

解　因为 $3\mathrm{d}x=\mathrm{d}(3x-1)$，所以

$$\int \frac{2}{3x-1}\mathrm{d}x=\frac{2}{3}\int \frac{1}{3x-1}\mathrm{d}(3x-1)\xlongequal{令\ 3x-1=u}\frac{2}{3}\int \frac{1}{u}\mathrm{d}u=\frac{2}{3}\ln|u|+C$$

$$\xlongequal{回代\ u=3x-1}\frac{2}{3}\ln|3x-1|+C.$$

例 5　求 $\int 2x\mathrm{e}^{x^2}\mathrm{d}x$.

解　因为 $2x\mathrm{d}x=\mathrm{d}(x^2)$，所以

$$\int 2x\mathrm{e}^{x^2}\mathrm{d}x=\int \mathrm{e}^{x^2}\mathrm{d}(x^2)\xlongequal{令\ x^2=u}\int \mathrm{e}^u\mathrm{d}u=\mathrm{e}^u+C$$

$$\xlongequal{回代\ u=x^2}\mathrm{e}^{x^2}+C.$$

注意

(1)用第一类换元积分法计算不定积分，关键是把被积表达式分离为两部分：其中一部分 $\varphi'(x)$ 与 $\mathrm{d}x$ 凑成微分 $\mathrm{d}[\varphi(x)]$；另一部分变成 $\varphi(x)$ 的函数 $g(\varphi(x))$. 因此，通常把这种换元积分法称为凑微分法.

(2)如何分离被积表达式并凑成微分，并没有一般规律可循，应在熟记基本积分公式和基本微分公式的基础上，通过大量练习来积累经验，才能做到运用自如.

(3)当运算比较熟练后,可以省略变量代换及回代过程,从而把四个步骤简化为两步:

$$\int f(\varphi(x))\varphi'(x)\mathrm{d}x \xlongequal{\text{凑微分}} \int f(\varphi(x))\mathrm{d}\varphi(x) \xlongequal{\text{积分}} F(\varphi(x))+C.$$

例 6 求 $\int \frac{x}{1+x^2}\mathrm{d}x$.

解 因为 $2x\mathrm{d}x=\mathrm{d}(1+x^2)$,所以

$$\begin{aligned}\int \frac{x}{1+x^2}\mathrm{d}x &= \frac{1}{2}\int \frac{1}{1+x^2}\cdot 2x\mathrm{d}x \\ &= \frac{1}{2}\int \frac{1}{1+x^2}\mathrm{d}(1+x^2)=\frac{1}{2}\ln(1+x^2)+C.\end{aligned}$$

例 7 求 $\int x\sqrt{1-x^2}\mathrm{d}x$.

解 因为 $-2x\mathrm{d}x=\mathrm{d}(1-x^2)$,所以

$$\begin{aligned}\int x\sqrt{1-x^2}\mathrm{d}x &= -\frac{1}{2}\int \sqrt{1-x^2}\,\mathrm{d}(1-x^2) \\ &= -\frac{1}{2}\int (1-x^2)^{\frac{1}{2}}\mathrm{d}(1-x^2)=-\frac{1}{3}(1-x^2)^{\frac{3}{2}}+C.\end{aligned}$$

在凑微分时,下列微分公式经常用到,熟悉它们有助于求积分:

$\mathrm{d}x=\mathrm{d}(x+b)=\frac{1}{a}\mathrm{d}(ax+b)$ (a , b 为常数, $a\neq 0$); $x\mathrm{d}x=\frac{1}{2}\mathrm{d}(x^2)$;

$\frac{1}{x}\mathrm{d}x=\mathrm{d}\ln|x|$;　　$\frac{1}{\sqrt{x}}\mathrm{d}x=2\mathrm{d}\sqrt{x}$;

$\frac{1}{x^2}\mathrm{d}x=-\mathrm{d}\left(\frac{1}{x}\right)$;　　$\mathrm{e}^x\mathrm{d}x=\mathrm{d}(\mathrm{e}^x)$;

$\cos x\mathrm{d}x=\mathrm{d}(\sin x)$;　　$\sin x\mathrm{d}x=-\mathrm{d}(\cos x)$;

$\sec^2 x\mathrm{d}x=\mathrm{d}(\tan x)$;　　$\csc^2 x\mathrm{d}x=-\mathrm{d}(\cot x)$;

$\sec x\tan x\mathrm{d}x=\mathrm{d}(\sec x)$;　　$\csc x\cot x\mathrm{d}x=-\mathrm{d}(\csc x)$;

$\frac{1}{\sqrt{1-x^2}}\mathrm{d}x=\mathrm{d}(\arcsin x)$;　　$\frac{1}{1+x^2}\mathrm{d}x=\mathrm{d}(\arctan x)$.

例 8 求 $\int \frac{\ln x}{x}\mathrm{d}x$.

解 因为 $\frac{1}{x}\mathrm{d}x=\mathrm{d}(\ln x)$,所以

$$\int \frac{\ln x}{x}\mathrm{d}x=\int \ln x\mathrm{d}(\ln x)=\frac{1}{2}\ln^2 x+C.$$

例 9 求 $\int \frac{\mathrm{e}^{\sqrt{x}}}{\sqrt{x}}\mathrm{d}x$.

解　因为 $\frac{1}{\sqrt{x}}\mathrm{d}x = 2\mathrm{d}\sqrt{x}$，所以

$$\int \frac{\mathrm{e}^{\sqrt{x}}}{\sqrt{x}}\mathrm{d}x = 2\int \mathrm{e}^{\sqrt{x}}\mathrm{d}\sqrt{x} = 2\mathrm{e}^{\sqrt{x}} + C.$$

注意

(1)在微分记号内可以根据需要任意加减常数.

(2)有时需要通过代数或三角公式,把被积函数适当变形,再运用凑微分法求积分.

例 10　求 $\int \frac{1}{\sqrt{a^2 - x^2}}\mathrm{d}x\ (a > 0)$.

解

$$\int \frac{1}{\sqrt{a^2 - x^2}}\mathrm{d}x = \int \frac{1}{a\sqrt{1 - \frac{x^2}{a^2}}}\mathrm{d}x = \int \frac{1}{\sqrt{1 - \left(\frac{x}{a}\right)^2}}\mathrm{d}\left(\frac{x}{a}\right) = \arcsin\frac{x}{a} + C.$$

含三角函数的积分:

例 11　求 $\int \cot x\mathrm{d}x$.

解　$\int \cot x\mathrm{d}x = \int \frac{\cos x}{\sin x}\mathrm{d}x = \int \frac{1}{\sin x}\cos x\mathrm{d}x$.

因为 $\cos x\mathrm{d}x = \mathrm{d}\sin x$，所以

$$\int \cot x\mathrm{d}x = \int \frac{1}{\sin x}\mathrm{d}\sin x = \ln|\sin x| + C.$$

类似地，$\int \tan x\mathrm{d}x = -\ln|\cos x| + C$.

例 12　求 $\int \sec x\mathrm{d}x$.

解

$$\int \sec x\mathrm{d}x = \int \frac{\sec x(\sec x + \tan x)}{\sec x + \tan x}\mathrm{d}x = \int \frac{\sec^2 x + \sec x\tan x}{\sec x + \tan x}\mathrm{d}x$$
$$= \int \frac{\mathrm{d}(\sec x + \tan x)}{\sec x + \tan x}\mathrm{d}x = \ln|\sec x + \tan x| + C.$$

类似地，$\int \csc x\mathrm{d}x = \ln|\csc x - \cot x| + C$.

例 13　求 $\int \cos^2 x\mathrm{d}x$.

解

$$\int \cos^2 x\mathrm{d}x = \int \frac{1 + \cos 2x}{2}\mathrm{d}x = \frac{1}{2}\left(\int \mathrm{d}x + \int \cos 2x\mathrm{d}x\right)$$
$$= \frac{1}{2}\int \mathrm{d}x + \frac{1}{4}\int \cos 2x\mathrm{d}2x$$
$$= \frac{1}{2}x + \frac{1}{4}\sin 2x + C.$$

例 14 求$\int \sin^3 x\mathrm{d}x$.

解 $\int \sin^3 x\mathrm{d}x = \int \sin^2 x \cdot \sin x\mathrm{d}x = -\int (1-\cos^2 x)\mathrm{d}\cos x$

$$= -\int \mathrm{d}\cos x + \int \cos^2 x\mathrm{d}\cos x = -\cos x + \frac{1}{3}\cos^3 x + C.$$

例 15 求$\int \sin^2 x \cos x\mathrm{d}x$.

解 $\int \sin^2 x\cos x\mathrm{d}x = \int \sin^2 x\mathrm{d}\sin x = \frac{1}{3}\sin^3 x + C.$

例 16 求$\int \cos 3x \cos 2x\mathrm{d}x$.

解 $\int \cos 3x\cos 2x\mathrm{d}x = \frac{1}{2}\int (\cos x + \cos 5x)\mathrm{d}x = \frac{1}{2}\sin x + \frac{1}{10}\sin 5x + C.$

简单有理分式的积分.

例 17 求$\int \frac{x}{x+1}\mathrm{d}x$.

解 $\int \frac{x}{x+1}\mathrm{d}x = \int \frac{x+1-1}{x+1}\mathrm{d}x = \int \left(1-\frac{1}{x+1}\right)\mathrm{d}x = x - \ln|1+x| + C.$

例 18 求$\int \frac{1}{x^2+a^2}\mathrm{d}x$.

解 $\int \frac{1}{x^2+a^2}\mathrm{d}x = \int \frac{1}{a^2\left(1+\frac{x^2}{a^2}\right)}\mathrm{d}x = \frac{1}{a^2}\int \frac{1}{1+\left(\frac{x}{a}\right)^2}\mathrm{d}x$

$$= \frac{1}{a}\int \frac{1}{1+\left(\frac{x}{a}\right)^2}\mathrm{d}\left(\frac{x}{a}\right) = \frac{1}{a}\arctan\frac{x}{a} + C.$$

例 19 求$\int \frac{1}{x^2-4}\mathrm{d}x$.

解 $\int \frac{1}{x^2-4}\mathrm{d}x = \int \frac{1}{(x-2)(x+2)}\mathrm{d}x = \frac{1}{4}\int \frac{(x+2)-(x-2)}{(x+2)(x-2)}\mathrm{d}x$

$$= \frac{1}{4}\int \left(\frac{1}{x-2} - \frac{1}{x+2}\right)\mathrm{d}x$$

$$= \frac{1}{4}\int \frac{1}{x-2}\mathrm{d}(x-2) - \frac{1}{4}\int \frac{1}{x+2}\mathrm{d}(x+2)$$

$$= \frac{1}{4}(\ln|x-2| - \ln|x+2|) + C = \frac{1}{4}\ln\left|\frac{x-2}{x+2}\right| + C.$$

类似地,有$\int \frac{1}{x^2-a^2}\mathrm{d}x = \frac{1}{2a}\ln\left|\frac{x-a}{x+a}\right| + C.$

例 20 求$\int \frac{1}{x^2+4x+3}dx$.

解 $$\int \frac{1}{x^2+4x+3}dx = \int \frac{1}{(x+1)(x+3)}dx = \frac{1}{2}\int \left(\frac{1}{x+1}-\frac{1}{x+3}\right)dx$$
$$= \frac{1}{2}\left[\int \frac{1}{x+1}d(x+1)-\int \frac{1}{x+3}d(x+3)\right]$$
$$= \frac{1}{2}(\ln|x+1|-\ln|x+3|)+C = \frac{1}{2}\ln\left|\frac{x+1}{x+3}\right|+C.$$

例 21 求$\int \frac{1}{9x^2+6x+2}dx$.

解 $$\int \frac{1}{9x^2+6x+2}dx = \int \frac{1}{(3x+1)^2+1}dx = \frac{1}{3}\int \frac{1}{(3x+1)^2+1}d(3x+1)$$
$$= \frac{1}{3}\arctan(3x+1)+C.$$

例 22 求$\int \frac{x+2}{x^2+4x+3}dx$.

解 $$\int \frac{x+2}{x^2+4x+3}dx = \frac{1}{2}\int \frac{1}{x^2+4x+3}d(x^2+4x+3)$$
$$= \frac{1}{2}\ln|x^2+4x+3|+C.$$

补充公式(见表15-2):

(15) $\int \tan x dx = -\ln|\cos x|+C$,

(16) $\int \cot x dx = \ln|\sin x|+C$,

(17) $\int \sec x dx = \ln|\sec x+\tan x|+C$,

(18) $\int \csc x dx = \ln|\csc x-\cot x|+C$,

(19) $\int \frac{1}{a^2+x^2}dx = \frac{1}{a}\arctan\frac{x}{a}+C$,

(20) $\int \frac{1}{x^2-a^2}dx = \frac{1}{2a}\ln\left|\frac{x-a}{x+a}\right|+C$,

(21) $\int \frac{1}{\sqrt{a^2-x^2}}dx = \arcsin\frac{x}{a}+C$.

习 题 15.3

1. 在下列等式的空白处填入适当的系数,使等式成立,并求出相应的不定积分:

(1) $dx=(\quad)d(5x-7)$； $\int(5x-7)^5dx=(\quad)$；

(2) $xdx=(\quad)d(1-2x^2)$； $\int\frac{x}{1-2x^2}dx=(\quad)$；

(3) $\cos 2xdx=(\quad)d(\sin 2x)$； $\int\sin^3 2x\cos 2xdx=(\quad)$；

(4) $\frac{1}{x}dx=(\quad)$； $\int\frac{\ln^3 x}{x}dx=(\quad)$.

2. 求下列不定积分：

(1) $\int\sqrt{2x-1}dx$； (2) $\int\frac{1}{1-x}dx$； (3) $\int(2x-1)^5dx$；

(4) $\int e^{1-3x}dx$； (5) $\int\cos 4xdx$； (6) $\int x\sqrt{1+x^2}dx$；

(7) $\int x\sin(x^2+2)dx$； (8) $\int\frac{x}{2x^2+1}dx$； (9) $\int x(2-x^2)^5dx$；

(10) $\int\tan xdx$； (11) $\int\sin^2 2xdx$； (12) $\int e^{\cos x}\sin xdx$；

(13) $\int\frac{1}{x\ln^2 x}dx$； (14) $\int\frac{\cos x}{\sin^2 x}dx$； (15) $\int\frac{1}{4x^2-1}dx$；

(16) $\int\frac{1}{x^2+3x-10}dx$； (17) $\int\frac{1}{16+9x^2}dx$.

15.4 分部积分法

本节重点知识：

1. 不定积分的分部积分公式.

2. 分部积分公式中 u 的选取原则.

上一节介绍了换元积分法，利用换元积分法可以求出许多函数的不定积分.然而还有一些看似很简单的不定积分，如 $\int xe^x dx$、$\int x\sin xdx$、$\int x\ln xdx$ 等，换元积分法却无能为力.为了求这种类型的积分，下面从微分学中函数乘积的微分公式出发，引入另一种基本积分方法——分部积分法.

设 $u=u(x)$，$v=v(x)$ 具有连续导数，根据函数乘积的微分法，则有

$$d(uv)=udv+vdu;$$

移项，得

$$udv=d(uv)-vdu;$$

两边积分，得

$$\int udv=uv-\int vdu.$$

上式称做分部积分公式.

用这个公式求不定积分时，关键是把被积表达式分成两个因式，其中一个为函数 u，另一个为 dv. 这样就把所求的不定积分 $\int u dv$ 转化为求另一个不定积分 $\int v du$，如果 $\int u dv$ 不易求得，而 $\int v du$ 容易求得，利用这个公式，就起到了化难为易的作用.

例 1 求 $\int x e^x dx$.

解 设 $u = x$，$dv = e^x dx$，则 $v = e^x$，$du = dx$. 于是

$$\begin{aligned}\int x e^x dx &= x e^x - \int e^x dx \\ &= x e^x - e^x + C.\end{aligned}$$

注意

(1)本题若设 $u = e^x$，$dv = x dx$ 则有 $v = \frac{1}{2}x^2$，$du = e^x dx$，代入分部积分公式后，得到

$$\int x e^x dx = \int e^x d\left(\frac{1}{2}x^2\right) = \frac{1}{2}x^2 e^x - \int \frac{1}{2}x^2 e^x dx.$$

新得到的积分 $\int x^2 e^x dx$ 反而比原来的积分 $\int x e^x dx$ 更复杂、更难求，说明这样选择 u 和 dv 是不合适的. 由此可见，运用好分部积分公式的关键是恰当地选择好 u 和 dv，一般需考虑如下两点：

① v 要容易求得(可用凑微分法求出)；

② $\int v du$ 要比 $\int u dv$ 容易积出.

(2)一般地，以下几种类型的积分，都可以使用分部积分公式求解，且 u 和 dv 的选择有规律可循.

① $\int x^n e^{ax} dx$，$\int x^n \sin ax dx$，$\int x^n \cos ax dx$ 类型，可设 $u = x^n$；

② $\int x^n \ln x dx$，$\int x^n \arcsin x dx$，$\int x^n \arctan x dx$ 类型，可设 $u = \ln x$，$u = \arcsin x$，$u = \arctan x$；

③ $\int e^{ax} \sin bx dx$，$\int e^{ax} \cos bx dx$ 类型，可设 $u = \sin bx$，$u = \cos bx$.

即分部积分公式中 u 的选取法则是：

指幂弦幂只选幂；反幂对幂不选幂；

指弦同在可任选；一旦选中要固定.

说明：

(1)常数也视为幂函数；

(2)在上述情况中,把 x^n 换为多项式时仍成立;

(3)对于情况③,也可以设 $u = e^{ax}$,但一经选定,再次分部积分时,必须仍按原来的选择,否则会出现循环计算的情形.

例 2 求 $\int x\sin x\mathrm{d}x$.

解 设 $u = x$, $\mathrm{d}v = \sin x\mathrm{d}x$,则 $v = -\cos x$, $\mathrm{d}u = \mathrm{d}x$.

于是
$$\int x\sin x\mathrm{d}x = -x\cos x - \int(-\cos x)\mathrm{d}x = -x\cos x + \sin x + C.$$

例 3 求 $\int x\ln x\mathrm{d}x$.

解 设 $u = \ln x$, $\mathrm{d}v = x\mathrm{d}x$,则 $v = \frac{1}{2}x^2$, $\mathrm{d}u = \frac{1}{x}\mathrm{d}x$.

于是
$$\begin{aligned}\int x\ln x\mathrm{d}x &= \frac{1}{2}x^2\ln x - \int\frac{1}{2}x^2\cdot\frac{1}{x}\mathrm{d}x\\ &= \frac{1}{2}x^2\ln x - \frac{1}{2}\int x\mathrm{d}x\\ &= \frac{1}{2}x^2\ln x - \frac{1}{4}x^2 + C.\end{aligned}$$

例 4 求 $\int \arctan x\mathrm{d}x$.

解 设 $u = \arctan x$, $\mathrm{d}v = \mathrm{d}x$,则 $v = x$, $\mathrm{d}u = \frac{1}{1+x^2}\mathrm{d}x$.

于是
$$\begin{aligned}\int\arctan x\mathrm{d}x &= x\arctan x - \int x\cdot\frac{1}{1+x^2}\mathrm{d}x\\ &= x\arctan x - \frac{1}{2}\int\frac{1}{1+x^2}\mathrm{d}(1+x^2)\\ &= x\arctan x - \frac{1}{2}\ln(1+x^2) + C.\end{aligned}$$

当分部积分法熟练后, u , $\mathrm{d}v$ 和 v , $\mathrm{d}u$ 可心算完成,不必具体写出.

例 5 求 $\int x\arctan x\mathrm{d}x$.

解
$$\begin{aligned}\int x\arctan x\mathrm{d}x &= \frac{1}{2}\int\arctan x\mathrm{d}x^2 = \frac{1}{2}x^2\arctan x - \frac{1}{2}\int x^2\cdot\frac{1}{1+x^2}\mathrm{d}x\\ &= \frac{1}{2}x^2\arctan x - \frac{1}{2}\int\left(1-\frac{1}{1+x^2}\right)\mathrm{d}x\\ &= \frac{1}{2}x^2\arctan x - \frac{1}{2}x + \frac{1}{2}\arctan x + C.\end{aligned}$$

有些积分需要连续使用几次分部积分公式才能求出.

例 6　求 $\int x^2 e^x dx$.

解　$$\int x^2 e^x dx = \int x^2 d(e^x) = x^2 e^x - \int e^x d(x^2)$$
$$= x^2 e^x - 2\int x e^x dx = x^2 e^x - 2\int x d(e^x)$$
$$= x^2 e^x - 2(x e^x - \int e^x dx)$$
$$= x^2 e^x - 2x e^x + 2e^x + C$$
$$= (x^2 - 2x + 2)e^x + C.$$

例 7　求 $\int e^x \cos x dx$.

解　$$\int e^x \cos x dx = \int \cos x d(e^x) = e^x \cos x + \int e^x \sin x dx$$
$$= e^x \cos x + \int \sin x d(e^x)$$
$$= e^x \cos x + e^x \sin x - \int e^x \cos dx.$$

将再次出现的 $\int e^x \cos x dx$ 移至左边,合并后除以 2 得所求积分为

$$\int e^x \cos x dx = \frac{1}{2} e^x (\sin x + \cos x) + C.$$

想一想

(1)应用分部积分公式 $\int u(x) dv(x) = u(x)v(x) - \int v(x) du(x)$ 的关键是什么? 对于积分 $\int f(x)g(x) dx$,一般应按什么样的规律去设 u 和 dv ?

(2)多次利用分部积分公式时,为什么 u , v 要始终选取同类函数?

习　题　15.4

求下列不定积分:

(1) $\int x\cos x dx$;　　(2) $\int x^2 \sin x dx$;

(3) $\int x\cos 2x dx$;　　(4) $\int x e^{2x} dx$;

(5) $\int \ln x dx$;　　(6) $\int x^2 \ln x dx$;

(7) $\int x \ln^2 x \mathrm{d}x$；　　(8) $\int \arcsin x \mathrm{d}x$；

(9) $\int (x+1) \ln x \mathrm{d}x$；　　(10) $\int x \arctan x \mathrm{d}x$.

课外知识

莱布尼茨(Leibniz)

戈特弗里德·威廉·凡·莱布尼茨，德国最重要的自然科学家、数学家、物理学家、历史学家和哲学家，一位举世罕见的科学天才，和牛顿(1643 年 1 月 4 日—1727 年 3 月 31 日)同为微积分的创建人。他的研究成果还遍及力学、逻辑学、化学、地理学、解剖学、动物学、植物学、气体学、航海学、地质学、语言学、法学、哲学、历史、外交等，“世界上没有两片完全相同的树叶”就是出自他之口，他还是最早研究中国文化和中国哲学的德国人，对丰富人类的科学知识宝库做出了不可磨灭的贡献。然而，由于他创建了微积分，并精心设计了非常巧妙简洁的微积分符号，从而使他以伟大数学家的称号闻名于世。从幼年时代起，莱布尼茨就明显展露出一颗灿烂的思想明星的迹象。他 13 岁时就像其他孩子读小说一样轻松地阅读经院学者的艰深的论文了。他提出无穷小的微积分算法，并且他发表自己的成果比艾萨克·牛顿爵士将他的手稿付梓早三年，而后者宣称自己第一个做出了这项发现。

公元 1646 年 7 月 1 日，戈特弗里德·威廉·凡·莱布尼茨出生于德国东部莱比锡的一个书香之家，父亲弗里德希·莱布尼茨是莱比锡大学的道德哲学教授，母亲凯瑟琳娜·施马克出身于教授家庭，虔信路德新教。莱布尼茨的父母亲自做孩子的启蒙教师，耳濡目染使莱布尼茨从小就十分好学，并有很高的天赋，幼年时就对诗歌和历史有着浓厚的兴趣.莱布尼茨的父亲在他年仅 6 岁时便去世了，给他留下了比金钱更宝贵的丰富的藏书，知书达理的母亲担负起了儿子的幼年教育。莱布尼茨因此得以广泛接触古希腊罗马文化，阅读了许多著名学者的著作，由此而获得了坚实的文化功底和明确的学术目标。

莱布尼茨是数字史上最伟大的符号学者之一，堪称符号大师。他曾说：“要发明，就要挑选恰当的符号，要做到这一点，就要用含义简明的少量符号来表达和比较忠实地描绘事物的内在本质，从而最大限度地减少人的思维劳动”，正像印度——阿拉伯的数学促进了算术和代数发展一样，莱布尼茨所创造的这些数学符号对微积分的发展起了很大的促进作用。欧洲大陆的数学得以迅速发展，莱布尼茨的巧妙符号功不可没.除积分、微分符号外，他创设的符号还有商“a/b”，比“$a:b$”，相似“$\backsim$”，全等“$\cong$”、并“$\cup$”、交“$\cap$”以及函数和行列式等符号。

微积分思想，最早可以追溯到希腊由阿基米德等人提出的计算面积和体积的方法。1665 年牛顿创始了微积分，莱布尼茨在 1673—1676 年间也发表了微积分思想的论著。以前,微分和积分作为两种数学运算、两类数学问题,是分别的加以研究的。卡瓦列里、巴罗、沃利斯等人得到了一系列求面积(积分)、求切线斜率(导数)的重要结果,但这些结果都是孤立的,不连贯的。

只有莱布尼茨和牛顿将积分和微分真正沟通起来,明确地找到了两者内在的直接联系:微分和积分是互逆的两种运算。而这是微积分建立的关键所在。只有确立了这一基本关系,才能在此基础上构建系统的微积分学。并从对各种函数的微分和求积公式中,总结出共同的算法程序,使微积分方法普遍化,发展成用符号表示的微积分运算法则。因此,微积分"是牛顿和莱布尼茨大体上完成的,但不是由他们发明的"。然而关于微积分创立的优先权,在数学史上曾掀起了一场激烈的争论。实际上,牛顿在微积分方面的研究虽早于莱布尼茨,但莱布尼茨成果的发表则早于牛顿。

莱布尼茨1684年10月在《教师学报》上发表的论文《一种求极大极小的奇妙类型的计算》,是最早的微积分文献。这篇仅有6页的论文,内容并不丰富,说理也颇含糊,但却有着划时代的意义。

牛顿在三年后,即1687年出版的《自然哲学的数学原理》的第一版和第二版也写道:"十年前在我和最杰出的几何学家莱布尼茨的通信中,我表明我已经知道确定极大值和极小值的方法、作切线的方法以及类似的方法,但我在交换的信件中隐瞒了这个方法,……这位最卓越的科学家在回信中写道,他也发现了一种同样的方法。他并诉述了他的方法,它与我的方法几乎没有什么不同,除了他的措词和符号而外"(但在第三版及以后再版时,这段话被删掉了)。

因此,后来人们公认牛顿和莱布尼茨是各自独立地创建微积分的。

思考与总结

本章的主要内容有原函数和不定积分的概念,不定积分的性质,基本积分公式和不定积分的运算法则,求不定积分的方法(直接积分法、换元积分法、分部积分法).

利用不定积分有关概念、性质填空

1. 设 $f(x)$ 是定义在区间 I 上的一个函数,如果存在函数 $F(x)$,使得在该区间内任一点都有 $F'(x)=f(x)$ 或 $\mathrm{d}F(x)=f(x)\mathrm{d}x$,那么, $F(x)$ 叫做函数 $f(x)$ 在区间 I 上的一个________.

2. 设 $F(x)$ 是 $f(x)$ 的一个原函数,那么函数 $f(x)$ 的全体原函数 $F(x)+C$ (C 为任意常数)叫做 $f(x)$ 的________,记作 $\int f(x)\mathrm{d}x$,即 $\int f(x)\mathrm{d}x=F(x)+C$,其中 $F'(x)=f(x)$.

3. 不定积分的性质：

(1)________________；

(2)________________；

4. 不定积分的运算法则

(1)两个函数代数和的不定积分等于这两个函数不定积分的代数和，即________；

(2)被积函数中的常数因子可以提到积分号的前面，即________.

5. 求不定积分的基本方法有：

(1)直接积分法：被积函数直接或经过恒等变形后，运用不定积分的两个运算法则和基本积分公式，就可以求出结果.

(2)换元积分法：若不定积分的被积表达式能写成 $f(\varphi(x))\varphi'(x)\mathrm{d}x = f(\varphi(x))\mathrm{d}\varphi(x)$ 的形式，则令 $\varphi(x)=u$，当积分 $\int f(u)\mathrm{d}u = F(u)+C$ 容易用直接积分法求得，那么将变量 u 换回原来的变量 x，即得所求的不定积分为 $F(\varphi(x))+C$.

(3)分部积分法：利用分部积分公式

$$\int u(x)\mathrm{d}v(x) = u(x)v(x) - \int v(x)\mathrm{d}u(x)$$

将求 $\int v(x)\mathrm{d}u(x)$ 形式的不定积分转化为求 $\int u(x)\mathrm{d}v(x)$ 形式的不定积分，当后者较易求出结果时，就可使用分部积分公式求出结果.

复习题十五

1. 求下列不定积分：

(1) $\int \frac{1}{\sqrt[4]{x^3}}\mathrm{d}x$；

(2) $\int (x^4+6x^2-2)\mathrm{d}x$；

(3) $\int (3\mathrm{e}^x+\sec^2 x)\mathrm{d}x$；

(4) $\int \left(5^x+2\cos x-\sqrt{x}-\frac{3}{x^2}\right)\mathrm{d}x$；

(5) $\int x(3x^3-4)\mathrm{d}x$；

(6) $\int \cos^2\frac{x}{2}\mathrm{d}x$；

(7) $\int \frac{5x^2}{1+x^2}\mathrm{d}x$；

(8) $\int \frac{2x^2+1}{1+x^2}\mathrm{d}x$；

(9) $\int \frac{(2x^3-1)^2}{x^4}\mathrm{d}x$；

(10) $\int \left(\sqrt[3]{x^2}-\frac{3}{\sqrt{1-x^2}}\right)\mathrm{d}x$；

(11) $\int \frac{2+\cos^2 x}{\cos^2 x}\mathrm{d}x$；

(12) $\int \frac{1}{1+\cos 2x}\mathrm{d}x$；

(13) $\int \frac{3}{1-\cos 2x}\mathrm{d}x$；

(14) $\int \frac{1+\cos^2 x}{1+\cos 2x}\mathrm{d}x$；

(15) $\int \frac{2-\sin^2 x}{1-\cos 2x}\mathrm{d}x$；　(16) $\int (\mathrm{e}^{\frac{x}{2}}+\mathrm{e}^{-\frac{x}{2}})^2\mathrm{d}x$.

2. 求下列不定积分：

(1) $\int \sqrt{3x-2}\,\mathrm{d}x$；　(2) $\int (5-2x)^{30}\mathrm{d}x$；

(3) $\int \sin(3x+1)\mathrm{d}x$；　(4) $\int \cos(1-2x)\mathrm{d}x$；

(5) $\int \frac{1}{2x-1}\mathrm{d}x$；　(6) $\int x(1-x^2)^{50}\mathrm{d}x$；

(7) $\int \frac{4x}{1+x^2}\mathrm{d}x$；　(8) $\int \frac{2x^2}{1+x^3}\mathrm{d}x$；

(9) $\int \frac{x^2}{2-x^3}\mathrm{d}x$；　(10) $\int x\sec^2(3x^2-1)\mathrm{d}x$；

(11) $\int \frac{1}{x^2}\sin\frac{1}{x}\mathrm{d}x$；　(12) $\int \frac{\ln^3 x}{x}\mathrm{d}x$；

(13) $\int \frac{1}{1+4x^2}\mathrm{d}x$；　(14) $\int \frac{1}{\sqrt{4-x^2}}\mathrm{d}x$；

(15) $\int \mathrm{e}^{\cos x}\sin x\mathrm{d}x$；　(16) $\int \frac{\mathrm{e}^x}{1+\mathrm{e}^x}\mathrm{d}x$.

3. 求下列不定积分：

(1) $\int x\sin 2x\mathrm{d}x$；　(2) $\int x^2\cos x\mathrm{d}x$；

(3) $\int x\mathrm{e}^{3x}\mathrm{d}x$；　(4) $\int (2x+1)\sin x\mathrm{d}x$；

(5) $\int x\sin(3x-1)\mathrm{d}x$；　(6) $\int \arctan\frac{x}{3}\mathrm{d}x$；

(7) $\int x\arctan x\mathrm{d}x$；　(8) $\int x\ln x\mathrm{d}x$；

(9) $\int x\ln(3x-2)\mathrm{d}x$；　(10) $\int x\sec^2 x\mathrm{d}x$.

第16章 定积分及其应用

定积分是从大量的实际问题中抽象出来的一个基本概念，它与上一章介绍的不定积分有密切关系，它是近代科学技术及经济管理中解决问题的有力工具.

本章首先通过实际问题引入定积分的概念，然后介绍定积分的性质、定积分的计算方法以及定积分的简单应用.

16.1 定积分的概念与性质

本节重点知识：

1. 定积分的定义.
2. 定积分的几何意义.
3. 定积分的性质.

16.1.1 引例

1. 曲边梯形的面积

在生产实践和科学技术中，常常需要计算由连续曲线所围成的平面图形的面积. 怎样计算这种平面图形的面积呢？现在以求曲边梯形的面积为例，说明解决这种问题的方法，从而导出定积分的概念.

曲边梯形是指由三条直线 $x=a$，$x=b$，$y=0$ 和一条连续曲线 $y=f(x)$ ($f(x)\geqslant 0$) 所围成的平面图形. 求如图 16-1 所示的曲边梯形的面积 A.

分析 计算曲边梯形的面积，难点在于曲边 $y=f(x)$ 是弯曲的. 能否“以直代曲”呢？若在整个区间上这样做，显然误差太大. 能否将区间 $[a,b]$ 分成若干个小区间，在小区间内“以直代曲”？由函数的连续性可知，当自变量的变化很小时，相应的函数值的变化也很小. 因此，在小区间内“以直代曲”误差会小得多，但毕竟还是有误差. 怎样才能获得面积的精确值呢？由于对区间 $[a,b]$ 分割得越细，产生的面积误差就越小，因此通过取极限就可以获得面积的精确值. 下面叙述其具体的实施步骤.

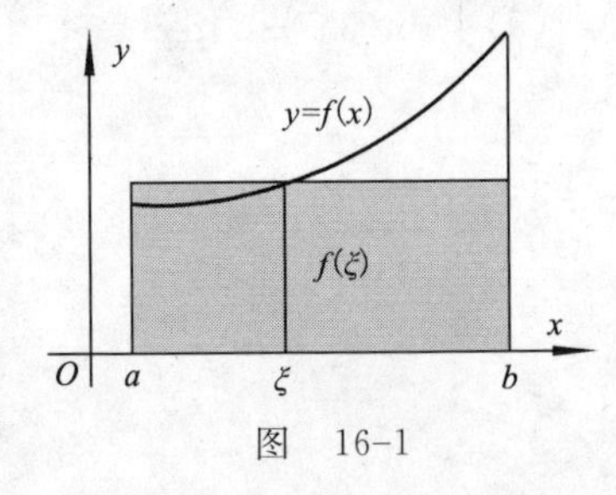

图 16-1

(1)分割

将区间$[a,b]$任意分成n个小区间,其分点是$a = x_0$, x_1, x_2, …, x_{n-1}, $x_n = b$,即

$$a = x_0 < x_1 < x_2 < \cdots < x_{n-1} < x_n = b.$$

每个小区间可以表示为$[x_{i-1}, x_i]$($i = 1, 2, \cdots, n$),每个小区间的长度记为$\Delta x_i = x_i - x_{i-1}$,过每个分点作$x$轴垂线,把曲边梯形分成$n$个窄小的曲边梯形,它们的面积记为$\Delta A_i$($i = 1, 2, \cdots, n$).

(2)近似

在每个小区间$[x_{i-1}, x_i]$上任取一点ξ_i($x_{i-1} \leqslant \xi_i \leqslant x_i$),以点$\xi_i$处曲线上对应点的纵坐标$f(\xi_i)$为高,小区间$[x_{i-1}, x_i]$的长$\Delta x_i$为底的小矩形面积$f(\xi_i)\Delta x_i$近似地代替小曲边梯形的面积$\Delta A_i$(见图 16-2),即

$$\Delta A_i \approx f(\xi_i)\Delta x_i \ (i = 1, 2, \cdots, n).$$

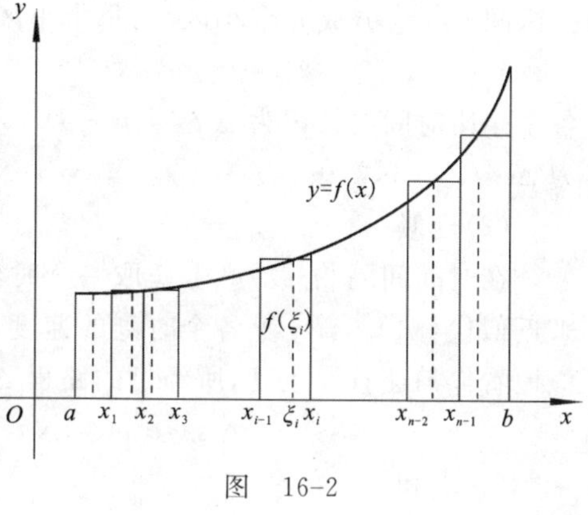

图 16-2

(3)求和

因为每一个小矩形的面积都可以作为相应的小曲边梯形面积的近似值,所以n个小矩形面积的和就是曲边梯形面积A的近似值,即

$$A = \sum_{i=1}^{n} \Delta A_i \approx \sum_{i=1}^{n} f(\xi_i)\Delta x_i.$$

(4)取极限

从几何上可以直观地看出,分割得越细,每个小区间的长度越小,n个矩形面积之和就越接近曲边梯形的面积,把区间$[a,b]$无限细分,使每个小区间的长度都趋近于零,即当$\|\Delta x\| \to 0$时($\|\Delta x\| = \max\{\Delta x_1, \Delta x_2, \cdots, \Delta x_n\}$),这时和式$\sum_{i=1}^{n} f(\xi_i)\Delta x_i$的极限就是所求曲边梯形的面积$A$,即

$$A = \lim_{\|\Delta x\| \to 0} \sum_{i=1}^{n} f(\xi_i)\Delta x_i.$$

2. 变速直线运动的路程

设某物体作直线运动,已知速度$v = v(t)$是时间间隔$[a,b]$上t的连续函数,且$v(t) \geqslant 0$,求物体在这段时间内所经过的路程S.

分析 我们知道,对于匀速直线运动计算路程的公式是

路程=速度×时间

但是,我们现在研究的问题是求变速直线运动的路程,不能直接按上式计算路程.

然而,物体运动的速度函数 $v = v(t)$ 是连续变化的,在很短一段时间内,速度的变化很小,近似于等速.因此,如果把时间间隔分小,在小段时间内,以匀速运动代替变速运动,那么,就可算出部分路程的近似值;再求和便得到总路程的近似值;最后通过对时间间隔无限细分的极限过程,就可求出变速直线运动的路程的精确值.

具体计算步骤如下:

(1)分割

在时间间隔 $[a,b]$ 内任意插入 $n-1$ 个分点

$$a = t_0 < t_1 < t_2 < \cdots < t_{n-1} < t_n = b,$$

把区间 $[a,b]$ 分成 n 个小区间,每个小区间可以表示为

$$[t_{i-1}, t_i] \quad (i = 1,2,\cdots,n),$$

各个小段时间的长记为 $\Delta t_i = t_i - t_{i-1}$,相应地,在各段时间内物体经过的路程记为 $\Delta s_i (i = 1,2,\cdots,n)$.

(2)近似

在时间间隔 $[t_{i-1}, t_i]$ 上任取一个时刻 $\xi_i (t_{i-1} \leqslant \xi_i \leqslant t_i)$,以 ξ_i 时的速度 $v(\xi_i)$ 来近似代替 $[t_{i-1}, t_i]$ 上各个时刻的速度,即在每个小区间上可以把物体的运动近似地看作匀速直线运动,所经过的路程 Δs_i 就可近似地表示为

$$\Delta s_i \approx v(\xi_i) \Delta t_i \quad (i = 1,2,\cdots,n)$$

(3)求和

这 n 段部分路程的近似值之和就是所求变速直线运动路程 S 的近似值,即

$$\begin{aligned} s &\approx v(\xi_1)\Delta t_1 + v(\xi_2)\Delta t_2 + \cdots + v(\xi_n)\Delta t_n \\ &= \sum_{i=1}^{n} v(\xi_i)\Delta t_i \end{aligned}$$

(4)取极限

当分点的数目越来越多,且每个小区间的长度都趋近于零时,即当 $\|\Delta t\| \to 0$ 时 ($\|\Delta t\| = \max\{\Delta t_1, \Delta t_2, \cdots, \Delta t_n\}$),上述和式的极限就是变速直线运动的路程,即

$$s = \lim_{\|\Delta t\| \to 0} \sum_{i=1}^{n} v(\xi_i)\Delta t_i.$$

16.1.2 定积分的定义

上面两个例子,虽然实际意义不同,但是解决问题的方法和计算步骤是完全相同的,最后都归结为求一个连续函数在某一闭区间上的和式的极限问题.在实践中还有许多问题都可归结为求这种和式的极限问题.现在抛开这些问题的实际意义,抓住它们在数量关系上的本质与共性加以抽象,就可得出定积分的概念.

定义 设函数 $y = f(x)$ 在 $[a,b]$ 上有定义且有界,在 $[a,b]$ 中任意地插入 $n-1$ 个分点

$$a = x_0 < x_1 < x_2 < \cdots < x_{n-1} < x_n = b,$$

将 $[a,b]$ 分割成 n 个小区间,每个小区间可以表示为 $[x_{i-1},x_i](i=1,2,\cdots,n)$,记 $\Delta x_i = x_i - x_{i-1}$,$\|\Delta x\| = \max\limits_{1\leqslant i\leqslant n}\{\Delta x_i\}$,并在每个小区间上任取一点 $\xi_i \in [x_{i-1},x_i]$,做乘积 $f(\xi_i)\Delta x_i$ 的和式

$$\sum_{i=1}^{n} f(\xi_i)\Delta x_i$$

当 $\|\Delta x\| \to 0$ 时,若此和式的极限存在,且极限值既与区间 $[a,b]$ 的分割方法无关,也与点 ξ_i 的取法无关,就称函数 $f(x)$ 在区间 $[a,b]$ 上是**可积的**,并称此极限值为 $f(x)$ 在区间 $[a,b]$ 上的**定积分**,记作

$$\int_a^b f(x)\mathrm{d}x$$

即

$$\int_a^b f(x)\mathrm{d}x = \lim_{\|\Delta x\|\to 0}\sum_{i=1}^{n} f(\xi_i)\Delta x_i;$$

其中,$f(x)$ 称做**被积函数**,x 称做**积分变量**,$f(x)\mathrm{d}x$ 称做**被积表达式**,$[a,b]$ 称为**积分区间**,a 称为**积分下限**,b 称为**积分上限**,“$\int$”称做**积分号**.

根据定积分的定义,上面两个实例可用定积分表示:

(1)曲边梯形的面积 A 等于其曲边所对应的函数 $y = f(x)$ 在其底所在区间 $[a,b]$ 上的定积分

$$A = \int_a^b f(x)\mathrm{d}x.$$

(2)变速直线运动的物体所经过的路程 S 等于其速度 $v = v(t)$ 在时间区间 $[a,b]$ 上的定积分

$$S = \int_a^b v(t)\mathrm{d}t.$$

注意

(1)从定积分的定义可以看出,定积分 $\int_a^b f(x)\mathrm{d}x$ 的值只与被积函数 $f(x)$ 与积分区间 $[a,b]$ 有关,而与积分变量的符号是无关的,即有

$$\int_a^b f(x)\mathrm{d}x = \int_a^b f(t)\mathrm{d}t = \int_a^b f(u)\mathrm{d}u.$$

(2)在定积分的定义中,积分的下限 a 总是小于积分的上限 b,为使定积分便于应用取消这一限制,作如下补充规定

$$\int_a^b f(x)\mathrm{d}x = -\int_b^a f(x)\mathrm{d}x,$$

及

$$\int_a^a f(x)\mathrm{d}x = 0.$$

16.1.3 定积分的几何意义

如果在区间 $[a,b]$ 上函数 $f(x)\geqslant 0$ 时(见图 16-3),定积分 $\int_a^b f(x)\mathrm{d}x$ 在几何上表示由曲线 $y=f(x)$ 和直线 $x=a$, $x=b$, $y=0$ 所围成的曲边梯形的面积

$$A=\int_a^b f(x)\mathrm{d}x.$$

如果在区间 $[a,b]$ 上函数 $f(x)\leqslant 0$ 时(见图 16-4),曲边梯形的面积 A 为

$$A=\lim_{\|\Delta x\|\to 0}\sum_{i=1}^{n}[-f(\xi_i)]\Delta x_i$$

$$=-\lim_{\|\Delta x\|\to 0}\sum_{i=1}^{n}f(\xi_i)\Delta x_i=-\int_a^b f(x)\mathrm{d}x\ ;$$

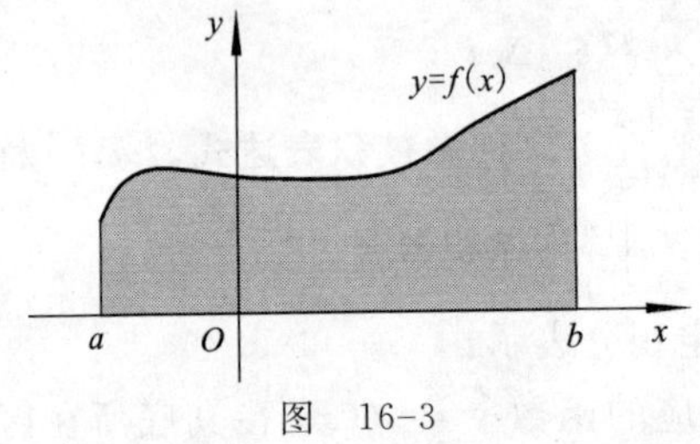

图 16-3

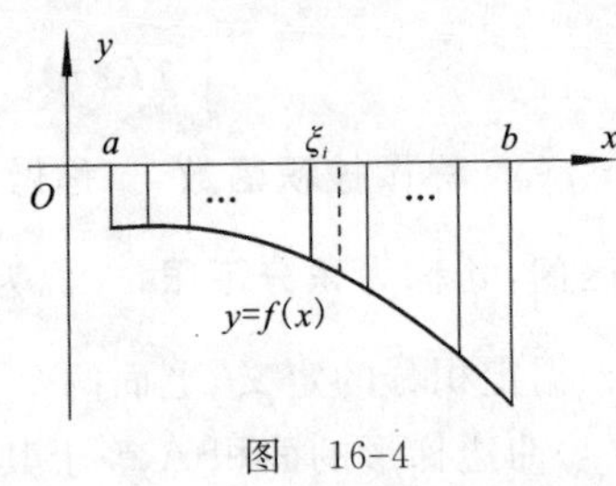

图 16-4

从而有 $\int_a^b f(x)\mathrm{d}x=-A$. 这就是说,定积分 $\int_a^b f(x)\mathrm{d}x$ 在几何上表示曲边梯形面积 A 的相反数.

如果在区间 $[a,b]$ 上函数 $f(x)$ 有正有负时,则定积分 $\int_a^b f(x)\mathrm{d}x$ 表示由曲线 $y=f(x)$,直线 $x=a,x=b,y=0$ 所围成的几个曲边梯形面积的代数和. 例如图 16-5 中所示函数 $f(x)$ 在区间 $[a,b]$ 上的定积分为

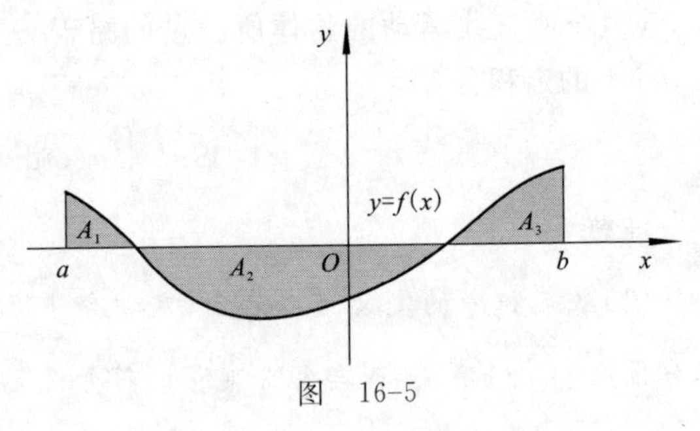

图 16-5

$$\int_a^b f(x)\mathrm{d}x=A_1-A_2+A_3,$$

其中, A_1 , A_3 为 x 轴上 $f(x)$ 下的区域的面积, A_2 为 x 轴下 $f(x)$ 上的区域的面积.

一般地,定积分 $\int_a^b f(x)\mathrm{d}x$ 在各种实际问题中所代表的实际意义尽管不同,但其值的几何意义都是:由曲线 $y=f(x)$,直线 $x=a$, $x=b$, $y=0$ 所围各部分曲

边梯形面积的代数和.

例 1　利用定积分的几何意义,求下列定积分的值:

(1) $\int_a^b x\,\mathrm{d}x\ (0<a<b)$;　　　　(2) $\int_0^a \sqrt{a^2-x^2}\,\mathrm{d}x\ (0\leqslant x\leqslant a)$.

解　(1)定积分 $\int_a^b x\,\mathrm{d}x$ 表示由直线 $y=x$, $y=0$, $x=a$, $x=b$ 所围成的梯形的面积,如图 16-6(a)所示,梯形的两个底边的长分别为 a 和 b,梯形的高为 $b-a$.

因此梯形的面积为

$$A=\frac{(b+a)(b-a)}{2}=\frac{1}{2}(b^2-a^2),$$

即

$$\int_a^b x\,\mathrm{d}x=\frac{1}{2}(b^2-a^2).$$

(2) $y=\sqrt{a^2-x^2}\ (0\leqslant x\leqslant a)$ 表示在第一象限的圆弧,定积分 $\int_0^a \sqrt{a^2-x^2}\,\mathrm{d}x$ 表示以原点为圆心,以 a 为半径的圆在第一象限中的面积,如图 16-6(b)所示,即圆面积的 $\frac{1}{4}$,所以

$$\int_0^a \sqrt{a^2-x^2}\,\mathrm{d}x=\frac{1}{4}\pi a^2.$$

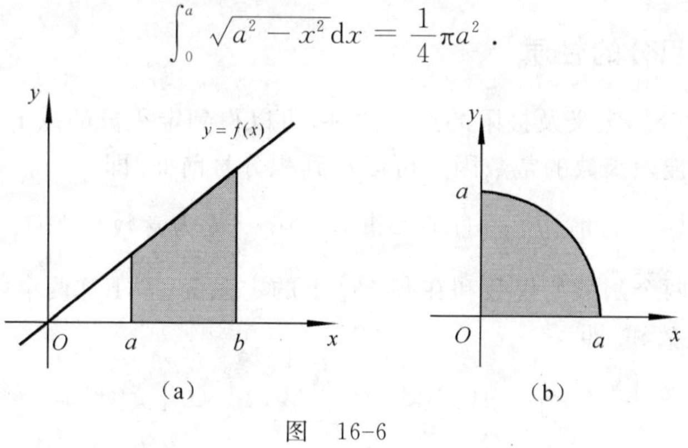

图　16-6

例 2　利用定积分表示由曲线 $y=x^2$ 及直线 $x=0$, $x=1$ 及 x 轴所围成的平面图形的面积 A.

解　所求面积如图 16-7 中所示的阴影部分,根据定积分的几何意义

$$A=\int_0^1 x^2\,\mathrm{d}x.$$

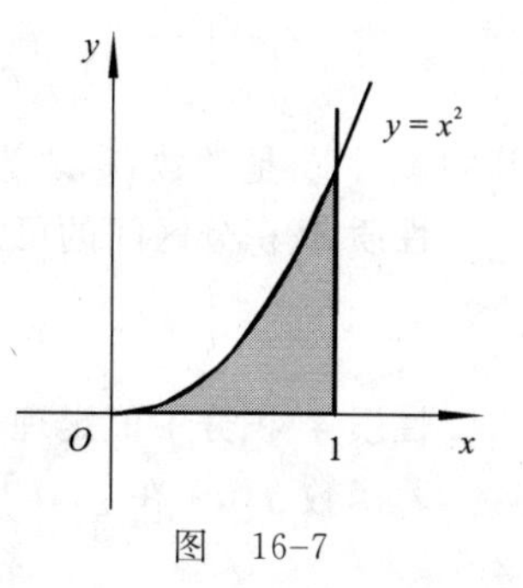

图　16-7

根据定积分的几何意义(见图 16-8),可得以下结论:

(1)如果 $f(x)$是$[-a,a]$上的连续奇函数,则 $\int_{-a}^{a} f(x)\mathrm{d}x = 0$;

(2)如果 $f(x)$ 是$[-a,a]$上的连续偶函数,则 $\int_{-a}^{a} f(x)\mathrm{d}x = 2\int_{0}^{a} f(x)\mathrm{d}x$.

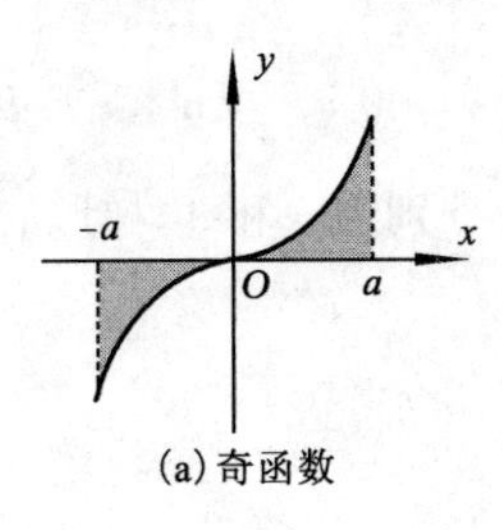

(a)奇函数

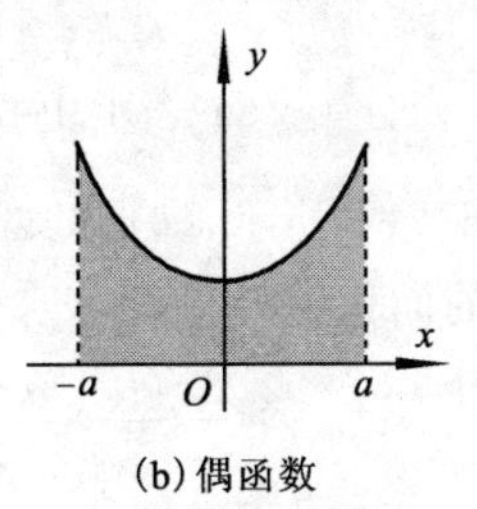

(b)偶函数

图 16-8

例如,因为 $\sin^3 x\cos x$ 是奇函数,所以 $\int_{-1}^{1} \sin^3 x\cos x\mathrm{d}x = 0$.

因为 $f(x)=x^2\sqrt{1-x^2}$是偶函数,所以

$$\int_{-1}^{1} x^2\sqrt{1-x^2}\mathrm{d}x = 2\int_{0}^{1} x^2\sqrt{1-x^2}\mathrm{d}x.$$

16.1.4 定积分的性质

根据定积分的定义及极限的运算法则,可以得到定积分的以下基本性质:

性质 1 被积函数的常数因子可以提到积分号前面.即

$$\int_{a}^{b} kf(x)\mathrm{d}x = k\int_{a}^{b} f(x)\mathrm{d}x\ (k\ \text{为常数});$$

性质 2 两个函数的代数和在$[a,b]$上的定积分,等于这两个函数在$[a,b]$上的定积分的代数和.即

$$\int_{a}^{b}[f(x)\pm g(x)]\mathrm{d}x = \int_{a}^{b} f(x)\mathrm{d}x \pm \int_{a}^{b} g(x)\mathrm{d}x.$$

由性质 1 性质 2 可得

$$\int_{a}^{b}[k_1 f(x)\pm k_2 g(x)]\mathrm{d}x = k_1\int_{a}^{b} f(x)\mathrm{d}x \pm k_2\int_{a}^{b} g(x)\mathrm{d}x,$$

其中 k_1,k_2 是常数,称之为定积分的**线性性质**.

性质 3(积分区间的可加性)

$$\int_{a}^{b} f(x)\mathrm{d}x = \int_{a}^{c} f(x)\mathrm{d}x + \int_{c}^{b} f(x)\mathrm{d}x\ (a,b,c\ \text{是常数})$$

性质 4(积分中值定理)

若函数 $f(x)$ 在$[a,b]$上连续,则至少存在一点 $\xi\in[a,b]$,使

$$\int_{a}^{b} f(x)\mathrm{d}x = f(\xi)(b-a),$$

式中的 $f(\xi)$ 称为连续函数 $f(x)$ 在区间 $[a,b]$ 上的**平均值**,即

$$f(\xi)=\frac{1}{b-a}\int_a^b f(x)\mathrm{d}x.$$

积分中值定理有明显的几何意义:曲边 $y=f(x)$ 在 $[a,b]$ 底上所围成的曲边梯形的面积,等于同一底边,而高为 $f(\xi)$ 的一个矩形的面积.

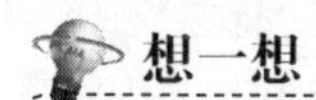
想一想

如何表述定积分的几何意义?

习 题 16.1

1. 用定积分表示由 $y=x$, $x=1$, $x=2$ 和 $y=0$ 所围成的平面图形的面积.

2. 用定积分表示由曲线 $y=\sin x$,直线 $x=0$, $x=\pi$ 和 $y=0$ 所围成的平面图形的面积.

3. 用定积分表示由曲线 $y=\ln x$,直线 $x=\frac{1}{2}$, $x=2$ 及 x 轴所围成的平面图形的面积 A .

4. 做直线运动的物体,若速度是时间 t 的连续函数 $v=v(t)$,用定积分来表示时间间隔 $[a,b]$ 内物体所经过的路程 s.

5. 用定积分的几何意义计算下列定积分:

(1) $\int_a^b C\mathrm{d}x$,其中 C 为常数; (2) $\int_0^1 x\mathrm{d}x$;

(3) $\int_{-1}^1 x\mathrm{d}x$; (4) $\int_0^1 \sqrt{1-x^2}\mathrm{d}x$.

6. 已知 $\int_0^{10} f(x)\mathrm{d}x=17$, $\int_0^8 f(x)\mathrm{d}x=12$,求 $\int_8^{10} f(x)\mathrm{d}x$.

16.2 微积分基本公式

本节重点知识:

1. 微积分基本公式.

2. 用微积分基本公式求定积分.

从前面的讲解中看到,根据定积分的定义求定积分,要计算一个和式的极限,一般来说是一个很复杂的过程,有时甚至是不可能的,因此有必要寻找一种计算定积分的简便而有效的方法.为此,先看下例.

引例 设一物体沿直线运动,它的速度 v 是时间 t 的函数 $v=v(t)$,求物体从

时刻 $t=a$ 到 $t=b$ 这段时间所经过的路程 s .

分析 由定积分的定义可知

$$s=\int_a^b v(t)\mathrm{d}t .$$

另一方面,如果物体经过的路程 s 是时间 t 的函数 $s(t)$,那么物体从时刻 $t=a$ 到 $t=b$ 这段时间所经过的路程应该是

$$s=s(b)-s(a) .$$

所以
$$s=\int_a^b v(t)\mathrm{d}t=s(b)-s(a).$$

我们又知道,路程函数 $s(t)$ 与速度函数 $v(t)$ 之间有如下关系

$$s'(t)=v(t) .$$

即 $s(t)$ 是 $v(t)$ 的一个原函数.因此,由上式可知,函数 $v(t)$ 在区间 $[a,b]$ 上的定积分,等于它的一个原函数 $s(t)$ 在积分区间 $[a,b]$ 上的改变量 $s(b)-s(a)$.

一般地,有下面的定理.

定理 (微积分基本定理)

设 $f(x)$ 是区间 $[a,b]$ 上的连续函数, $F(x)$ 是 $f(x)$ 在区间 $[a,b]$ 上的任一原函数,即 $F'(x)=f(x)$,则

$$\int_a^b f(x)\mathrm{d}x=F(b)-F(a) .$$

该公式称做微积分基本公式,又称做牛顿-莱布尼茨公式.它揭示了定积分与不定积分(或原函数)之间的关系,从而把定积分的计算问题,转化为求被积函数的原函数的问题.这就是说,计算定积分只要先用不定积分求出被积函数的一个原函数,再将上、下限分别代入求其差值即可.这就给定积分提供了一个有效而简便的计算方法,从此积分学开始了在各个科学领域的广泛应用.

为了方便起见,今后在计算时,把牛顿-莱布尼茨公式写成如下形式

$$\int_a^b f(x)\mathrm{d}x=F(x)\Big|_a^b=F(b)-F(a) .$$

例1 计算 $\int_0^1 x^2\mathrm{d}x$.

解 因为 $\int x^2\mathrm{d}x=\frac{1}{3}x^3+C$,即 $\frac{1}{3}x^3$ 是 x^2 的一个原函数,所以

$$\int_0^1 x^2\mathrm{d}x=\frac{1}{3}x^3\Big|_0^1=\frac{1}{3}\times 1^3-\frac{1}{3}\times 0^3=\frac{1}{3} .$$

例2 计算 $\int_{-2}^{-1}\frac{1}{x}\mathrm{d}x$.

解 因为 $\int\frac{1}{x}\mathrm{d}x=\ln|x|+C$,所以

$$\int_{-2}^{-1} \frac{1}{x}\mathrm{d}x = \ln|x|\,\Big|_{-2}^{-1} = \ln 1 - \ln 2 = -\ln 2 .$$

例 3　计算 $\int_0^{\pi} \sin x\mathrm{d}x$.

解　因为 $\int \sin x\mathrm{d}x = -\cos x + C$,所以

$$\int_0^{\pi} \sin x\mathrm{d}x = -\cos x\,\Big|_0^{\pi} = (-\cos\pi) - (-\cos 0) = 1+1=2.$$

例 4　计算 $\int_0^1 \frac{x^2}{1+x^2}\mathrm{d}x$.

解　$\int_0^1 \frac{x^2}{1+x^2}\mathrm{d}x = \int_0^1 \frac{(x^2+1)-1}{1+x^2}\mathrm{d}x = \int_0^1 \left(1-\frac{1}{1+x^2}\right)\mathrm{d}x$

$$= x\,\Big|_0^1 - \arctan x\,\Big|_0^1 = 1-\frac{\pi}{4} .$$

例 5　计算 $\int_0^2 |1-x|\mathrm{d}x$.

解　根据积分区间的可加性,得

$$\int_0^2 |1-x|\mathrm{d}x = \int_0^1 (1-x)\mathrm{d}x + \int_1^2 (x-1)\mathrm{d}x$$

$$= -\frac{1}{2}(1-x)^2\Big|_0^1 + \frac{1}{2}(x-1)^2\Big|_1^2 = 0.$$

例 6　计算 $\int_{-\frac{\pi}{4}}^{\frac{\pi}{4}} \frac{1+x^3}{\cos^2 x}\mathrm{d}x.$

解　$\int_{-\frac{\pi}{4}}^{\frac{\pi}{4}} \frac{1+x^3}{\cos^2 x}\mathrm{d}x = \int_{-\frac{\pi}{4}}^{\frac{\pi}{4}} \frac{1}{\cos^2 x}\mathrm{d}x + \int_{-\frac{\pi}{4}}^{\frac{\pi}{4}} \frac{x^3}{\cos^2 x}\mathrm{d}x.$

由于 $\frac{1}{\cos^2 x}$ 是 $\left[-\frac{\pi}{4},\frac{\pi}{4}\right]$ 上的偶函数,而 $\frac{x^3}{\cos^2 x}$ 是 $\left[-\frac{\pi}{4},\frac{\pi}{4}\right]$ 上的奇函数,所以

$$\text{原式} = 2\int_0^{\frac{\pi}{4}} \frac{1}{\cos^2 x}\mathrm{d}x + 0 = 2\tan x\,\Big|_0^{\frac{\pi}{4}} = 2 .$$

例 7　计算 $\int_0^{\frac{\pi}{2}} \sin^2 x\cos x\mathrm{d}x$.

解　根据牛顿-莱布尼茨公式,要计算该定积分,须先求被积函数的原函数,即有

$$\int \sin^2 x\cos x\mathrm{d}x = \int \sin^2 x\mathrm{d}(\sin x) = \frac{\sin^3 x}{3} + C .$$

所以　$\int_0^{\frac{\pi}{2}} \sin^2 x\cos x\mathrm{d}x = \frac{1}{3}\sin^3 x\,\Big|_0^{\frac{\pi}{2}} = \frac{1}{3}\sin^3\frac{\pi}{2} - \frac{1}{3}\sin^3 0 = \frac{1}{3} .$

再看下面的计算过程

$$\int_0^{\frac{\pi}{2}} \sin^2 x\cos x\mathrm{d}x = \int_0^{\frac{\pi}{2}} \sin^2 x\mathrm{d}(\sin x) = \frac{1}{3}\sin^3 x\Big|_0^{\frac{\pi}{2}} = \frac{1}{3}\sin^3\frac{\pi}{2} - \frac{1}{3}\sin^3 0 = \frac{1}{3}.$$

这两种方法的结果一样,但第二种方法的计算过程更简单.称第二种方法为凑微分法,也称换元积分法.它与不定积分的凑微分法完全类似.

例 8 计算 $\int_0^1 x\sqrt{1+x^2}\mathrm{d}x$.

解 $\int_0^1 x\sqrt{1+x^2}\mathrm{d}x = \frac{1}{2}\int_0^1 \sqrt{1+x^2}\mathrm{d}(1+x^2) = \frac{1}{3}(1+x^2)^{\frac{3}{2}}\Big|_0^1 = \frac{2\sqrt{2}-1}{3}$.

例 9 计算 $\int_1^2 \frac{3x}{1+x^2}\mathrm{d}x$.

解
$$\int_1^2 \frac{3x}{1+x^2}\mathrm{d}x = \frac{3}{2}\int_1^2 \frac{1}{1+x^2}\mathrm{d}(1+x^2)$$
$$= \frac{3}{2}\ln(1+x^2)\Big|_1^2 = \frac{3}{2}(\ln 5 - \ln 2) = \frac{3}{2}\ln\frac{5}{2}.$$

例 10 计算 $\int_0^1 x\mathrm{e}^{x^2}\mathrm{d}x$.

解 $\int_0^1 x\mathrm{e}^{-x^2}\mathrm{d}x = -\frac{1}{2}\int_0^1 \mathrm{e}^{-x^2}\mathrm{d}(-x^2) = -\frac{1}{2}\mathrm{e}^{-x^2}\Big|_0^1 = \frac{\mathrm{e}-1}{2\mathrm{e}}$.

例 11 计算 $\int_1^{\mathrm{e}} \frac{\ln x}{x}\mathrm{d}x$.

解 $\int_1^{\mathrm{e}} \frac{\ln x}{x}\mathrm{d}x = \int_1^{\mathrm{e}} \frac{\ln x}{x}\mathrm{d}(\ln x)^2\Big|_1^{\mathrm{e}} = \frac{1}{2}$.

习 题 16.2

1. 计算下列定积分:

(1) $\int_0^2 3x\mathrm{d}x$;　　(2) $\int_1^3 \frac{2}{x}\mathrm{d}x$;

(3) $\int_0^1 2^x\mathrm{e}^x\mathrm{d}x$;　　(4) $\int_0^1 (2x^2+3x-4)\mathrm{d}x$;

(5) $\int_2^3 \left(\sqrt{x}+\frac{1}{\sqrt{x}}\right)\mathrm{d}x$;　　(6) $\int_1^2 \left(x+\frac{1}{x}\right)^2\mathrm{d}x$;

(7) $\int_{-1}^1 \frac{1}{1+x^2}\mathrm{d}x$;　　(8) $\int_0^{\frac{\pi}{4}} \tan^2 x\mathrm{d}x$;

(9) $\int_0^{\pi} |\cos x|\mathrm{d}x$;　　(10) $\int_0^2 f(x)\mathrm{d}x$,其中 $f(x) = \begin{cases} x^2-1 & 当\ x \leqslant 1 \\ \sqrt{x} & 当\ x > 1 \end{cases}$.

2. 计算下列定积分:

(1) $\int_0^1 (1+2x)^3 dx$；　(2) $\int_0^e \frac{1}{3x+1} dx$；

(3) $\int_{-1}^1 3xe^{x^2} dx$；　(4) $\int_0^4 \frac{\cos\sqrt{x}}{\sqrt{x}} dx$；

(5) $\int_0^{\frac{\pi}{4}} \tan x dx$；　(6) $\int_0^{\frac{\pi}{2}} \cos^2 x \sin x dx$；

(7) $\int_0^1 \frac{x}{1+x^2} dx$；　(8) $\int_0^{\frac{\pi}{2}} \sin^3 x dx$；

(9) $\int_0^{\ln 2} e^x(1+e^x) dx$；　(10) $\int_{-1}^1 \frac{e^x}{1+e^x} dx$.

16.3　定积分的分部积分法

本节重点知识：

1. 定积分的分部积分公式.

2. 用分部积分公式求定积分.

应用牛顿-莱布尼茨公式计算定积分，首先求被积函数的原函数，其次再按公式计算. 在一般情况，把这两步分开是比较麻烦的. 因此，可以根据不定积分分部积分法，相应地来研究定积分的分部积分法.

设 $u(x)$，$v(x)$ 在 $[a,b]$ 上有连续导数，则

$$\int_a^b u(x) d[v(x)] = [u(x)v(x)]\Big|_a^b - \int_a^b v(x) d[u(x)]$$

这就是定积分的分部积分公式，它与不定积分的分部积分公式很相似，它所适用的被积函数的类型以及 u,v 的选取原则都与不定积分时相同.

例 1　求 $\int_0^1 xe^x dx$.

解　$\int_0^1 xe^x dx = \int_0^1 x d(e^x) = xe^x\Big|_0^1 - \int_0^1 e^x dx = e - e^x\Big|_0^1 = 1$.

例 2　求 $\int_1^e x\ln x dx$.

解　$$\int_1^e x\ln x dx = \frac{1}{2}\int_1^e \ln x d(x^2) = \frac{1}{2}x^2\ln x\Big|_1^e - \frac{1}{2}\int_1^e x dx$$
$$= \frac{1}{2}e^2 - \frac{1}{4}x^2\Big|_1^e = \frac{1}{4}(e^2+1).$$

例 3　求 $\int_0^{\frac{\pi}{2}} x^2 \sin x dx$.

解　$$\int_0^{\frac{\pi}{2}} x^2 \sin x dx = \int_0^{\frac{\pi}{2}} x^2 d(\cos x) = -x^2\cos x\Big|_0^{\frac{\pi}{2}} + 2\int_0^{\frac{\pi}{2}} x\cos x dx$$

$$=0+2\int_0^{\frac{\pi}{2}} x\mathrm{d}\sin x=2x\sin x\Big|_0^{\frac{\pi}{2}}-2\int_0^{\frac{\pi}{2}}\sin x\mathrm{d}x=\pi-2.$$

例 4 求 $\int_0^1 x\arctan x\mathrm{d}x$.

解 $\int_0^1 x\arctan x\mathrm{d}x=\frac{1}{2}\int_0^1\arctan x\mathrm{d}(x^2)$

$$=\frac{1}{2}x^2\arctan x\Big|_0^1-\frac{1}{2}\int_0^1\frac{x^2}{1+x^2}\mathrm{d}x$$

$$=\frac{\pi}{8}-\frac{1}{2}\int_0^1\left(1-\frac{1}{1+x^2}\right)\mathrm{d}x$$

$$=\frac{\pi}{8}-\frac{1}{2}(x-\arctan x)\Big|_0^1=\frac{\pi}{4}-\frac{1}{2}.$$

想一想

(1)定积分与不定积分的换元积分法有何区别与联系?

(2)定积分与不定积分的分部积分公式有何区别与联系?

习 题 16.3

求下列定积分:

(1) $\int_0^1 xe^x\mathrm{d}x$;　　(2) $\int_0^{\frac{\pi}{2}} x\sin x\mathrm{d}x$;

(3) $\int_0^{\ln 2} xe^{-x}\mathrm{d}x$;　　(4) $\int_0^{\ln 2} x^2e^x\mathrm{d}x$;

(5) $\int_0^{\sqrt{3}}\arctan x\,\mathrm{d}x$;　　(6) $\int_0^{\frac{1}{2}}\arcsin x\mathrm{d}x$;

(7) $\int_0^{\frac{\pi^2}{4}}\cos\sqrt{x}\mathrm{d}x$;　　(8) $\int_1^4\frac{\ln x}{\sqrt{x}}\mathrm{d}x$.

16.4 定积分的简单应用

本节重点知识:

1. 微元法.
2. 平面曲线的弧长.
3. 平面图形的面积.
4. 旋转体的体积.

定积分在几何、物理及工程技术中有广泛的应用，为了正确运用定积分这一有力工具，下面先介绍用定积分解决实际问题的方法微元法.

16.4.1　微元法

在实际中，我们经常要求一些非均匀分布的整体量，如前面提到的曲边梯形的面积和变速直线运动的路程等，下面以求曲边梯形的面积为例，说明微元法的解题过程.

我们已经知道，由曲线 $y=f(x)(f(x)\geqslant 0)$，直线 $x=a$，$x=b$，$y=0$ 所围成的曲边梯形的面积 A，通过分割、近似、求和、取极限四个步骤，再根据定积分的定义，可将其表示为定积分的形式，它们可简记为

$$[x_{i-1},x_{i-1}+\Delta x_i]\to f(\xi_i)\Delta x_i\to\sum_{i=1}^{n}f(\xi_i)\Delta x_i\to\lim_{\lambda\to 0}\sum_{i=1}^{n}f(\xi_i)\Delta x_i=\int_a^b f(x)\mathrm{d}x.$$

由于定积分 $\int_a^b f(x)\mathrm{d}x$ 的值与积分区间 $[a,b]$ 的分法及 ξ_i 的取法无关，因此为简便起见，可将任意小区间 $[x_{i-1},x_{i-1}+\Delta x_i]$ 简记为 $[x,x+\mathrm{d}x]$，区间长度 Δx_i 则为 $\mathrm{d}x$，若取点 $\xi_i=x$，则 $\mathrm{d}x$ 段所对应的小曲边梯形的面积 $\Delta A\approx f(x)\mathrm{d}x$，称 $f(x)\mathrm{d}x$ 为**面积微元**，记为 $\mathrm{d}A=f(x)\mathrm{d}x$. 再将面积微元 $\mathrm{d}A$ 在区间 $[a,b]$ 上无限"累加"，即在区间 $[a,b]$ 上积分，则所求曲边梯形的面积就可表示为 $\int_a^b f(x)\mathrm{d}x$. 于是，上述四步简化后形成实用的微元法.

用定积分求具体问题中的整体量 Q 的微元法：

(1)根据问题的具体情况，选取一个变量(例如 x)为积分变量，并确定它的变化区间 $[a,b]$ 为积分区间.

(2)分割区间 $[a,b]$，在其中任取一个小区间，记为 $[x,x+\mathrm{d}x]$，取 $\xi_i=x$，求出在这个小区间上的局部量 ΔQ 的近似值，称为整体量 Q 的**微元**，记作 $\mathrm{d}Q$，即 $\Delta Q\approx\mathrm{d}Q$.

根据实际问题，寻找整体量 Q 的微元 $\mathrm{d}Q$ 时，常采用"常代变""匀代不匀""直代曲"的方法，使 $\mathrm{d}Q$ 表达为某个连续函数 $f(x)$ 与 $\mathrm{d}x$ 的乘积形式，即 $\mathrm{d}Q=f(x)\mathrm{d}x$.

(3)将微元 $\mathrm{d}Q$ 在区间 $[a,b]$ 上无限"累加"，即在区间 $[a,b]$ 上积分，得

$$Q=\int_a^b \mathrm{d}Q=\int_a^b f(x)\mathrm{d}x.$$

16.4.2　平面曲线的弧长

设有曲线 $y=f(x)$ (假定其导数 $f'(x)$ 连续)，计算从 $x=a$ 到 $x=b$ 的一段弧的长度 s，如图 16-9 所示.

用微元法，取 x 为积分变量，$x\in[a,b]$ 为积分区间，在 $[a,b]$ 上任取一微小区间 $[x,x+\mathrm{d}x]$，在

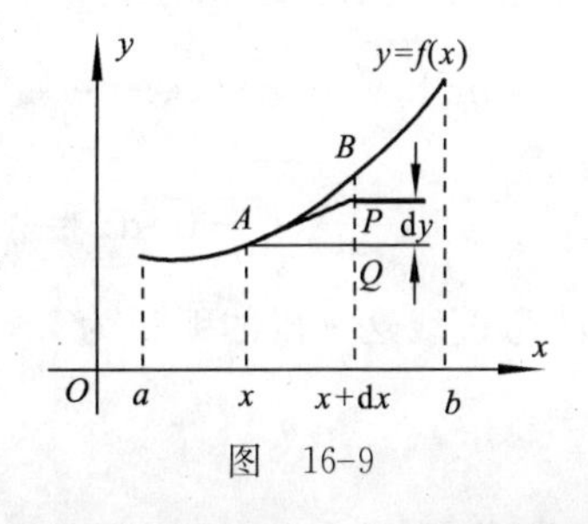

图　16-9

$[x,x+\mathrm{d}x]$ 内用切线段 AP 来近似代替小弧段$\overset{\frown}{AB}$(以常代变),得弧长微元为

$$\begin{aligned}\mathrm{d}s &= |AP| = \sqrt{AQ^2+QP^2} \\ &= \sqrt{(\mathrm{d}x)^2+(\mathrm{d}y)^2} = \sqrt{1+y'^2}\,\mathrm{d}x,\end{aligned}$$

这里 $\mathrm{d}s=\sqrt{1+y'^2}\,\mathrm{d}x$ 也称为**弧微分公式**.

将 $\mathrm{d}s$ 在 x 的变化区间 $[a,b]$ 积分,就得所求弧长

$$s=\int_a^b \sqrt{1+y'^2}\,\mathrm{d}x=\int_a^b \sqrt{1+[f'(x)]^2}\,\mathrm{d}x.$$

若曲线由参数方程 $\begin{cases}x=x(t)\\ y=y(t)\end{cases}(\alpha\leqslant t\leqslant\beta)$给出,这时弧长微元为

$$\mathrm{d}s=\sqrt{(\mathrm{d}x)^2+(\mathrm{d}y)^2}=\sqrt{[x'(t)]^2+[y'(t)]^2}\,\mathrm{d}t,$$

于是所求弧长为

$$s=\int_\alpha^\beta \sqrt{[x'(t)]^2+[y'(t)]^2}\,\mathrm{d}t.$$

注意 计算弧长时,由于被积函数都是正的,因此,为使弧长为正,定积分定限时要求下限小于上限.

例 1 求曲线 $y=\frac{1}{4}x^2-\frac{1}{2}\ln x(1\leqslant x\leqslant \mathrm{e})$的弧长 s.

解 $y'=\frac{1}{2}x-\frac{1}{2x}=\frac{1}{2}\left(x-\frac{1}{x}\right)$,

弧长微元 $\mathrm{d}s=\sqrt{1+[f'(x)]^2}\,\mathrm{d}x=\sqrt{1+\frac{1}{4}\left(x-\frac{1}{x}\right)^2}\,\mathrm{d}x=\frac{1}{2}\left(x+\frac{1}{x}\right)\mathrm{d}x$,

所求弧长为

$$s=\int_1^{\mathrm{e}}\mathrm{d}s=\frac{1}{2}\int_1^{\mathrm{e}}\left(x+\frac{1}{x}\right)\mathrm{d}x=\frac{1}{2}\left[\frac{1}{2}x^2+\ln x\right]_1^{\mathrm{e}}=\frac{1}{4}(\mathrm{e}^2+1).$$

例 2 两根电线杆之间的电线,由于自身质量而下垂成曲线,这一曲线称为悬链线,已知悬链线的方程为

$$y=\frac{a}{2}(\mathrm{e}^{\frac{x}{a}}+\mathrm{e}^{-\frac{x}{a}})(a>0),$$

求从 $x=-a$ 到 $x=a$ 这一段的弧长.

解 由于弧长公式中被积函数比较复杂,所以在代入公式前,要将 $\mathrm{d}s$ 部分充分化简,然后再求积分.

由于 $y'=\frac{1}{2}(\mathrm{e}^{\frac{x}{a}}-\mathrm{e}^{-\frac{x}{a}})$,于是弧长微元

$$\mathrm{d}s=\sqrt{1+y'^2}\,\mathrm{d}x=\sqrt{1+\frac{1}{4}(\mathrm{e}^{\frac{x}{a}}-\mathrm{e}^{-\frac{x}{a}})^2}\,\mathrm{d}x=\frac{1}{2}(\mathrm{e}^{\frac{x}{a}}+\mathrm{e}^{-\frac{x}{a}})\mathrm{d}x,$$

故悬链线这一段的弧长为

$$s=\int_{-a}^{a}\sqrt{1+y'^2}\,\mathrm{d}x=\int_{0}^{a}(\mathrm{e}^{\frac{x}{a}}+\mathrm{e}^{-\frac{x}{a}})\,\mathrm{d}x=a(\mathrm{e}^{\frac{x}{a}}-\mathrm{e}^{-\frac{x}{a}})\Big|_0^a=a(\mathrm{e}-\mathrm{e}^{-1}).$$

例 3　求旋轮线

$$\begin{cases}x=a(t-\sin t)\\ y=a(1-\cos t)\end{cases}\ (a>0,0\leqslant t\leqslant 2\pi)$$

一支的弧长.

解　因为　$x'(t)=a(1-\cos t)$，$y'(t)=a\sin t$.

所以旋轮线这一支的弧长为

$$s=\int_0^{2\pi}\sqrt{[x'(t)]^2+[y'(t)]^2}\,\mathrm{d}t=a\int_0^{2\pi}\sqrt{2(1-\cos t)}\,\mathrm{d}t$$

$$=2a\int_0^{2\pi}\left|\sin\frac{t}{2}\right|\mathrm{d}t=4a\left(-\cos\frac{t}{2}\right)\Big|_0^{2\pi}=8a.$$

16.4.3　平面图形的面积

(1)由曲线 $y=f(x)$，直线 $x=a,x=b(a<b)$ 和 x 轴所围成的平面图形.

① 当在区间 $[a,b]$ 上 $f(x)\geqslant 0$ 时，平面图形的面积为 $A=\int_a^b f(x)\mathrm{d}x$.

② 当在区间 $[a,b]$ 上 $f(x)\leqslant 0$ 时，平面图形的面积为 $A=-\int_a^b f(x)\mathrm{d}x$.

③ 当在区间 $[a,c]$ 上 $f(x)\geqslant 0$，在区间 $[c,b]$ 上 $f(x)\leqslant 0$ 时 $(a<c<b)$，平面图形的面积为 $A=\int_a^c f(x)\mathrm{d}x-\int_c^b f(x)\mathrm{d}x$.

(2)由两条曲线 $y=f_1(x),y=f_2(x)(f_2(x)\geqslant f_1(x))$ 及直线 $x=a,x=b(a<b)$ 所围成的平面图形，如图 16-10 所示.

积分变量为 x，积分区间为 $[a,b]$，面积微元为 $\mathrm{d}A=[f_2(x)-f_1(x)]\mathrm{d}x$，平面图形的面积为

$$A=\int_a^b[f_2(x)-f_1(x)]\mathrm{d}x.$$

(3)由曲线 $y=f(x)(x\geqslant 0)$，直线 $y=c,y=d(c<d)$ 和 y 轴所围成的平面图形，如图 16-11 所示.

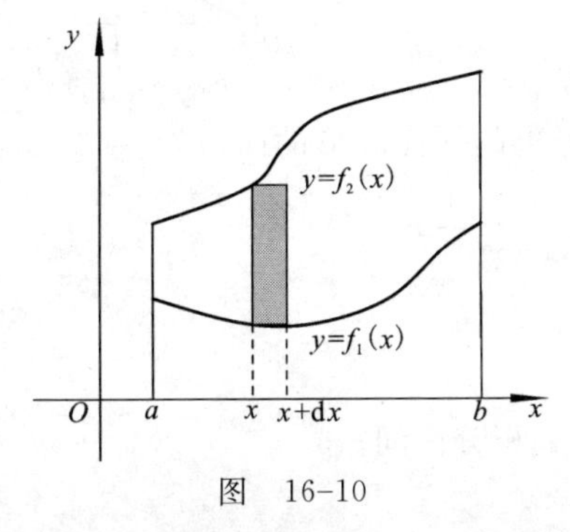

图　16-10

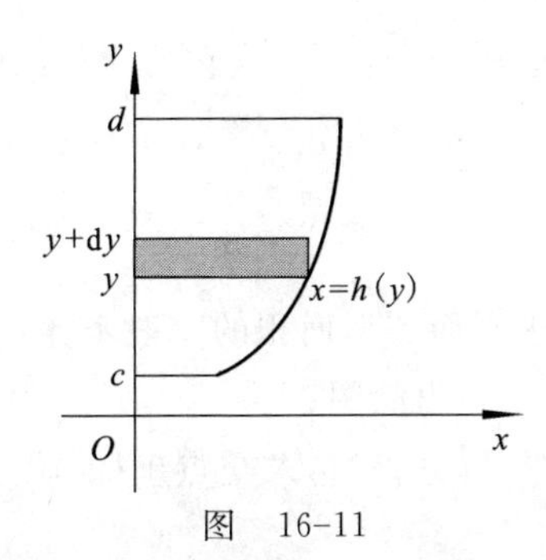

图　16-11

积分变量为 y,积分区间为$[c,d]$;可由 $y=f(x)$ 解得 $x=h(y)$,面积微元为 $\mathrm{d}A=h(y)\mathrm{d}y$,平面图形的面积为 $A=\int_c^d h(y)\mathrm{d}y$.

(4)由两条曲线 $x=\phi(y)$,$x=\varphi(y)$($\phi(y)\geqslant\varphi(y)$),及直线 $y=c$,$y=d$($c<d$)所围成的平面图形,如图 16-12 所示.

积分变量为 y,积分区间为$[c,d]$,面积微元为 $\mathrm{d}A=[\phi(y)-\varphi(y)]\mathrm{d}y$,平面图形的面积为

$$A=\int_c^d[\phi(y)-\varphi(y)]\mathrm{d}y.$$

例 4 求曲线 $y=\sin x$ 在$[0,2\pi]$上与 x 轴所围成的平面图形的面积.

解 如图 16-13 所示,当 $x\in[0,\pi]$时,$\sin x\geqslant0$;当 $x\in[\pi,2\pi]$时,$\sin x\leqslant0$.故所求图形的面积为

$$A=\int_0^{\pi}\sin x\mathrm{d}x-\int_{\pi}^{2\pi}\sin x\mathrm{d}x=-\cos x\Big|_0^{\pi}-(-\cos x)\Big|_{\pi}^{2\pi}=4.$$

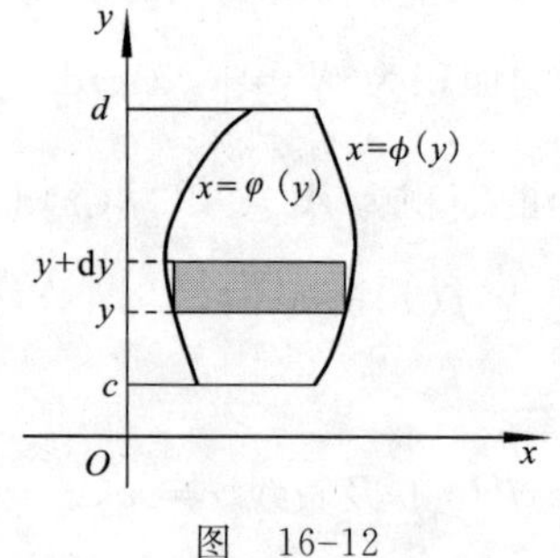

图 16-12

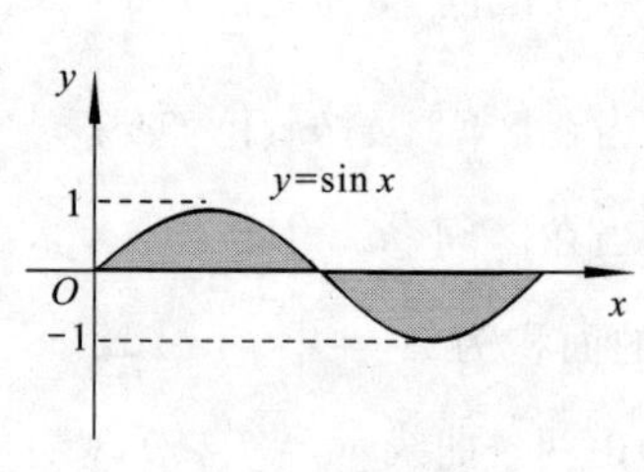

图 16-13

例 5 计算由曲线 $y^2=x$ 和 $y=x^2$ 所围成的平面图形的面积.

解 画出图形(见图 16-14),求出两条曲线的交点坐标以确定积分区间,解方程组

$\begin{cases}y^2=x,\\y=x^2,\end{cases}$ 得交点坐标为$(0,0)$和$(1,1)$,从而知道平面图形夹在直线 $x=0$ 和 $x=1$ 之间.

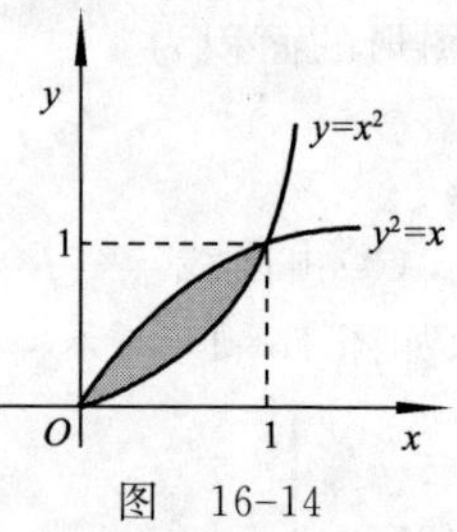

图 16-14

取积分变量为 x,它的变化区间是$[0,1]$.

面积微元为 $\mathrm{d}A=(\sqrt{x}-x^2)\mathrm{d}x$.于是,所求的平面图形的面积为

$$A=\int_0^1(\sqrt{x}-x^2)\mathrm{d}x=\frac{2}{3}x^{\frac{3}{2}}\Big|_0^1-\frac{1}{3}x^3\Big|_0^1=\frac{1}{3}.$$

求平面图形面积的一般步骤:

① 画出简图;

② 解方程组,求交点坐标,确定积分变量和积分区间;

注意

如果整个图形夹在与 x 轴垂直的两条直线之间，则积分变量选为 x，积分区间为 x 的变化区间；如果整个图形夹在与 y 轴垂直的两条直线之间，则积分变量选为 y，积分区间为 y 的变化区间.

③ 写出面积微元，将所求平面图形的面积表示成定积分并计算.

例 6　计算由曲线 $y=\frac{1}{2}x^2$ 与直线 $x-2y+2=0$ 所围成的平面图形的面积.

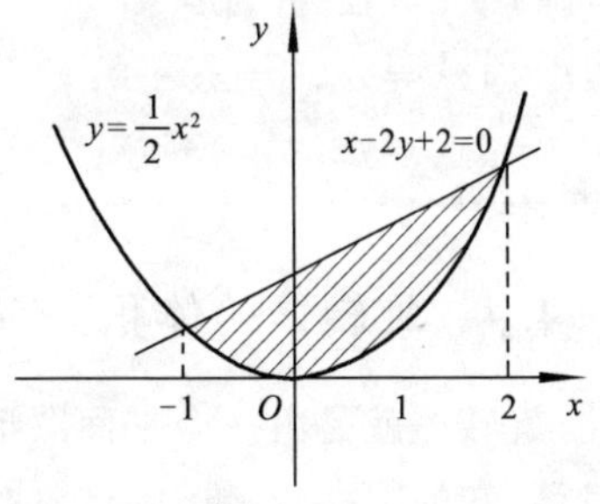

图　16-15

解　作图(见图 16-15)，解方程组

$$\begin{cases} x-2y+2=0 \\ y=\frac{1}{2}x^2 \end{cases},$$

得交点的横坐标分别为 $x=-1$ 和 $x=2$.

从而知道平面图形夹在直线 $x=-1$ 和 $x=2$ 之间.

取积分变量为 x，它的变化区间是 $[-1,2]$. 于是面积微元为 $\mathrm{d}A=\left(\frac{x+2}{2}-\frac{1}{2}x^2\right)\mathrm{d}x$. 故所求的平面图形的面积为

$$A=\frac{1}{2}\int_{-1}^{2}(x+2-x^2)\mathrm{d}x=\frac{1}{2}\left(-\frac{1}{3}x^3+\frac{1}{2}x^2+2x\right)\Big|_{-1}^{2}=\frac{9}{4}.$$

例 7　计算由曲线 $y^2=2x$ 和直线 $y=-2x+2$ 所围成的平面图形的面积.

解　作图(见图 16-16)，解方程组

$$\begin{cases} y^2=2x \\ y=-2x+2 \end{cases},$$

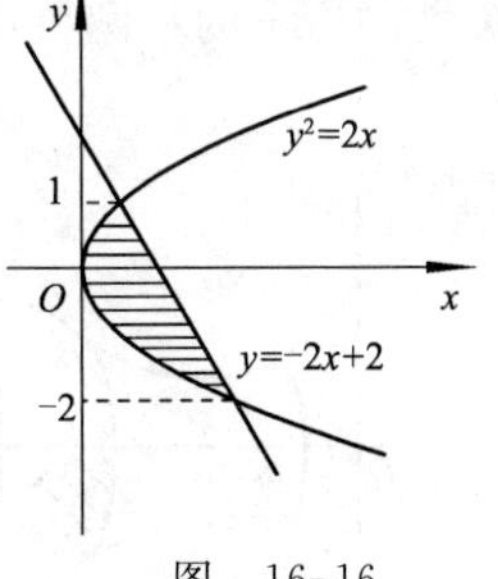

图　16-16

交点的坐标分别为 $\left(\frac{1}{2},1\right)$ 和 $(2,-2)$. 从而知道平面图形夹在直线 $y=-2$ 和 $y=1$ 之间.

选取积分变量为 y，它的变化区间是 $[-2,1]$，从而得到面积微元

$$\mathrm{d}A=\left(1-\frac{1}{2}y-\frac{1}{2}y^2\right)\mathrm{d}y.$$

则所求图形的面积为

$$A=\int_{-2}^{1}\left[\left(1-\frac{1}{2}y\right)-\frac{1}{2}y^2\right]\mathrm{d}y=\left[y-\frac{1}{4}y^2-\frac{1}{6}y^3\right]\Big|_{-2}^{1}=\frac{9}{4}.$$

练一练

求由下列曲线所围成的平面图形的面积：

(1) $y=e^x, x=2, x=4, y=0$；

(2) $y=\cos x, x=-\dfrac{\pi}{2}, x=\dfrac{\pi}{2}, y=0$；

(3) $y=1-x^2, y=0$；

(4) $y=x^2, y=2x+3$；

(5) $y=x^2, y=8-x^2$；

16.4.4 旋转体的体积

旋转体就是由一个平面图形绕着该平面内一条直线旋转一周而成的立体.我们所熟知的圆柱、圆锥、圆台、球体可以分别看成是由矩形绕着它的一条边、直角三角形绕着它的一条直角边、直角梯形绕着它的直角腰、半圆绕着它的直径旋转一周而成的立体,所以它们均为旋转体.

设旋转体是由曲线 $y=f(x)$,直线 $x=a, x=b$ 及 x 轴所围成的曲边梯形绕 x 轴旋转一周而成的,求旋转体的体积 V_x,如图 16-17 所示.

用微元法,确定积分变量为 x,积分区间为$[a,b]$,在区间$[a,b]$上任取一微小区间$[x,x+dx]$,过点 x 做垂直于 x 轴的平面,与旋转体相截,截面是半径为 $f(x)$ 的圆,如图 16-18 所示,其面积是 $\pi f^2(x)$,在区间$[x, x+dx]$内用底面半径为 $f(x)$,高为 dx 的小圆柱体的体积近似地代替立体薄片的体积,即旋转体的体积微元为

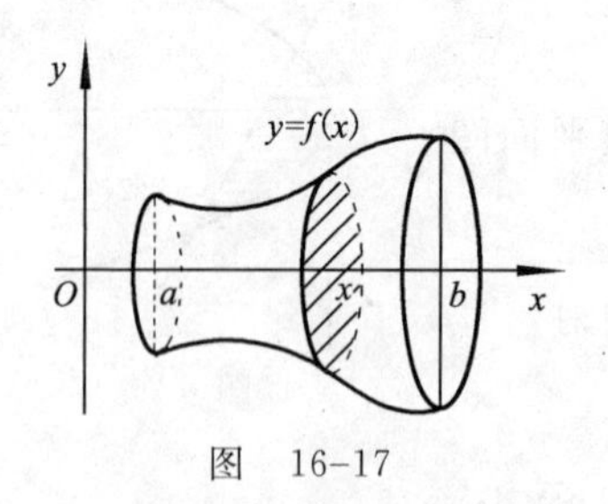

图 16-17

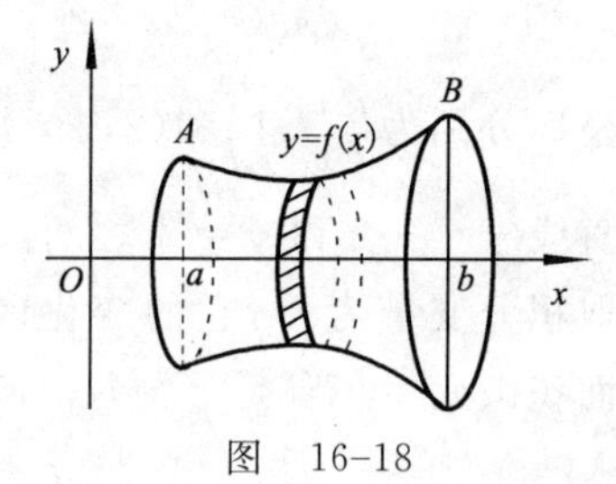

图 16-18

$$dV=\pi f^2(x)dx,$$

于是,所求旋转体的体积为

$$V_x=\pi\int_a^b f^2(x)dx.$$

类似地,由曲线 $x=\varphi(y)$,直线 $y=c$, $y=d$ ($c<d$)及 y 轴所围成的曲边梯形绕 y 轴旋转一周而成的旋转体的体积为

$$V_y=\pi\int_c^d\varphi^2(y)\mathrm{d}y.$$

例 8　求椭圆$\frac{x^2}{a^2}+\frac{y^2}{b^2}=1$绕 x 轴和 y 轴旋转所成的旋转体的体积.

解　如图 16-19 所示，这个旋转体可看作是上半椭圆及 x 轴围成的图形绕 x 轴旋转而成的旋转体，x 的变化区间为 $[-a,a]$，$y^2=\frac{b^2}{a^2}(a^2-x^2)$，根据旋转体的体积公式，得

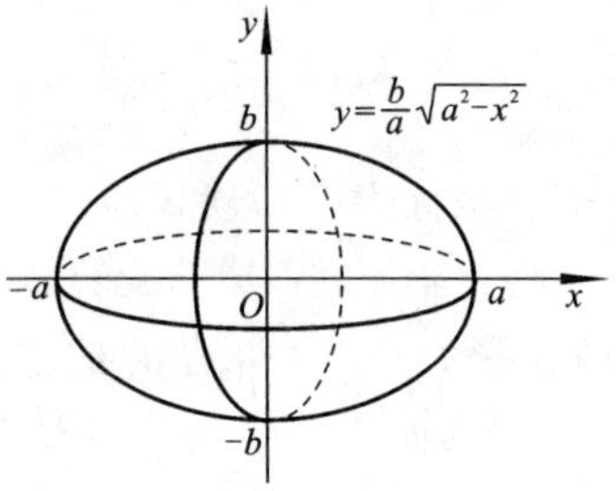

图　16-19

$$V_x=\pi\int_{-a}^{a}\frac{b^2}{a^2}(a^2-x^2)\mathrm{d}x=2\pi\frac{b^2}{a^2}\int_0^a(a^2-x^2)\mathrm{d}x$$

$$=2\pi\frac{b^2}{a^2}\left(a^2x-\frac{1}{3}x^3\right)\Big|_0^a=\frac{4}{3}\pi ab^2.$$

类似地，椭圆绕 y 轴旋转所成的旋转体的体积为

$$V_y=\pi\int_{-b}^{b}\frac{a^2}{b^2}(b^2-y^2)\mathrm{d}y=2\pi\frac{a^2}{b^2}\left(b^2y-\frac{1}{3}y^3\right)\Big|_0^b=\frac{4}{3}\pi a^2b.$$

当 $a=b=r$ 时，方程为圆的方程，上式就是半径为 r 的球的体积

$$V=\frac{4}{3}\pi r^3.$$

例 9　求底面半径为 r，高为 h 的圆锥体的体积.

解　如图建立直角坐标系，将圆锥体看作是由直角三角形 ABO 绕 x 轴旋转而成的立体，如图 16-20 所示，

直线 OA 的方程为 $y=\frac{r}{h}x$，x 的变化区间为 $[0,h]$，体积微元为 $\mathrm{d}V=\pi\left(\frac{r}{h}x\right)^2\mathrm{d}x$，故圆锥体的体积为

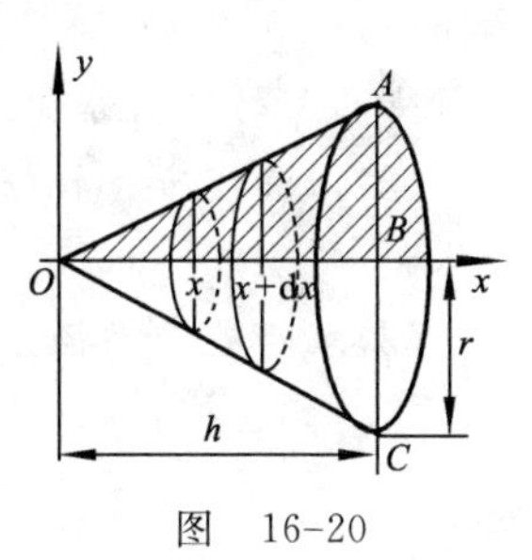

图　16-20

$$V_x=\pi\int_0^h\left(\frac{r}{h}x\right)^2\mathrm{d}x=\pi\left(\frac{r^2}{3h^2}x^3\right)\Big|_0^h=\frac{1}{3}\pi r^2h.$$

这个结果与立体几何的结果一致.

求平面图形绕坐标轴旋转而成的旋转体体积的一般步骤：

(1)画出简图；

(2)解方程组，求交点坐标，确定积分变量和积分区间；

注意　如果平面图形绕 x 轴旋转，则积分变量选为 x，积分区间为 x 的变化区间；如果平面图形绕 y 轴旋转，则积分变量选为 y，积分区间为 y 的变化区间.

(3)写出体积微元，将所求旋转体的体积表示成定积分并计算.

例 10 求由曲线 $y^2=x$ 和 $y=x^2$ 所围成的平面图形绕 x 轴和 y 轴旋转而成的旋转体的体积.

解 画出简图(见图 16-21),求出两条曲线的交点坐标以确定积分区间,解方程组

$$\begin{cases} y^2=x \\ y=x^2 \end{cases},$$

得交点坐标为(0,0)和(1,1).

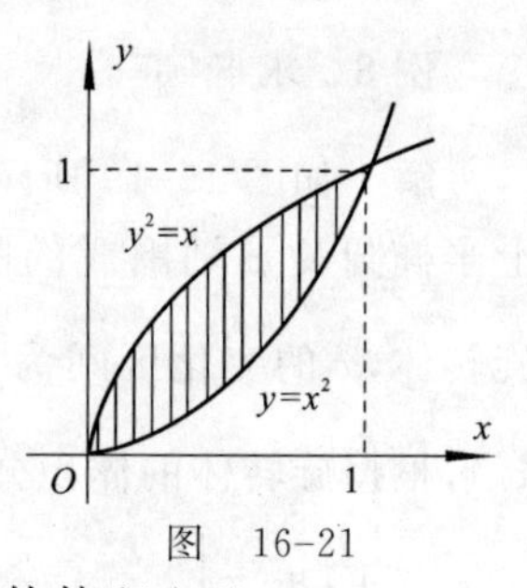

图 16-21

绕 x 轴旋转而成的旋转体的体积可以看做是以 [0,1] 为底 $y^2=x$ 为曲边的曲边三角形与以 [0,1] 为底 $y=x^2$ 为曲边的曲边三角形绕 x 轴旋转一周而成的旋转体体积之差.

取积分变量为 x,它的变化区间 [0,1] 为积分区间. 体积微元为 $\mathrm{d}V=\pi(x-x^4)\mathrm{d}x$. 于是,所求的旋转体的体积为

$$V_x=\pi\int_0^1(x-x^4)\mathrm{d}x=\pi\left(\frac{x^2}{2}-\frac{x^5}{5}\right)\Big|_0^1=\frac{3}{10}\pi.$$

类似地,绕 y 轴旋转而成的旋转体的体积为

$$V_y=\pi\int_0^1(y-y^4)\mathrm{d}y=\pi\left(\frac{y^2}{2}-\frac{y^5}{5}\right)\Big|_0^1=\frac{3}{10}\pi.$$

练一练

(1)由直线 $2x-y+4=0$ 及两条坐标轴围成的直角三角形绕 x 轴旋转一周,求所得的旋转体的体积.

(2)求曲线 $y=\sin x$,从 $x=0$ 到 $x=\pi$ 的一段绕 x 轴旋转一周而成的旋转体的体积.

(3)求两底面半径分别为 R 和 r,高为 H 的圆台的体积.

习 题 16.4

1. 计算下列曲线的弧长:

(1) $y=x^{\frac{3}{2}}$,由 $x=0$ 到 $x=1$;

(2) $\begin{cases} x=a(\cos t+t\sin t), \\ y=a(\sin t-t\cos t), \end{cases}$ 自 $t=0$ 到 $t=\pi$.

2. 求由下列曲线所围成的平面图形的面积:

(1)曲线 $y=4-x^2$ 与 x 轴;

(2)曲线 $2y=x^2$ 与直线 $x=y-4$;

(3)曲线 $y=x^2-4x+5$ 与直线 $x=3,x=5,y=0$;

(4)曲线 $y=3-2x-x^2$ 与直线 $y=0$;

(5)曲线 $y=x^2+2$ 与直线 $x=0, x=2, y=2x$；

(6)曲线 $y=\sin x, y=\cos x$ 与直线 $x=-\frac{\pi}{4}, x=\frac{\pi}{4}$.

3. 求由下列曲线所围成的平面图形绕 x 轴旋转一周而成的旋转体的体积：

(1) $y=x^3, x=2, y=0$；

(2) $y=\cos x, x=-\frac{\pi}{4}, x=\frac{\pi}{4}, y=0$；

(3) $xy=4, x=1, x=4, y=0$；

(4) $y=4-x^2, y=0$；

(5) $y=\sqrt{25-x^2}, x=0, x=3, y=0$；

(6) $y=x^2, y=\sqrt{x}$.

思考与总结

本章主要包括定积分的概念、定积分的性质、定积分的计算和定积分的简单应用.

一、定积分

定积分概念有着广泛的实际背景，它是通过求曲边梯形的面积等实际问题引入的，这类问题是通过分割、近似、求和、取极限的方法加以解决，最终归结为一种和式的极限 $\lim\limits_{|\Delta x|\to 0}\sum\limits_{i=1}^{n} f(\xi_i)\Delta x_i$，这个和式的极限就叫做函数 $f(x)$ 在区间 $[a,b]$ 上的________. 即

$$\int_a^b f(x)\mathrm{d}x = \lim_{|\Delta x|\to 0}\sum_{i=1}^{n} f(\xi_i)\Delta x_i .$$

用定义求定积分非常繁琐，因此在求定积分时通常采用微积分基本公式来求解，即

$$\int_a^b f(x)\mathrm{d}x = F(x)\Big|_a^b = F(b)-F(a)$$

其中，$F(x)$ 是 $f(x)$ 的任一原函数.

定积分的简单应用：

1. 求由曲线 $y=f(x)(f(x)\geqslant 0)$，直线 $x=a, x=b(a<b)$ 和 x 轴所围成的曲边梯形的面积，公式为

$$A=\_\_\_\_\_\_\_\_.$$

2. 求由曲线 $y=f(x)$，直线 $x=a, x=b(a<b)$ 及 x 轴所围成的曲边梯形绕 x 轴旋转一周而成的旋转体的体积，公式为

$$V=\_\_\_\_\_\_\_\_$$

二、定积分与不定积分的关系

定积分与不定积分既有区别又有联系，从概念上来说，定积分和不定积分是两个完全不同的概念，定积分是一个和式的________，是一个确定的________，而不定积分则是________，且含有一个任意常数. 但它们之间又通过微积分基本公式——牛顿-莱布尼兹公式密切相关，微积分基本公式把定积分中求和式的极限问题转化为求原函数的问题，从而使定积分计算大为简化.

复习题十六

一、选择题：

1. 由抛物线 $y^2=2x$ 及直线 $x=2$ 所围成的平面图形的面积是(　　).

A. $\dfrac{16}{3}$　　B. $\dfrac{2}{3}$　　C. $\dfrac{4}{3}$　　D. $\dfrac{8}{3}$

2. 由曲线 $y=a^x(a>0$ 且 $a\neq1)$ 与 $x=-1,x=1$ 及 x 轴所围成的平面图形绕 x 轴旋转所得的旋转体的体积等于(　　).

A. $\dfrac{\pi}{2\ln a}\left(a^2-\dfrac{1}{a^2}\right)$　B. $\dfrac{\pi}{2}\left(a^2-\dfrac{1}{a^2}\right)$　C. $\dfrac{\pi}{2\ln a}\left(a-\dfrac{1}{a}\right)$　D. $\dfrac{\pi}{\ln a}\left(a^2-\dfrac{1}{a^2}\right)$

二、填空题：

1. $\int_0^{\frac{\pi}{2}}\sin^2\dfrac{x}{2}\mathrm{d}x=$________.

$\int_{\frac{\pi}{3}}^{\pi}\cos\left(x-\dfrac{\pi}{6}\right)\mathrm{d}x=$________.

2. 若 $\int_0^t(2x-3x^2)\mathrm{d}x=0(t\neq0)$，则 t 的值为________.

3. 由曲线 $y=x^3$ 与直线 $y=x$ 所围成的平面图形的面积是________.

4. 由抛物线 $y=x^2-x$，直线 $x=-1$ 和 x 轴所围成的平面图形的面积是________.

5. 由椭圆 $\dfrac{x^2}{12}+\dfrac{y^2}{4}=1$ 绕 x 轴旋转一周所得的旋转体的体积是________.

三、计算下列定积分：

1. $\int_0^a(3x^2-x+1)\mathrm{d}x$；　　2. $\int_1^3 x^2(x-2)\mathrm{d}x$；

3. $\int_{-1}^1\left(x^2+x-\dfrac{1}{1+x^2}\right)\mathrm{d}x$；　　4. $\int_1^2\dfrac{1}{x^2}\mathrm{d}x$；

5. $\int_{-1}^7\dfrac{\mathrm{d}x}{\sqrt{4+3x}}$；　　6. $\int_0^{\frac{1}{3}}\dfrac{1}{4-3x}\mathrm{d}x$；

7. $\int_0^{\frac{\pi}{2}}(3x+\sin x)\mathrm{d}x$；

8. $\int_0^{\frac{\pi}{2}}\cos x\mathrm{d}x$.

四、计算下列定积分：

1. $\int_0^{\frac{\pi}{4}}\tan^2 x\mathrm{d}x$；

2. $\int_{\frac{\pi}{6}}^{\frac{\pi}{2}}\cos^2 x\mathrm{d}x$；

3. $\int_0^{\frac{\pi}{2}}\sin x\cos^2 x\mathrm{d}x$；

4. $\int_0^{\pi}\sqrt{1-\cos 2x}\mathrm{d}x$；

5. $\int_0^1 x\mathrm{e}^x\mathrm{d}x$；

6. $\int_0^{\mathrm{e}-1}\ln(x+1)\mathrm{d}x$；

7. $\int_0^1\frac{1}{1+x^2}\mathrm{d}x$；

8. $\int_0^2\frac{1}{4+x^2}\mathrm{d}x$；

9. $\int_{-\frac{1}{2}}^{\frac{1}{2}}\frac{1}{\sqrt{1-x^2}}\mathrm{d}x$；

10. $\int_0^1\frac{x}{1+x^2}\mathrm{d}x$；

11. $\int_0^1\frac{x}{(1+x^2)^3}\mathrm{d}x$；

12. $\int_0^2 x\sqrt{1-x^2}\mathrm{d}x$；

13. $\int_0^2 x^2\sqrt{1+x^3}\mathrm{d}x$；

14. $\int_0^{\frac{\pi}{2}}\sin^2 x\cos x\mathrm{d}x$.

五、求由下列各曲线所围成的平面图形的面积：

1. 曲线 $y=\frac{1}{x}$，直线 $y=x,x=2,y=0$；

2. 曲线 $y=x^2$，直线 $y=x,y=2x$；

3. 曲线 $y^2=2x$，直线 $y=x-4$.

六、求由下列曲线所围成的平面图形绕 x 轴旋转一周所得的旋转体的体积：

1. 曲线 $y=\sqrt{4+x^2}$，直线 $x=-2,x=2$ 及 x 轴；

2. 曲线 $xy=4$，直线 $x=1$，$x=4$，$y=0$；

3. 曲线 $y=x^2$，$y=\sqrt{x}$.

第17章 常微分方程

函数是客观事物的内部联系在数量方面的反映，利用函数关系又可以对客观事物的规律性进行研究. 因此如何寻求函数关系，在实践中具有重要意义. 在许多问题中，往往不能直接找出所需要的函数关系，但可以根据实际问题所提供的情况，有时可以建立含有未知函数导数（或微分）的关系式，这种关系式就是微分方程. 通过求解微分方程，便可得到所要寻找的未知函数. 本章介绍微分方程的基本概念，讨论几种常见的微分方程的解法，并通过举例介绍微分方程在几何、物理等实际问题中的一些简单应用.

17.1 微分方程的基本概念

本节重点知识：

1. 微分方程的基本概念.
2. 用微分方程解决实际问题的一般步骤.

17.1.1 引例

引例1 已知曲线过点(1,2)，且曲线上任一点 $M(x,y)$ 处切线的斜率是该点横坐标平方的3倍，求此曲线方程.

解 设曲线方程为 $y=y(x)$，于是曲线在点 M 处切线的斜率为 $\frac{\mathrm{d}y}{\mathrm{d}x}$，根据题意有

$$\frac{\mathrm{d}y}{\mathrm{d}x}=3x^2, \tag{1}$$

并且

$$y|_{x=1}=2. \tag{2}$$

式(1)和式(2)构成了一个含有一阶导数的数学模型.

下面对该模型求解. 对式(1)两边积分，得

$$y=\int 3x^2\mathrm{d}x=x^3+C, \tag{3}$$

将式(2) $y|_{x=1}=2$ 代入式(3)，解得 $C=1$，于是，所求曲线方程为 $y=x^3+1$.

引例2 列车在平直线路上以20 m/s(相当于72 km/h)的速度行驶，当制动

时列车获得加速度$-0.4\ \mathrm{m/s^2}$. 问开始制动后多少时间列车才能停住，以及在这段时间里列车行驶了多少路程？

分析 在学习导数的物理意义时知，若物体的运动规律为$s=s(t)$，则物体在时刻t的瞬时速度$v(t)$就是$s=s(t)$在t处的导数，即$v(t)=s'(t)$，加速度$a(t)$是速度$v(t)$关于时间t的导数，即为运动规律$s=s(t)$关于时间t的二阶导数$a(t)=v'(t)=s''(t)=\dfrac{\mathrm{d}^2 s}{\mathrm{d}t^2}$.

解 设列车在开始制动后t秒时行驶了sm. 根据题意，反映制动阶段列车运动规律的函数$s=s(t)$应满足关系式

$$\frac{\mathrm{d}^2 s}{\mathrm{d}t^2}=-0.4, \tag{4}$$

此外，未知函数$s=s(t)$还应满足下列条件

$$S\Big|_{t=0}=0, \quad \frac{\mathrm{d}s}{\mathrm{d}t}\Big|_{t=0}=20. \tag{5}$$

式(4)和式(5)构成了一个含有二阶导数的数学模型.

下面对该模型求解. 把(4)式两端积分一次，得

$$v=\frac{\mathrm{d}s}{\mathrm{d}t}=-0.4t+C_1, \tag{6}$$

再积分一次，得

$$s=-0.2t^2+C_1 t+C_2, \tag{7}$$

其中C_1、C_2是两个独立变换的任意常数.

将$\dfrac{\mathrm{d}s}{\mathrm{d}t}\Big|_{t=0}=20$代入式(6)中，得$C_1=20$；将$s\Big|_{t=0}=0$代入(7)式中，得$C_2=0$.

把C_1、C_2的值代入式(6)及式(7)，得

$$v=-0.4t+20, \tag{8}$$

$$s=-0.2t^2+20t. \tag{9}$$

在式(8)中令$v=0$，得到列车从开始制动到完全停住所需的时间

$$t=\frac{20}{0.4}=50(\mathrm{s}).$$

再把$t=50$代入式(9)，得到列车在制动阶段行驶的路程

$$s=-0.2\times 50^2+20\times 50=500(\mathrm{m}).$$

在上面的两个引例中，都无法直接找出每个问题中两个变量之间的函数关系，而是通过题设条件，利用导数的几何或物理意义等，首先建立了含有未知函数的导数的方程，然后通过积分等手段求出满足该方程和附加条件的未知函数. 这类问题及其解决问题的过程具有普遍意义，下面从数学角度加以抽象，引进有关微分方程的一般概念.

17.1.2 微分方程的概念

定义 1 含有未知函数的导数(或微分)的方程称为**微分方程**.微分方程中所出现的导数的最高阶数称为**微分方程的阶**.

例如,引例 1 中的 $\frac{\mathrm{d}y}{\mathrm{d}x}=3x^2$ 是一阶微分方程,其中 $y=y(x)$是未知函数;引例 2 中的 $\frac{\mathrm{d}^2s}{\mathrm{d}t^2}=-0.4$ 是二阶微分方程,其中 $s=s(t)$是未知函数.

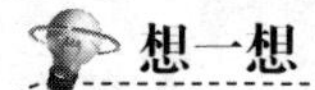
想一想

微分方程与代数方程的区别是什么?

定义 2 如果某个函数代入微分方程以后,能使该方程成为恒等式,则这个函数称做微分方程的**解**.

如果微分方程的解中含有任意常数,且相互独立的任意常数的个数与微分方程的阶数相同,这样的解称为微分方程的**通解**.

在通解中,利用附加条件确定任意常数的取值,所得的解称为该微分方程的**特解**,该附加条件称为**初始条件**.

例如,引例 1 中函数 $y=x^3+C$ 是微分方程 $\frac{\mathrm{d}y}{\mathrm{d}x}=3x^2$ 的通解,而 $y=x^3+1$ 是该方程在初始条件 $y\Big|_{x=1}=2$ 下的特解;引例 2 中,函数 $s=-0.2t^2+C_1t+C_2$ 是微分方程 $\frac{\mathrm{d}^2s}{\mathrm{d}t^2}=-0.4$ 的通解,而 $s=-0.2t^2+20t$ 是该方程在初始条件 $s\Big|_{t=0}=0$, $\frac{\mathrm{d}s}{\mathrm{d}t}\Big|_{t=0}=20$ 下的特解.

求微分方程 $y'=f(x,y)$ 满足初始条件 $y\Big|_{x=x_0}=y_0$ 的特解的问题称为一阶微分方程的**初值问题**,记为

$$\begin{cases}y'=f(x,y)\\ y\big|_{x=x_0}=y_0\end{cases}. \tag{10}$$

求微分方程的解的过程,称为**解微分方程**.

例 1 验证函数

$$x=C_1\cos kt+C_2\sin kt$$

是微分方程

$$\frac{\mathrm{d}^2x}{\mathrm{d}t^2}+k^2x=0$$

的通解,并求出满足初始条件 $x\big|_{t=0}=A$, $\frac{\mathrm{d}x}{\mathrm{d}t}\Big|_{t=0}=0$ 的特解.

解　由 $x=C_1\cos kt+C_2\sin kt$ 求得

$$\frac{\mathrm{d}x}{\mathrm{d}t}=-kC_1\sin kt+kC_2\cos kt,$$

$$\frac{\mathrm{d}^2x}{\mathrm{d}t^2}=-k^2C_1\cos kt-k^2C_2\sin kt=-k^2(C_1\cos kt+C_2\sin kt).$$

将 $\frac{\mathrm{d}^2x}{\mathrm{d}t^2}$ 及 x 代入微分方程 $\frac{\mathrm{d}^2x}{\mathrm{d}t^2}+k^2x=0$，得

$$-k^2(C_1\cos kt+C_2\sin kt)+k^2(C_1\cos kt+C_2\sin kt)\equiv 0.$$

所以函数 $x=C_1\cos kt+C_2\sin kt$ 是微分方程 $\frac{\mathrm{d}^2x}{\mathrm{d}t^2}+k^2x=0$ 的解. 这个解中含有两个独立的任意常数，而所给方程又是二阶的，所以它是方程的通解.

将条件 $x\big|_{t=0}=A$ 及 $\frac{\mathrm{d}x}{\mathrm{d}t}\Big|_{t=0}=0$ 分别代入

$$x=C_1\cos kt+C_2\sin kt$$

及

$$\frac{\mathrm{d}x}{\mathrm{d}t}=-kC_1\sin kt+kC_2\cos kt$$

中，得 $C_1=A, C_2=0$. 于是所求特解为 $x=A\cos kt$.

练一练

验证函数 $y=C_1x+C_2\mathrm{e}^x$ 是微分方程 $(1-x)\frac{\mathrm{d}^2y}{\mathrm{d}x^2}+x\frac{\mathrm{d}y}{\mathrm{d}x}-y=0$ 的通解，并求出满足初始条件 $y\big|_{x=0}=-1$，$\frac{\mathrm{d}y}{\mathrm{d}x}\Big|_{x=0}=1$ 的特解.

17.1.3　利用微分方程解决实际问题的一般步骤

(1)建立反映实际问题的微分方程；

(2)按实际问题写出初始条件；

(3)求出微分方程的通解；

(4)由初始条件确定所求的特解；

(5)利用所得结果，解释其实际意义或求其他所需要的结果.

例 2　从地面上以初速度 v_0 将质量为 m 的物体垂直上抛，如不计空气阻力，试求该物体上升过程中所经过的路程 s 与时间的函数关系.

解　建立如图 17-1 坐标系，坐标原点取在水平地面，s 轴铅直向上，设物体上升过程中所经过的路程 s 与时间 t 的函数关系 $s=s(t)$. 因为物体只受重力作用，且力的方向与 s 轴正向相反，根据牛顿第二定律 $F=ma$，得物体运动满足的方程为

$$mg=-m\frac{\mathrm{d}^2s}{\mathrm{d}t^2},$$

图 17-1

即
$$\frac{d^2 s}{dt^2}=-g , \tag{11}$$

此外,未知函数 $s=s(t)$ 还应满足下列初始条件

$$s\big|_{t=0}=0 , \quad \frac{ds}{dt}\bigg|_{t=0}=v_0 .$$

把式(11)两端积分一次,得

$$v=\frac{ds}{dt}=-gt+C_1 , \tag{12}$$

再积分一次,得

$$s=-\frac{1}{2}gt^2+C_1 t+C_2 , \tag{13}$$

其中 C_1、C_2 是两个独立变换的任意常数.

将 $\frac{ds}{dt}\Big|_{t=0}=v_0$ 代入式(12)中,得 $C_1=v_0$;将 $s\big|_{t=0}=0$ 代入式(13)中,得 $C_2=0$.

把 C_1、C_2 的值代入式(13),得

$$s=-\frac{1}{2}gt^2+v_0 t .$$

因此所求物体上升过程中所经过的路程 s 与时间的函数关系为

$$s=-\frac{1}{2}gt^2+v_0 t .$$

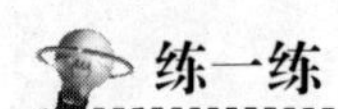

练一练

某公司 2009 年招聘新员工 150 人,计划从该年开始,第 t 年招聘人数增加速度为 t 的 2 倍,问到 2015 年该公司招聘的员工数是多少?

习 题 17.1

1. 指出下列微分方程的阶数:

(1) $x(y')^2+y=1$;　　(2) $y'\cdot y''+2xy^3-1=0$;

(3) $(x^2+y^2)dx-xydy=dy$;　　(4) $x\frac{d^2y}{dx^2}-\frac{dy}{dx}+x\cos x=0$.

2. 验证函数 $y=(C_1+C_2x)e^{-x}$ 是微分方程 $y''+2y'+y=0$ 的通解,并求出满足初始条件 $y\big|_{x=0}=4$, $\frac{dy}{dx}\Big|_{x=0}=-2$ 的特解.

3. 已知曲线上任意点 $M(x,y)$ 处的切线斜率为 $\cos x$,并且通过点(0,1),求此曲线方程.

4. 一物体的运动速度为 $v=3t$ m/s,当 $t=2$ s 时,物体所经过的路程为 9 m,求

此物体的运动方程.

5. 医学研究发现，刀割伤口表面恢复的速度为 $\frac{\mathrm{d}S}{\mathrm{d}t}=-5t^{-2}(1\leqslant t\leqslant 5)$（单位：$\mathrm{cm}^2$/天），其中 S 表示伤口的面积. 假设 $S|_{t=0}=5\ \mathrm{cm}^2$，问该病人受伤 5 天后其伤口面积为多少？

6. 从地面上以初速度 v_0 将质量为 m 的物体垂直上抛，设它所受的空气阻力与速度成正比，比例系数为 k，试求该物体上升过程中速度 v 所应满足的微分方程及初始条件.

17.2 可分离变量的微分方程

本节重点知识：

1. 可分离变量的微分方程.
2. 可分离变量的微分方程的求解方法.

1. 引例

质量为 1 g 的质点受外力作用作直线运动，这外力和时间成正比，和质点运动的速度成反比，比例系数为 k，且当 $t=0$ 时 $v=0$，试求质点的运动速度 v 所应满足的微分方程.

分析 设质点在时刻 t 的运动速度为 $v=v(t)$，则根据牛顿第二定律，有

$$\frac{\mathrm{d}v}{\mathrm{d}t}=k\frac{t}{v}\text{，并且 } v|_{t=0}=0\text{.}$$

由微分方程 $\frac{\mathrm{d}v}{\mathrm{d}t}=k\frac{t}{v}$ 可以看出，方程的左边是 v 对 t 的一阶导数 $\frac{\mathrm{d}v}{\mathrm{d}t}$，方程的右边可以分解成一个只含 t 的函数 kt 和一个只含 v 的函数 $\frac{1}{v}$ 的乘积. 这种类型的微分方程就称做可分离变量的微分方程.

下面讨论可分离变量的微分方程的一般情形.

2. 可分离变量的微分方程

定义 形如

$$\frac{\mathrm{d}y}{\mathrm{d}x}=f(x)\cdot g(y) \tag{1}$$

的方程称为**可分离变量的微分方程**.

这里 $f(x)$，$g(y)$ 分别是 x，y 的连续函数. 方程的特点是方程的等式左端为一阶导数 $\frac{\mathrm{d}y}{\mathrm{d}x}$，右端是只含 x 的函数 $f(x)$ 与只含 y 的函数 $g(y)$ 的乘积.

经过简单的运算，可以将方程化为等式一边只含变量 y，而另一边只含变量 x

的形式.从而可将变量 x 和 y 完全分离在等号的两边.

可分离变量的微分方程的求解方法:

第一步,分离变量.方程(1)可变形为

$$\frac{dy}{g(y)}=f(x)dx, \tag{2}$$

此时方程的每侧只含一个变量.

第二步,两边同时积分.对式(2)两边积分,得

$$\int\frac{1}{g(y)}dy=\int f(x)dx,$$

设 $G(y)$、$F(x)$分别为 $\frac{1}{g(y)}$、$f(x)$的原函数,则得方程(1)的通解为

$$G(y)=F(x)+C. \tag{3}$$

例 1 求微分方程 $y'-2xy=0$ 的通解.

解 原方程可化为

$$\frac{dy}{dx}=2xy,$$

分离变量,得

$$\frac{dy}{y}=2xdx,$$

两边积分

$$\int\frac{dy}{y}=\int 2xdx,$$

得

$$\ln|y|=x^2+C_1,$$

即

$$y=\pm e^{x^2+C_1}=\pm e^{C_1}e^{x^2}=Ce^{x^2}\text{(其中 }C=\pm e^{C_1}\text{)},$$

于是方程的通解为 $y=Ce^{x^2}$ $(C\neq 0)$.

可以验证,当 $C=0$ 时,$y=0$ 也是原方程的解,因此方程的通解 $y=Ce^{x^2}$ 中的常数 C 被认为可以等于 0.

解微分方程中,凡是在积分后出现对数的情形,都需要做类似上面的讨论.为书写方便,今后可以作如下的简化处理:

(1)积分后,可将绝对值符号去掉直接写出 $\ln y$;

(2)积分常数可以写成 $\ln C$ 且可以与 $\ln y$ 的系数相同.

但须记住,最后得到的常数 C 仍是任意常数.

例 2 求微分方程 $xdx+2ydy=0$ 的通解.

解 分离变量,得

$$2ydy=-xdx,$$

两边积分

$$\int 2y\mathrm{d}y = \int (-x)\mathrm{d}x ,$$

得
$$y^2 = -\frac{1}{2}x^2 + C_1 ,$$

于是方程的通解为 $2y^2 + x^2 = C$，其中 $C=2C_1$.

例 3　求微分方程 $\frac{\mathrm{d}y}{\mathrm{d}x} = xy$ 满足初始条件 $y|_{x=0} = 2$ 的特解.

解　原分离变量，得

$$\frac{\mathrm{d}y}{y} = x\mathrm{d}x ,$$

两边积分

$$\int \frac{\mathrm{d}y}{y} = \int x\mathrm{d}x ,$$

得

$$\ln y = \frac{1}{2}x^2 + \ln C ,$$

即原方程通解为
$$y = C\mathrm{e}^{\frac{1}{2}x^2} .$$

将初始条件 $y|_{x=0} = 2$ 代入通解，得 $C=2$，因此所求特解为

$$y = 2\mathrm{e}^{\frac{1}{2}x^2} .$$

练一练

求下列微分方程的通解或特解：

(1) $y' + 3y = 0$；　　(2) $3x\mathrm{d}x - y\mathrm{d}y = 0$；

(3) $\frac{\mathrm{d}y}{\mathrm{d}x} = -\frac{y}{x}$；　　(4) $x\mathrm{d}y - 2y\mathrm{d}x = 0, y|_{x=2} = 1$.

例 4　（人口问题）英国学者马尔萨斯（Malthus，1766－1834）根据百余年的人口统计资料得出了人口的相对增长率为常数（设为 a）的结论，即如果设时刻 t 的人口数为 $x(t)$，则人口增长速度 $\frac{\mathrm{d}x}{\mathrm{d}t}$ 与人口总量 $x(t)$ 成正比，从而建立了 Malthus 人口模型

$$\begin{cases} \frac{\mathrm{d}x}{\mathrm{d}t} = ax \\ x|_{t=t_0} = x_0 \end{cases} ,\text{其中 } a > 0 .$$

假设在 2011 年末，我国人口总量为 13.47 亿，年均人口自然增长率为 4.79‰，预测到 2019 年末我国人口数量.

解　(1)建立微分方程．记 $t=0$ 代表 2011 年末，假设从 2011 年末开始的 t 年

后我国的人口数为$x(t)$,则由 Malthus 人口模型,得

$$\begin{cases} \dfrac{dx}{dt} = 0.00479x \\ x\big|_{t=t_0} = 13.47 \end{cases}. \tag{4}$$

(2)求通解．分离变量得

$$\frac{dx}{x} = 0.00479dt,$$

方程两边同时积分

$$\int \frac{dx}{x} = \int 0.00479dt,$$

得

$$\ln x = 0.00479t + \ln C,$$

即原方程通解为

$$x = x(t) = Ce^{0.00479t}.$$

(3)求特解．将$x\big|_{t=0} = 13.47$代入通解,得$C=13.47$,所以从 2011 年末开始的t年后我国的人口数为

$$x(t) = 13.47e^{0.00479t}.$$

将$t=2019-2011=8$代入上式,得 2019 年末我国人口的预测值为

$$x(8) = 13.47e^{0.00479\times 8} \approx 13.99613(\text{亿}).$$

例 5 (落体问题)设跳伞运动员从跳伞塔下落后,所受空气的阻力与速度成正比.运动员离塔时($t=0$)的速度为零,求运动员下落过程中速度与时间的函数关系.

分析 运动员在下落过程中,同时受到重力和空气阻力的影响.重力的大小为mg,方向与速度v的方向一致;阻力的大小为kv(k为比例系数),方向与v相反.从而运动员所受的外力为$F=mg-kv$,其中m为运动员的质量.又有牛顿第二定律$F=ma$,其中a为加速度,$a=\dfrac{dv}{dt}$.

解 (1)建立微分方程．假设运动员在时刻t的下落速度为$v=v(t)$,由物理学知识得

$$m\frac{dv}{dt} = mg - kv. \tag{5}$$

初始条件为

$$v\big|_{t=0} = 0.$$

(2)求通解．方程(5)是一个可分离变量的微分方程.分离变量后,得

$$\frac{dv}{mg-kv} = \frac{dt}{m},$$

两端积分

$$\int \frac{dv}{mg-kv} = \int \frac{dt}{m},$$

得
$$-\frac{1}{k}\ln(mg-kv)=\frac{t}{m}-\frac{1}{k}\ln C_1,$$
方程通解为
$$mg-kv=C_1\mathrm{e}^{-\frac{kt}{m}},$$
或
$$v=\frac{mg}{k}+C\mathrm{e}^{-\frac{kt}{m}}\ (\text{其中 } C=-\frac{C_1}{k}).$$

(3)求特解．把初始条件 $v|_{t=0}=0$ 代入通解，得 $C=-\dfrac{mg}{k}$，于是所求速度与时间的关系为
$$v=\frac{mg}{k}(1-\mathrm{e}^{-\frac{kt}{m}}). \tag{6}$$

由式(6)可见，当 t 很大时，$\mathrm{e}^{-\frac{kt}{m}}$ 很小，此时 v 接近于 $\dfrac{mg}{k}$．由此可见，跳伞运动员开始跳伞时是加速运动，以后逐渐接近于匀速运动，其速度为 $\dfrac{mg}{k}$．

练一练

(1)求解本节引例.
(2)求解习题 17.1 中第 6 题.

例 6　(刑事侦察中死亡时间的鉴定)当一次谋杀发生后，尸体的温度从原来的 37 ℃按照牛顿冷却定律(物体的冷却速度与物体和环境的温差成正比)开始下降，如果两个小时后尸体温度变为 35 ℃，并且假定周围空气的温度保持 20 ℃不变，试求出尸体温度 T 随时间 t 的变化规律. 又如果尸体发现时的温度是 30 ℃，时间是下午 4 点整，那么谋杀是何时发生的?

解　(1)建立微分方程．设尸体的温度为 $T(t)$(t 从谋杀后计)，根据题意，尸体的冷却速度 $\dfrac{\mathrm{d}T}{\mathrm{d}t}$ 与尸体温度 T 和空气温度 20 之差成正比. 即
$$\frac{\mathrm{d}T}{\mathrm{d}t}=-k(T-20),$$
其中 $k(k>0)$是常数，前置负号是由于当 t 增加时，T 单调减少即 $\dfrac{\mathrm{d}T}{\mathrm{d}t}<0$ 的缘故.

初始条件为
$$T|_{t=0}=37.$$
(2)求通解．分离变量得
$$\frac{\mathrm{d}T}{T-20}=-k\mathrm{d}t,$$
两边积分
$$\int\frac{\mathrm{d}T}{T-20}=-\int k\mathrm{d}t,$$

得 $$\ln(T-20)=-kt+\ln C,$$

方程通解为 $$T=20+Ce^{-kt}.$$

(3)求特解．把初始条件 $T|_{t=0}=37$ 代入通解，求得 $C=17$. 于是该问题的解为

$$T=20+17e^{-kt}.$$

为求出 k 值，根据两小时后尸体温度为 35 ℃这一条件，有

$$35=20+17e^{-k\times2},$$

求得 $k\approx0.063$，于是温度函数为

$$T=20+17e^{-0.063t}. \tag{7}$$

将 $T=30$ 代入(9)式求解 t，有

$$\frac{10}{17}=e^{-0.063t},$$

即得 $t\approx8.4$ h. 于是可以判定谋杀发生在下午 4 点尸体被发现前的 8.4 h，即 8 h24 min，所以谋杀是在上午 7 点 36 分发生的.

例 7 (放射性元素铀的衰变)放射性元素铀由于不断地有原子放射出微粒子而变成其他元素，铀的含量就不断减少，这种现象称做衰变. 由原子物理学知道，铀的衰变速度与当时未衰变的原子的含量 M 成正比. 已知 $t=0$ 时铀的含量为 M_0，求在衰变过程中铀含量 $M(t)$随时间 t 变化的规律.

解 (1)建立微分方程．铀的衰变速度就是 $M(t)$对时间 t 的导数 $\frac{dM}{dt}$．由于铀的衰变速度与其含量成正比，即

$$\frac{dM}{dt}=-\lambda M,$$

其中 $\lambda(\lambda>0)$是常数，叫做衰变系数. 前置负号是由于当 t 增加时，M 单调减少，即 $\frac{dM}{dt}<0$ 的缘故.

初始条件为 $$M|_{t=0}=M_0.$$

(2)求通解．分离变量得

$$\frac{dM}{M}=-\lambda dt,$$

方程两边同时积分

$$\int\frac{dM}{M}=\int(-\lambda)dt,$$

得 $$\ln M=-\lambda t+\ln C,$$

即原方程通解为 $$M=Ce^{-\lambda t}.$$

(3)求特解．将初始条件为 $M|_{t=0}=M_0$ 代入通解，得 $C=M_0$，所以

$$M=M_0e^{-\lambda t}.$$

这就是所求铀的衰变规律.由此可见,铀的含量随时间的增加而按指数规律衰减.

习　题　17.2

1.求下列微分方程的通解或特解:

(1) $\dfrac{dy}{dx}=\dfrac{2x^2}{y^2}$;　　　(2) $xy'+3y=0$;

(3) $y'=e^{2x-y}$, $y|_{x=0}=0$.

2.(死亡年代的测定)遗体死亡之后,体内 C_{14} 的含量就不断减少,已知 C_{14} 的衰变速度与当时体内 C_{14} 的含量成正比.在巴基斯坦一个洞穴里,发现了具有古代尼安德特人特征的人骨碎片,科学家把它带到实验室,作 C_{14} 年代测定.分析表明,C_{14} 的比例仅仅是活组织内的 6.24%,能否判断此人生活在多少年前?(已知 C_{14} 的半衰期为 5 370 年)

3.(镭的衰变)镭的衰变有如下规律:镭的衰变速度与它的现存量成正比.由经验材料得知,镭经过 1600 年后,只剩原始量 R_0 的一半.试求镭量与时间 t 的函数关系.

4.(质点运动)质量 1 kg 的质点受外力作用作直线运动,已知力与时间成正比,与质点运动的速度成反比,在 $t=10$ s 时,速度等于 50 m/s,外力为 4 N.问从运动开始经过 1 min 后,质点的速度是多少?

5.(冷却问题)把温度为 100 ℃的沸水注入杯中,放在室温为 20 ℃的环境中自然冷却,经 20min 时测得水温为 60℃,试求:

(1)水温 T(℃)与时间 t(min)之间的函数关系;

(2)求水温自 100℃降至 30℃所需要的时间.

6.(冷却问题)设炼钢炉内温度为 1150℃,炉外环境温度为 30℃,钢坯出炉 10s 后温度降为 1000℃,试求:

(1)钢坯出炉后的温度 T(℃)与时间 t(s)的函数关系;

(2)若钢坯温度降至 750℃以下锻打将会影响钢坯质量,问应该在钢坯出炉后几秒内把它锻打好?

17.3　一阶线性微分方程

本节重点知识:

1.一阶线性微分方程.

2.一阶线性微分方程的求解方法.

17.3.1 引例

引例 一曲线过原点,且在任一点(x,y)处的切线斜率为$2x+y$,求曲线方程.

分析 由导数的几何意义知,曲线$y=y(x)$在(x,y)处的切线斜率为$\frac{dy}{dx}$,所以

$$\frac{dy}{dx}=2x+y,$$

初始条件为

$$y|_{x=0}=0.$$

微分方程$\frac{dy}{dx}=2x+y$的特点是未知函数及其导数的幂都是一次的.称这种类型的方程为一阶线性微分方程.

17.3.2 一阶线性微分方程

定义 形如

$$\frac{dy}{dx}+P(x)y=Q(x) \tag{1}$$

的方程称为**一阶线性微分方程**,其中$P(x)$、$Q(x)$为已知的连续函数,其线性的意义是指方程中未知函数y及其导数$\frac{dy}{dx}$的幂都是一次的.

方程特点:方程右边是已知函数,左边的每项中仅含y和$\frac{dy}{dx}$的一次项.

当$Q(x)$恒等于零时,方程(1)变为

$$\frac{dy}{dx}+P(x)y=0. \tag{2}$$

方程(2)称为一阶齐次线性微分方程;当$Q(x)$不恒等于零时,方程(1)称为**一阶非齐次线性微分方程**.通常方程(2)称为与方程(1)对应的齐次线性微分方程.

17.3.3 一阶线性微分方程的求解方法

1.一阶齐次线性微分方程的解法

显然,一阶齐次线性微分方程

$$\frac{dy}{dx}+P(x)y=0$$

是可分离变量的微分方程,分离变量得

$$\frac{dy}{y}=-P(x)dx,$$

两边积分，得
$$\ln y=-\int P(x)\mathrm{d}x+\ln C,$$
所以，一阶齐次线性微分方程的通解公式为
$$y=C\mathrm{e}^{-\int P(x)\mathrm{d}x}. \tag{3}$$

注意：约定这里的积分只取 $P(x)$ 的一个原函数，它不含积分常数.

例 1 求微分方程 $\frac{\mathrm{d}y}{\mathrm{d}x}-y\cos x=0$ 的通解.

解法一 所给方程是可分离变量的微分方程，分离变量得
$$\frac{\mathrm{d}y}{y}=\cos x\mathrm{d}x,$$
两边积分
$$\int\frac{\mathrm{d}y}{y}=\int\cos x\mathrm{d}x,$$
得
$$\ln y=\sin x+\ln C,$$
即方程通解为
$$y=C\mathrm{e}^{\sin x}.$$

解法二 所给方程是一阶齐次线性微分方程，并且 $P(x)=-\cos x$，因为
$$-\int P(x)\mathrm{d}x=\int\cos x\mathrm{d}x=\sin x,$$
故由通解公式(3)可得原方程通解为
$$y=C\mathrm{e}^{\sin x}.$$

例 2 求微分方程 $(y-2xy)\mathrm{d}x+x^2\mathrm{d}y=0$ 的通解.

解 原方程变形为
$$\frac{\mathrm{d}y}{\mathrm{d}x}+\frac{1-2x}{x^2}y=0.$$
这是一阶齐次线性微分方程，并且 $P(x)=\frac{1-2x}{x^2}$，因为
$$-\int P(x)\mathrm{d}x=-\int\frac{1-2x}{x^2}\mathrm{d}x=\int\left(\frac{2}{x}-\frac{1}{x^2}\right)\mathrm{d}x=\ln x^2+\frac{1}{x},$$
代入通解公式(3)，得原方程通解为
$$y=C\mathrm{e}^{(\ln x^2+\frac{1}{x})}=Cx^2\mathrm{e}^{\frac{1}{x}}.$$

2. 一阶非齐次线性微分方程的解法

一阶非齐次线性微分方程
$$\frac{\mathrm{d}y}{\mathrm{d}x}+P(x)y=Q(x)$$
与其对应的齐次线性微分方程
$$\frac{\mathrm{d}y}{\mathrm{d}x}+P(x)y=0$$
的左端全部相同，只是右端有差异($Q(x)$恒等于零). 因而猜想齐次方程通解中的

常数 C 换成待定的函数 $C(x)$ 后,有可能是非齐次线性微分方程的解,这种方法就是著名的"**常数变易法**".

令

$$y=C(x)\mathrm{e}^{-\int P(x)\mathrm{d}x}$$

为一阶非齐次线性微分方程(1)的解,

两边求导,得

$$\frac{\mathrm{d}y}{\mathrm{d}x}=C'(x)\mathrm{e}^{-\int P(x)\mathrm{d}x}-C(x)P(x)\mathrm{e}^{-\int P(x)\mathrm{d}x},$$

将 y、$\frac{\mathrm{d}y}{\mathrm{d}x}$ 的表达式代入方程(1),得

$$C'(x)\mathrm{e}^{-\int P(x)\mathrm{d}x}-C(x)P(x)\mathrm{e}^{-\int P(x)\mathrm{d}x}+P(x)C(x)\mathrm{e}^{-\int P(x)\mathrm{d}x}=Q(x),$$

即
$$C'(x)=Q(x)\mathrm{e}^{\int P(x)\mathrm{d}x},$$

两边积分,得
$$C(x)=\int Q(x)\mathrm{e}^{\int P(x)\mathrm{d}x}\mathrm{d}x+C,$$

将此式代入 $y=C(x)\mathrm{e}^{-\int P(x)\mathrm{d}x}$,得

$$y=\mathrm{e}^{-\int P(x)\mathrm{d}x}(\int Q(x)\mathrm{e}^{\int P(x)\mathrm{d}x}\mathrm{d}x+C),$$

因此,一阶非齐次线性微分方程的通解公式为

$$y=\mathrm{e}^{-\int P(x)\mathrm{d}x}\left(\int Q(x)\mathrm{e}^{\int P(x)\mathrm{d}x}\mathrm{d}x+C\right). \tag{4}$$

注意 约定这里的积分只取 $P(x)$ 的一个原函数,它不含积分常数.

直接利用公式(4)求解一阶线性微分方程的方法,称为公式法.

求解一阶线性微分方程通解的一般步骤为:

(1)将所给方程化为一阶线性微分方程的标准形式 $\frac{\mathrm{d}y}{\mathrm{d}x}+P(x)y=Q(x)$;

(2)写出 $P(x)$、$Q(x)$ 的表达式;

(3)运用公式 $y=\mathrm{e}^{-\int P(x)\mathrm{d}x}\left(\int Q(x)\mathrm{e}^{\int P(x)\mathrm{d}x}\mathrm{d}x+C\right)$ 求出各积分后得到原方程的通解.

例 3 求方程 $\frac{\mathrm{d}y}{\mathrm{d}x}+y\cos x=\mathrm{e}^{-\sin x}$ 的通解.

解 该方程为一阶线性微分方程,且 $P(x)=\cos x$,$Q(x)=\mathrm{e}^{-\sin x}$,由公式(4)得

$$\begin{aligned}y&=\mathrm{e}^{-\int P(x)\mathrm{d}x}\left(\int Q(x)\mathrm{e}^{\int P(x)\mathrm{d}x}\mathrm{d}x+C\right)\\&=\mathrm{e}^{-\int\cos x\mathrm{d}x}\left(\int\mathrm{e}^{-\sin x}\cdot\mathrm{e}^{\int\cos x\mathrm{d}x}\mathrm{d}x+C\right)\end{aligned}$$

$$= e^{-\sin x}\left(\int e^{-\sin x} e^{\sin x} dx + C\right)$$

$$= e^{-\sin x}\left(\int dx + C\right)$$

$$= e^{-\sin x}(x + C) .$$

即原方程的通解为 $y = e^{-\sin x}(x + C)$.

例 4　求方程 $y' = \dfrac{y + x\ln x}{x}$ 满足初始条件 $y|_{x=1} = 2$ 的特解.

解　(1)求通解．该方程为一阶线性微分方程,可以变形为

$$\frac{dy}{dx} - \frac{1}{x}y = \ln x ,$$

其中 $P(x) = -\dfrac{1}{x}$,$Q(x) = \ln x$,

由公式(4)得

$$y = e^{-\int P(x)dx}\left(\int Q(x) e^{\int P(x)dx} dx + C\right)$$

$$= e^{-\int(-\frac{1}{x})dx}\left[\int \ln x e^{\int(-\frac{1}{x})dx} dx + C\right]$$

$$= x\left[\int \frac{\ln x}{x} dx + C\right] = x\left[\int \ln x d(\ln x) + C\right]$$

$$= x\left[\frac{1}{2}(\ln x)^2 + C\right] = \frac{x}{2}(\ln x)^2 + Cx .$$

即原方程的通解为

$$y = \frac{x}{2}(\ln x)^2 + Cx .$$

(2)求特解．把初始条件 $y|_{x=1} = 2$ 代入通解,得 $C=2$,因此所求特解为

$$y = \frac{x}{2}(\ln x)^2 + 2x .$$

例 5　(引例的求解).

解　(1)求通解．方程 $\dfrac{dy}{dx} = 2x + y$ 是一阶线性微分方程,可以变形为

$$\frac{dy}{dx} - y = 2x ,$$

所以 $P(x) = -1$,$Q(x) = 2x$,由公式(4)得

$$y = e^{-\int P(x)dx}\left(\int Q(x) e^{\int P(x)dx} dx + C\right)$$

$$= e^{-\int(-1)dx}\left(\int 2x e^{\int(-1)dx} dx + C\right) = e^{x}\left(2\int x e^{-x} dx + C\right)$$

$$= Ce^{x} + 2e^{x}(-xe^{-x} - e^{-x}) = Ce^{x} - 2x - 2 .$$

即方程通解为 $y = Ce^x - 2x - 2$.

(2)求特解. 把初始条件 $y|_{x=0} = 0$ 代入通解,得 $C=2$,于是所求曲线方程为 $y=2e^x-2x-2$.

练一练

一曲线过点(0,3),且在任一点(x,y)处的切线斜率为 e^x-y,求曲线方程.

习　题　17.3

1. 求微分方程 $y'-2y=0$ 的通解.

2. 求微分方程 $\dfrac{dy}{dx}+\dfrac{1-x}{x}y=0$ 满足初始条件 $y|_{x=0}=2$ 的特解.

3. 求微分方程 $y'-2y=e^x$ 的通解.

4. 求微分方程 $y'-2y=3$ 满足初始条件 $y|_{x=0}=2$ 的特解.

5.(质点运动)设有一质量为 m 的质点作直线运动,从速度等于零的时刻起,有一与运动方向一致、大小与时间成正比(比例系数 k_1)的力作用于它,此外还受一与速度成正比(比例系数 k_2)的阻力作用,求质点运动的速度与时间的函数关系.

6.(曲线方程)已知曲线过点(1,1),且在任一点(x,y)处的切线斜率为 $1+\dfrac{1}{x}y$,求曲线方程.

思考与总结

一、微分方程的基本概念

1. 含有________的方程称为微分方程.

微分方程中所出现的导数的最高阶数称为微分方程的阶.

2. 如果某个函数代入微分方程以后,能使该方程成为恒等式,则这个函数叫做微分方程的________.

3. 解中含有任意常数,且相互独立的任意常数的个数与微分方程的阶数相同,这样的解称为微分方程的________.

4. 在通解中,利用附加条件确定任意常数的取值,所得的解称为该微分方程的________,这种附加条件称为________.

5. 求微分方程 $y'=f(x,y)$ 满足初始条件 $y|_{x=x_0}=y_0$ 的特解的问题叫做一阶微分方程的________.

二、方程的基本类型及其解法

1.形如________的方程叫做可分离变量的微分方程，其特点是方程的右端是只含 x 的函数 $f(x)$ 与只含 y 的函数 $g(y)$ 的乘积.

解法为①________，②________.

2.形如________的方程叫做一阶线性微分方程，其特点是它对未知函数 y 及其导数 $\frac{dy}{dx}$ 的幂都是________方程.

当 $Q(x)$________时，称为齐次线性微分方程；其通解公式为________；

当 $Q(x)$________时，称为非齐次线性微分方程；其通解公式为________.

三、利用微分方程解决实际问题

一般步骤为：

1.建立反映实际问题的微分方程；

2.按实际问题写出初始条件；

3.求出微分方程的通解；

4.由初始条件确定所求的特解；

5.利用所得结果，解释其实际意义或求其他所需要的结果.

复习题十七

1.求下列微分方程的通解：

(1) $\frac{dy}{dx}=\frac{1}{x}$；　　(2) $\frac{dy}{dx}=2xy^2$；

(3) $\frac{dy}{dx}=e^{2x+y}$；　　(4) $\frac{dy}{dx}+3y=e^{-2x}$；

(5) $y'=2y+x^2$；　　(6) $y'+\frac{y}{x}=x$.

2.求微分方程 $y'+\frac{y}{x}=0$ 满足初始条件 $y|_{x=\pi}=1$ 的特解.

3.求微分方程 $y'+\frac{y}{x}=\frac{\sin x}{x}$ 满足初始条件 $y|_{x=\pi}=1$ 的特解.

4.已知曲线过点 $(0,1)$，且在任一点 (x,y) 处的切线斜率为 $x-y$，求曲线方程.

5.细菌的增长率与总数成正比.如果培养的细菌总数在 24h 内由 100 增长为 400，那么前 12h 后总数是多少？

6. 已知某厂的纯利润 L 对广告费 x 的变化率 $\frac{\mathrm{d}L}{\mathrm{d}x}$ 与常数 A 和纯利润 L 之差成正比，当 $x=0$ 时 $L(0)=L_0$，求纯利润 L 与广告费 x 之间的函数关系.

7. 某人的食物热摄入量是 2 500 cal/天，其中 1 200 cal 用于基本的新陈代谢(即自动消耗). 在健身训练中，他所消耗的大约是 16 cal/kg/天. 假设以脂肪形式贮藏的热量 100% 的有效，而 1kg 脂肪含热量 10 000 cal. 求出这人的体重是怎样随时间变化的.

第18章 多元函数微分学

多元函数微分学是一元函数微分学的自然发展.本章首先简要介绍二元函数的定义、极限、连续性,接着引入偏导数及全微分两个基本概念,在此基础上再讲复合函数微分法.本章主要讨论二元函数,但所得到的概念、性质、结论都可以推广到多元函数中.

18.1 多元函数的极限与连续性

本节重点知识:

1. 平面区域.
2. 多元函数的概念.
3. 二元函数的极限.
4. 二元函数的连续性.

18.1.1 平面区域

讨论一元函数时,常用到区间和邻域的概念,由于讨论多元函数的需要,首先把区间和邻域的概念加以推广.

所谓平面区域是指由一条曲线或几条曲线所围成的平面上的一部分,简称区域.例如,椭圆形、矩形、扇形、第一象限、两圆围成的环形等都是平面区域.围成区域的曲线称为该区域的边界,边界上的点称为边界点.包括边界的区域称为闭区域;不包括边界的区域称为开区域.

若一个开区域或闭区域的任意两点之间的距离不超过某一常数 $M>0$,则称这个区域是有界的;否则,就是无界的.

例如,点集 $D=\{(x,y)|x\in\mathbf{R},y\in\mathbf{R}\}$ 表示整个 xOy 坐标平面,是无界开区域;点集 $D=\{(x,y)|x^2+y^2\leqslant 4\}$ 表示圆周 $x^2+y^2=4$ 上及其内部的点,是有界闭区域(见图18-1(a));点集 $D=\{(x,y)|1<x^2+y^2<4\}$ 表示圆周 $x^2+y^2=1$ 和圆周 $x^2+y^2=4$ 之间的点,是有界开区域(见图18-1(b));点集 $D=\{(x,y)|x+y>0\}$ 直线 $x+y=0$ 上方的所有点,是无界开区域(见图18-1(c)).

平面上以定点 $P_0(x_0,y_0)$ 为圆心、正数 δ 为半径的圆形开区域 $\left\{(x,y)\mid\sqrt{(x-x_0)^2+(y-y_0)^2}<\delta\right\}$,称为点 P_0 的 δ 邻域(见图 18-1(d)).

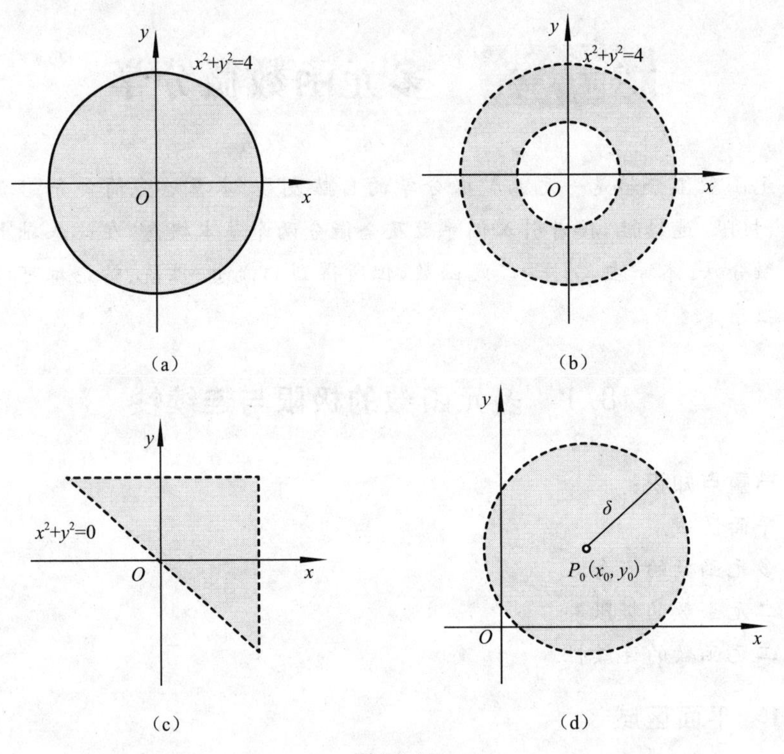

图 18-1

18.1.2 多元函数的概念

前面讨论的函数都是一元函数 $y=f(x)$,也就是函数只依赖于一个自变量 x. 但在很多自然现象以及实际问题中,变量之间的对应关系不是依赖于一个自变量而是依赖于几个自变量的. 例如圆柱体的体积 V 依赖于底半径 r 和高 h,它们之间的关系是 $V=\pi r^2 h$. 又如三角形的面积 S 依赖于三角形的两边 b,c 及这两边的夹角 A,它们之间的关系是 $S=\frac{1}{2}bc\sin A$. 这些都是多元函数的例子. 比照一元函数,下面给出二元函数的定义.

定义 1 设 D 是平面点集,若对于 D 中的每一个点 $P(x,y)$,变量 z 按照某一对应规律 f,都有唯一确定的数值与之对应,则 z 就叫做定义在 D 上的 x 及 y 的**二元函数**,记作

$$z=f(x,y)$$

其中 x , y 称做**自变量**, z 称做函数或**因变量**,自变量 x , y 的取值范围 D 称做函数的**定义域**.

当自变量 x , y 分别取 x_0 , y_0 时,函数 z 的对应值 $z_0 = f(x_0, y_0)$ 叫做二元函数 $z = f(x,y)$ 当 $x = x_0, y = y_0$ 时的函数值.

类似地,可以定义三元函数 $u = f(x,y,z)$ 及三元以上的函数. 二元以及二元以上的函数统称为**多元函数**.

求多元函数定义域和函数值的方法与一元函数类似.

例 1　求函数 $z = \dfrac{4x^2 - 5y\ln x}{x + y}$ 定义域及在点 $(e^2,1)$, $(1,0)$ 的函数值.

解　当 $\begin{cases} x > 0 \\ x + y \neq 0 \end{cases}$ 时函数才有意义,所以函数的定义域 $D = \{(x,y) \mid x > 0, x \neq -y\}$,它表示 y 轴右方去掉直线 $y = -x$ 的无界开区域.

$$f(e^2,1) = \frac{4\,(e^2)^2 - 5\ln e^2}{e^2 + 1} = \frac{4e^4 - 10}{e^2 + 1},$$

$$f(1,0) = \frac{4 \times 1^2 - 5 \times 0 \times \ln 1}{1 + 0} = 4.$$

例 2　求下列函数的定义域:

(1) $z = \ln(x + y)$;　(2) $f(x,y) = \sqrt{1 - x^2 - y^2}$.

解　(1)当 $x+y>0$ 时函数才有意义,所以函数的定义域 $D = \{(x,y) \mid x+y>0\}$,它表示直线 $y = -x$ 上方的点,是无界开区域.

(2)当 $1 - x^2 - y^2 \geqslant 0$ 时函数才有意义,所以函数的定义域 $D = \{(x,y) \mid x^2 + y^2 \leqslant 1\}$,它表示圆周 $x^2 + y^2 = 1$ 上及其内部的点,是有界闭区域.

18.1.3　二元函数的极限

二元函数 $z = f(x,y)$ 的极限与一元函数极限的概念类似,它是研究点 $P(x,y)$ 趋近于点 $P_0(x_0, y_0)$ 时,函数 $f(x,y)$ 的变化趋势问题.

定义 2　设函数 $z = f(x,y)$ 在点 $P_0(x_0,y_0)$ 的某一邻域内有定义(在点 P_0 函数可以没有定义), $P(x,y)$ 是邻域内的任意一点,如果当点 P 以任何方式无限趋近于点 P_0 时,函数 $f(x,y)$ 无限趋近于某个确定的常数 A ,则称 A 是二元函数 $z = f(x,y)$ 当 $x \to x_0, y \to y_0$ 时的**二重极限**(简称**极限**),记作

$$\lim_{\substack{x \to x_0 \\ y \to y_0}} f(x,y) = A \quad 或 \quad \lim_{(x,y) \to (x_0,y_0)} f(x,y) = A.$$

例如　$$\lim_{\substack{x \to a \\ y \to b}} xy = ab\,; \quad \lim_{\substack{x \to 0 \\ y \to 0}} \frac{\sin(x^2 + y^2)}{x^2 + y^2} = 1.$$

注意　(1)二元函数极限和一元函数极限的差异,一元函数在某点极限存在的

充要条件是左右极限都存在且相等;而二元函数极限存在是指 $P(x,y)$ 以任意方式和途径趋近于 $P_0(x_0,y_0)$ 时,函数都有极限且相等.

(2)如果 $P(x,y)$ 以某一特殊方式,例如沿着平行于坐标轴的一条直线或某条曲线趋近于 $P_0(x_0,y_0)$ 时,即使函数趋近于某一确定的常数,也不能判断函数的极限存在.

例如,当点 $P(x,y)$ 沿着直线 $y=kx$ 趋近于 $(0,0)$ 时,有

$$\lim_{\substack{x\to 0\\ y=kx\to 0}}\frac{xy}{x^2+y^2}=\lim_{x\to 0}\frac{kx^2}{x^2+k^2x^2}=\frac{k}{1+k^2},$$

它随着直线斜率 k 的不同而改变数值,特殊地,分别取 $k=0$ 及 $k=1$ 得到不同的极限 0 及 $\frac{1}{2}$. 故 $\lim\limits_{\substack{x\to 0\\ y\to 0}}\frac{xy}{x^2+y^2}$ 不存在.

(3)如果已知极限存在,而要求该极限时,可让 $P(x,y)$ 沿斜率为 1 的直线方向趋近于 $P_0(x_0,y_0)$,即令 $y-y_0=x-x_0$,求一元函数的极限 $\lim\limits_{\substack{x\to x_0\\ y=y_0+(x-x_0)}} f(x,y)$ 即可.

(4)一元函数极限的四则运算法则和公式可类似地推广到二元函数.

例 3 求下列极限:

(1) $\lim\limits_{\substack{x\to 0\\ y\to a}}\frac{\sin(xy)}{x}$; (2) $\lim\limits_{\substack{x\to 0\\ y\to 0}}\frac{xy}{\sqrt{xy+1}-1}$.

解 (1) $\lim\limits_{\substack{x\to 0\\ y\to a}}\frac{\sin(xy)}{x}=\lim\limits_{\substack{x\to 0\\ y\to a}}\left[\frac{\sin(xy)}{xy}\cdot y\right]=a$.

$$(2)\lim_{\substack{x\to 0\\ y\to 0}}\frac{xy}{\sqrt{xy+1}-1}=\lim_{\substack{x\to 0\\ y\to 0}}\frac{xy(\sqrt{xy+1}+1)}{(\sqrt{xy+1}-1)(\sqrt{xy+1}+1)}$$

$$=\lim_{\substack{x\to 0\\ y\to 0}}\frac{xy(\sqrt{xy+1}+1)}{xy}=\lim_{\substack{x\to 0\\ y\to 0}}(\sqrt{xy+1}+1)=2.$$

18.1.4 二元函数的连续性

定义 3 设二元函数 $z=f(x,y)$ 在点 $P_0(x_0,y_0)$ 的某一邻域内有定义,如果 $\lim\limits_{\substack{x\to x_0\\ y\to y_0}} f(x,y)=f(x_0,y_0)$,则称二元函数 $z=f(x,y)$ 在点 $P_0(x_0,y_0)$ 处**连续**. 点 $P_0(x_0,y_0)$ 也称函数 $z=f(x,y)$ 的**连续点**.

如果函数 $z=f(x,y)$ 在平面区域 D 内的每一点都连续,则称函数在区域 D 内连续. 连续函数的图像是一个无孔隙、无裂缝的曲面. 函数的不连续点称**间断点**.

与一元函数类似,二元连续函数的和、差、积、商(分母不为零)及复合函数仍为连续函数. 一切二元初等函数在其定义区域内都是连续的.

因此,(1)若 $f(x,y)$ 为二元初等函数,点 $P_0(x_0,y_0)$ 为其定义区域内的点,则 $\lim\limits_{\substack{x\to x_0\\y\to y_0}} f(x,y)=f(x_0,y_0)$.例如

$$\lim_{\substack{x\to 1\\y\to 0}}\frac{\ln(x+\mathrm{e}^y)}{\sqrt{x^2+y^2}}=\frac{\ln(1+\mathrm{e}^0)}{1}=\ln 2\ ;$$

$$\lim_{\substack{x\to 1\\y\to 2}}\frac{xy}{x^2+y^2+1}=\frac{1\cdot 2}{1^2+2^2+1}=\frac{1}{3}\ .$$

(2)二元初等函数 $f(x,y)$ 的间断点就是定义域外的点.

例如,函数 $z=\dfrac{1}{y^2-2x}$ 在 $y^2=2x$ 上的每一点处均间断.

习　题　18.1

1.求函数 $z=\dfrac{y-x}{\ln(x^2+y^2-1)}$ 的定义域及在点 $(0,2)$,$(\mathrm{e},1)$ 的函数值.

2.求下列函数的定义域:

(1) $z=\dfrac{x+y}{x-y}$;　　(2) $z=\sqrt{x-y+1}$;

(3) $z=\ln(1-x^2-y^2)$;　　(4) $f(x,y)=\dfrac{1}{\sqrt{x^2+y^2-1}}+\sqrt{4-x^2-y^2}$.

3.求下列极限:

(1) $\lim\limits_{\substack{x\to 0\\y\to 0}}\dfrac{\mathrm{e}^{xy}\cos y}{1+x+y}$;　　(2) $\lim\limits_{\substack{x\to 0\\y\to 0}}\dfrac{2-\sqrt{xy+4}}{xy}$;　　(3) $\lim\limits_{\substack{x\to 2\\y\to 0}}\dfrac{\sin xy}{y}$.

4.求下列函数的间断点:

(1) $z=\dfrac{1}{x-y}$;　　(2) $z=\dfrac{y^2+2x}{y^2-2x}$.

18.2　偏导数与全微分

本节重点知识:

1.偏导数的概念及计算.

2.高阶偏导数.

3.全微分.

18.2.1　偏导数的概念及计算

在研究一元函数时,我们从研究函数的变化率引入了导数概念.对于多元函数

同样需要讨论它的变化率.但多元函数的自变量不止一个,因变量与自变量的关系要比一元函数复杂得多.在这一节里,我们只考虑多元函数关于其中一个自变量的变化率.以二元函数 $z=f(x,y)$ 为例,如果令自变量 y 固定不变,即暂时把 y 看做一个常量,则 $z=f(x,y)$ 只是 x 的函数并且可以计算 z 对 x 的导数,这样求得的导数就是 z 对 x 的偏导数.

1. 偏导数的定义

定义1 设 $z=f(x,y)$ 在点 (x_0,y_0) 的某一邻域内有定义,固定 $y=y_0$,当 x 在 x_0 有改变量 Δx 时,若极限

$$\lim_{\Delta x\to 0}\frac{f(x_0+\Delta x,y_0)-f(x_0,y_0)}{\Delta x}$$

存在,则称此极限值为函数 $z=f(x,y)$ 在点 (x_0,y_0) 处对 x 的**偏导数**,记作

$$\left.\frac{\partial z}{\partial x}\right|_{\substack{x=x_0\\y=y_0}},\left.\frac{\partial f}{\partial x}\right|_{\substack{x=x_0\\y=y_0}},\left.z_x\right|_{\substack{x=x_0\\y=y_0}},f_x(x_0,y_0).$$

同样,若极限 $\lim\limits_{\Delta y\to 0}\dfrac{f(x_0,y_0+\Delta y)-f(x_0,y_0)}{\Delta y}$ 存在,则称此极限值为函数 $z=f(x,y)$ 在点 (x_0,y_0) 处对 y 的偏导数,记作

$$\left.\frac{\partial z}{\partial y}\right|_{\substack{x=x_0\\y=y_0}},\left.\frac{\partial f}{\partial y}\right|_{\substack{x=x_0\\y=y_0}},\left.z_y\right|_{\substack{x=x_0\\y=y_0}},f_y(x_0,y_0).$$

注意 二元函数 $z=f(x,y)$ 在点 (x_0,y_0) 处对 x 的偏导数,实质上就是一元函数 $f(x,y_0)$ 在点 x_0 处的导数,即

$$\left.\frac{\partial z}{\partial x}\right|_{\substack{x=x_0\\y=y_0}}=\left.f'(x,y_0)\right|_{x=x_0},\text{类似地,}\left.\frac{\partial z}{\partial y}\right|_{\substack{x=x_0\\y=y_0}}=\left.f'(x_0,y)\right|_{y=y_0}.$$

如果函数 $z=f(x,y)$ 在平面区域 D 内每一点 (x,y) 处关于 x(或 y)的偏导数都存在,那么 $f(x,y)$ 关于 x(或 y)的偏导数仍然是 x,y 的函数,则称此函数为 $z=f(x,y)$ 在 D 内对 x(或 y)的偏导函数,简称偏导数,记作

$$\frac{\partial z}{\partial x},\frac{\partial f}{\partial x},z_x,f_x(x,y)\quad\text{或}\quad\frac{\partial z}{\partial y},\frac{\partial f}{\partial y},z_y,f_y(x,y).$$

类似地,可以定义多元函数的偏导数.

2. 偏导数的计算

根据偏导数的定义,求多元函数对某个自变量的偏导数,只需将其余自变量看成常数,按一元函数求导法即可求得.

如:$z=f(x,y)$ 求偏导数 $\dfrac{\partial f}{\partial x}$ 时,只需把 y 暂时看作常数而对 x 求导数;求偏导数 $\dfrac{\partial f}{\partial y}$ 时,只需把 x 暂时看作常数而对 y 求导数.

例 1 求函数 $f(x,y)=x^2-3xy+2y^3$ 的偏导数 $f_x(2,1)$，$f_y(2,1)$.

解 因为 $\frac{\partial f}{\partial x}=2x-3y$，$\frac{\partial f}{\partial y}=-3x+6y^2$，所以

$$f_x(2,1)=1,\ f_y(2,1)=0.$$

例 2 求函数 $z=\ln(1+x^2+y^2)$ 的偏导数.

解 $$\frac{\partial z}{\partial x}=\frac{2x}{1+x^2+y^2},\quad \frac{\partial z}{\partial y}=\frac{2y}{1+x^2+y^2}.$$

18.2.2 高阶偏导数

函数 $z=f(x,y)$ 的偏导数 $\frac{\partial z}{\partial x}$，$\frac{\partial z}{\partial y}$ 一般都是 x，y 的二元函数，如果它们关于自变量 x，y 的偏导数仍然存在，则称这些偏导数为函数 $z=f(x,y)$ 的**二阶偏导数**，记作

$$\frac{\partial}{\partial x}\left(\frac{\partial z}{\partial x}\right)=\frac{\partial^2 z}{\partial x^2}=f_{xx}(x,y)=z_{xx}=z_{x^2};$$

$$\frac{\partial}{\partial y}\left(\frac{\partial z}{\partial x}\right)=\frac{\partial^2 z}{\partial x\partial y}=f_{xy}(x,y)=z_{xy};$$

$$\frac{\partial}{\partial x}\left(\frac{\partial z}{\partial y}\right)=\frac{\partial^2 z}{\partial y\partial x}=f_{yx}(x,y)=z_{yx};$$

$$\frac{\partial}{\partial y}\left(\frac{\partial z}{\partial y}\right)=\frac{\partial^2 z}{\partial y^2}=f_{yy}(x,y)=z_{yy}=z_{y^2}.$$

其中 $\frac{\partial^2 z}{\partial x\partial y}$，$\frac{\partial^2 z}{\partial y\partial x}$ 称为**混合偏导数**.

类似地，可定义三阶、四阶以及更高阶的偏导数. 二阶及二阶以上的偏导数称为高阶偏导数.

例 3 求函数 $z=xe^x\sin y$ 的二阶偏导数.

解 因为 $\frac{\partial z}{\partial x}=(e^x+xe^x)\sin y=(1+x)e^x\sin y$，$\frac{\partial z}{\partial y}=xe^x\cos y$. 所以

$$\frac{\partial^2 z}{\partial x^2}=[e^x+(1+x)e^x]\sin y=(2+x)e^x\sin y,$$

$$\frac{\partial^2 z}{\partial x\partial y}=(1+x)e^x\cos y,$$

$$\frac{\partial^2 z}{\partial y\partial x}=(e^x+xe^x)\cos y=(1+x)e^x\cos y,$$

$$\frac{\partial^2 z}{\partial y^2}=-xe^x\sin y.$$

注意 从上例中我们可以看到两个二阶混合偏导数相等，即 $z_{xy}=z_{yx}$，但这个结论并不是对任意函数都成立.

定理 若函数 $z=f(x,y)$ 的两个混合偏导数 z_{xy} , z_{yx} 在点 (x,y) 处都连续，则 $z_{xy}=z_{yx}$. 即二阶混合偏导数在连续条件下与求导次序无关.

18.2.3 全微分

对一元函数 $y=f(x)$ ，我们研究过 y 关于 x 的微分，对二元函数 $z=f(x,y)$ 我们也从同样的思想出发，引入如下定义.

定义 2 若函数 $z=f(x,y)$ 在点 (x,y) 处的两个偏导数都连续，则称

$$f_x(x,y)\Delta x+f_y(x,y)\Delta y$$

为函数 $z=f(x,y)$ 的**全微分**，记作 $\mathrm{d}z$.

即
$$\mathrm{d}z=f_x(x,y)\Delta x+f_y(x,y)\Delta y.$$

此时，也称函数 $z=f(x,y)$ 在点 (x,y) **可微**.

规定自变量的微分就等于自变量的改变量，即

$$\Delta x=\mathrm{d}x\ ,\ \Delta y=\mathrm{d}y\ .$$

则函数 $z=f(x,y)$ 全微分可写为

$$\mathrm{d}z=f_x(x,y)\mathrm{d}x+f_y(x,y)\mathrm{d}y\ .$$

类似地，可以将二元函数全微分的概念推广到多元函数.

例 4 求 $f(x,y)=\mathrm{e}^{xy}\sin y$ 的全微分.

解 因为 $\dfrac{\partial z}{\partial x}=y\mathrm{e}^{xy}\sin y$, $\dfrac{\partial z}{\partial y}=x\mathrm{e}^{xy}\sin y+\mathrm{e}^{xy}\cos y=\mathrm{e}^{xy}(x\sin y+\cos y)$ ，

故
$$\mathrm{d}z=\mathrm{e}^{xy}[(y\sin y)\mathrm{d}x+(x\sin y+\cos y)\mathrm{d}y]\ .$$

例 5 求 $f(x,y)=y^x$ 的全微分.

解 因为 $\dfrac{\partial z}{\partial x}=y^x\ln y$, $\dfrac{\partial z}{\partial y}=xy^{x-1}$ ，所以

$$\mathrm{d}z=y^x\ln y\mathrm{d}x+xy^{x-1}\mathrm{d}y\ .$$

习 题 18.2

1. 设 $f(x,y)=x^2y^2-2y$ ，求 $f_x(x,y)$, $f_y(x,y)$, $f_x(2,3)$, $f_y(0,0)$.

2. 求下列函数的偏导数：

(1) $z=\sin(x^2+y^2)$ ； (2) $z=xy+\dfrac{x}{y}$ ；

(3) $z=x^2\ln(x^2+y^2)$ ； (4) $f(x,y)=\arctan\dfrac{y}{x}$ ；

(5) $z=x+y-\sqrt{x^2+y^2}$ ； (6) $f(x,y)=x^y$.

3. 求下列函数的二阶偏导数：

(1) $z=x^4-4x^2y^2+y^4$ ； (2) $z=x\ln(xy)$.

4. 求下列函数的全微分：

(1) $z = x^2\cos 2y$；　　(2) $z = (x-y)\ln(x+y)$；

(3) $z = 4xy^3 + 5x^2y^2$；　　(4) $f(x,y) = e^{xy}\cos x$.

18.3　复合函数的微分法

本节重点知识：

1. 全导数公式.

2. 复合函数偏导数的链式法则.

在一元函数微分学中，复合函数的求导法则是我们研究的核心，现在我们把它推广到多元复合函数的情况. 下面按照多元复合函数不同的复合情形，分三种情形讨论.

1. 复合函数的中间变量均为一元函数的情形

定理 1　如果函数 $u=u(t)$，$v=v(t)$ 都在点 t 处可导，且函数 $z=f(u,v)$ 在对应点 (u,v) 处具有连续偏导数，则复合函数 $z=f[u(t),v(t)]$ 在点 t 处可导，且

$$\frac{dz}{dt}=\frac{\partial z}{\partial u}\frac{du}{dt}+\frac{\partial z}{\partial v}\frac{dv}{dt}$$

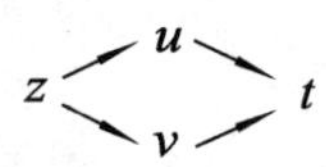

其中 $\frac{dz}{dt}$ 称为全导数，这个公式称为**全导数公式**.

例 1　设 $z=e^{u-2v}$，而 $u=\sin x$，$v=e^x$，求 $\frac{dz}{dx}$.

解　因为 $\frac{\partial z}{\partial u}=e^{u-2v}$，$\frac{\partial z}{\partial v}=-2e^{u-2v}$，$\frac{du}{dx}=\cos x$，$\frac{dv}{dx}=e^x$，所以

$$\frac{dz}{dx}=\frac{\partial z}{\partial u}\frac{du}{dx}+\frac{\partial z}{\partial v}\frac{dv}{dx}=e^{u-2v}(\cos x-2e^x)=e^{\sin x-2e^x}(\cos x-2e^x).$$

例 2　设 $z=f(u,v)$，而 $u=t$，$v=t^2$，求 $\frac{dz}{dt}$.

解　$\frac{dz}{dt}=\frac{\partial z}{\partial u}\frac{du}{dt}+\frac{\partial z}{\partial v}\frac{dv}{dt}=f_u(u,v)+2tf_v(u,v)$.

注意　全导数实际上是复合一元函数的导数，在这里借助偏导数来求全导数. 这个定理可推广到复合函数的中间变量多于两个的情形.

2. 复合函数的中间变量均为多元函数的情形

定理 2　如果函数 $u=u(x,y)$，$v=v(x,y)$ 都在点 (x,y) 处具有偏导数，且函数 $z=f(u,v)$ 在对应点 (u,v) 处具有连续偏导数，则复合函数 $z=f[u(x,y),v(x,y)]$ 在点 (x,y) 处两个偏导数都存在，且

$$\frac{\partial z}{\partial x}=\frac{\partial z}{\partial u}\frac{\partial u}{\partial x}+\frac{\partial z}{\partial v}\frac{\partial v}{\partial x}$$

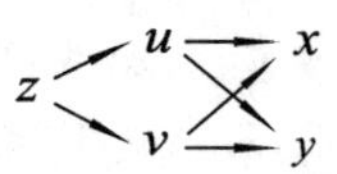

及
$$\frac{\partial z}{\partial y}=\frac{\partial z}{\partial u}\frac{\partial u}{\partial y}+\frac{\partial z}{\partial v}\frac{\partial v}{\partial y},$$
这个公式称为复合函数偏导数的**链式法则**.

注意 这种复合函数的偏导数和全导数的情形没有本质区别.类似地也可推广到复合函数的中间变量多于两个的情形.

例 3 设 $z=u^{v}$,而 $u=3x^{2}+y^{2}$,$v=4x+2y$,求 $\frac{\partial z}{\partial x}$,$\frac{\partial z}{\partial y}$.

解 因为 $\frac{\partial z}{\partial u}=vu^{v-1}$,$\frac{\partial z}{\partial v}=u^{v}\ln u$,$\frac{\partial u}{\partial x}=6x$,$\frac{\partial v}{\partial x}=4$,$\frac{\partial u}{\partial y}=2y$,$\frac{\partial v}{\partial y}=2$,所以

$$\frac{\partial z}{\partial x}=\frac{\partial z}{\partial u}\frac{\partial u}{\partial x}+\frac{\partial z}{\partial v}\frac{\partial v}{\partial x}=vu^{v-1}\cdot 6x+u^{v}\ln u\cdot 4$$

$$=2(3x^{2}+y^{2})^{4x+2y-1}[3x(4x+2y)+2(3x^{2}+y^{2})\ln(3x^{2}+y^{2})]$$

$$\frac{\partial z}{\partial y}=\frac{\partial z}{\partial u}\frac{\partial u}{\partial y}+\frac{\partial z}{\partial v}\frac{\partial v}{\partial y}=vu^{v-1}\cdot 2y+u^{v}\ln u\cdot 2$$

$$=2(3x^{2}+y^{2})^{4x+2y-1}[(4x+2y)y+(3x^{2}+y^{2})\ln(3x^{2}+y^{2})].$$

3. 复合函数的中间变量即有一元函数又有多元函数的情形

定理 3 如果函数 $u=u(x,y)$ 都在点 (x,y) 处具有偏导数,函数 $v=v(y)$ 在点 y 处可导,且函数 $z=f(u,v)$ 在对应点 (u,v) 处具有连续偏导数,则复合函数 $z=f[u(x,y),v(y)]$ 在点 (x,y) 处两个偏导数都存在,且

$$\frac{\partial z}{\partial x}=\frac{\partial z}{\partial u}\frac{\partial u}{\partial x}$$

z → u → x, u → y; z → v → y

及
$$\frac{\partial z}{\partial y}=\frac{\partial z}{\partial u}\frac{\partial u}{\partial y}+\frac{\partial z}{\partial v}\frac{\mathrm{d}v}{\mathrm{d}y}.$$

例 4 设 $z=f(x\sin y,\mathrm{e}^{y})$,其中 f 具有连续偏导数,求 $\frac{\partial z}{\partial x}$,$\frac{\partial z}{\partial y}$.

解 设 $u=x\sin y$,$v=\mathrm{e}^{y}$,则

$$\frac{\partial z}{\partial x}=\frac{\partial z}{\partial u}\frac{\partial u}{\partial x}=f_{u}(u,v)\sin y,$$

$$\frac{\partial z}{\partial y}=\frac{\partial z}{\partial u}\frac{\partial u}{\partial y}+\frac{\partial z}{\partial v}\frac{\mathrm{d}v}{\mathrm{d}y}=x\cos yf_{u}(u,v)+\mathrm{e}^{y}f_{v}(u,v).$$

注意

(1)利用多元复合函数微分法的关键在于区分清楚函数结构,弄清哪些是中间变量,哪些是自变量.最好先画出链式图,然后按图按口诀"同路相乘、分路相加"求导.

(2)对于抽象函数求偏导数,一定要设出中间变量,然后画图求导.

习　题　18.3

1. 设 $z=u^2+v^2$，而 $u=x+y$，$v=x-y$，求 $\frac{\partial z}{\partial x}$，$\frac{\partial z}{\partial y}$.

2. 设 $z=u^2\ln v$，而 $u=\frac{x}{y}$，$v=3x-2y$，求 $\frac{\partial z}{\partial x}$，$\frac{\partial z}{\partial y}$.

3. 设 $z=e^{2u-3v}$，而 $u=t^2$，$v=\cos t$，求 $\frac{dz}{dt}$.

4. 设 $z=\arctan(xy)$，而 $y=e^x$，求 $\frac{dz}{dx}$.

5. 设 $z=f(x\sin y,e^{xy})$，其中 f 具有连续偏导数，求 $\frac{\partial z}{\partial x}$，$\frac{\partial z}{\partial y}$.

6. 设 $z=f(x^2-y^2,2^x)$，其中 f 具有连续偏导数，求 $\frac{\partial z}{\partial x}$，$\frac{\partial z}{\partial y}$.

思考与总结

1. 平面区域：____________________.
2. 二元函数的概念：____________________.
3. 二元函数 $z=f(x,y)$ 的极限：____________________.
4. 二元函数 $z=f(x,y)$ 的极限和一元函数 $y=f(x)$ 的极限的差异：____________________.
5. 二元函数 $z=f(x,y)$ 的连续性：____________________.
6. 二元函数 $z=f(x,y)$ 的偏导数：____________________.
7. $z=f(x,y)$ 的二阶偏导数的定义和记号：____________________.
8. 函数 $z=f(x,y)$ 的全微分：____________________.
9. 二元复合函数的求导法则(三种情况)：____________________.

复习题十八

一、填空题：

1. 设 $f(x,y)=xy+\frac{x}{y}$，则 $f(1,1)=(\quad)$，$f_x(1,1)=(\quad)$，$f_y(1,1)=(\quad)$.

2. 函数 $f(x,y)=\frac{1}{\sqrt{x}}+\frac{1}{\sqrt{y}}$ 的定义域为(　　).

3. 设 $z = y^{2x}$,则 $\frac{\partial z}{\partial x} = (\quad)$, $\frac{\partial z}{\partial y} = (\quad)$.

4. 设 $z = xy + x^3$,则 $dz = (\quad)$.

5. $\lim\limits_{\substack{x \to 0 \\ y \to 1}} \frac{\sin(xy)}{x} = (\quad)$, $\lim\limits_{\substack{x \to 0 \\ y \to 0}} \frac{2x + y}{\ln(3 - x^2 - y^2)} = (\quad)$.

6. 设 $z = xy^2 + x^3 y$,则 $\frac{\partial^2 z}{\partial x^2} = (\quad)$, $\frac{\partial^2 z}{\partial y^2} = (\quad)$, $\frac{\partial^2 z}{\partial x \partial y} = (\quad)$.

7. 设 $z = e^{-x}(x + y)$,则 $f_x(0,1) = (\quad)$, $f_y(0,1) = (\quad)$.

8. 设 $z = \sin(x - y)$, $x = e^t$, $y = t^2$,则 $\frac{dz}{dt} = (\quad)$.

二、计算题:

1. 求函数 $z = \frac{5y\ln x}{x - y}$ 定义域及在点 $\left(1, \frac{1}{2}\right)$, $(e,1)$ 的函数值.

2. 求下列极限:

(1) $\lim\limits_{\substack{x \to 0 \\ y \to 0}} \frac{e^y \cos(x + y)}{1 + x + y}$;　　(2) $\lim\limits_{\substack{x \to 0 \\ y \to 0}} \frac{3 - \sqrt{x + y + 9}}{x + y}$.

3. 求下列函数的偏导数和全微分:

(1) $z = e^{(x^2+y^2)}$;　(2) $z = x^2 y^3 + \frac{x}{2y}$.

(3) $z = y^2 \sin 2x$;　(4) $z = (x + y)^2 \ln(x + y)$.

4. 求下列函数的二阶偏导数:

(1) $z = x^2 - xy + y^2$;　(2) $z = x\sin xy$.

5. 设 $z = \sqrt{u + v}$,而 $u = xy$, $v = x + y$,求 $\frac{\partial z}{\partial x}$, $\frac{\partial z}{\partial y}$.

6. 设 $z = u \ln^2 v$,而 $u = \frac{y}{x}$, $v = 3x - 2y$,求 $\frac{\partial z}{\partial x}$, $\frac{\partial z}{\partial y}$.

第19章 行列式、矩阵与线性方程组

行列式的概念最初是伴随着方程组的求解而发展起来的.十七世纪晚期,莱布尼茨的著作中已经使用行列式来确定线性方程组解的个数及形式了.十八世纪,行列式开始作为独立的数学概念被研究.十九世纪以后,行列式理论得到进一步发展和完善.行列式作为基本的数学工具,在许多领域都有着重要的应用.

矩阵是数学中的一个重要的基本概念,是数学研究和应用的一个有力工具.在自然科学、工程技术和经济管理等学科应用十分广泛.比如保护个人账号的矩阵卡系统,质量管理中用途非常广泛的矩阵图法等.本章将介绍行列式和矩阵的一些基本概念,并讨论线性方程组的解法.

19.1 行列式及其计算

本节重点知识:

1. 二阶行列式.
2. 三阶行列式.
3. n 阶行列式.
4. 行列式的性质.
5. 克莱姆法则.

19.1.1 二阶行列式

1. 引例

用消元法解二元线性方程组

$$\begin{cases} a_{11}x_1+a_{12}x_2=b_1 & (1) \\ a_{21}x_1+a_{22}x_2=b_2 & (2) \end{cases}$$

分析 式(1)$\times a_{22}$ $a_{11}a_{22}x_1+a_{12}a_{22}x_2=b_1a_{22}$,

式(2)$\times a_{12}$ $a_{12}a_{21}x_1+a_{12}a_{22}x_2=b_2a_{12}$,

两式相减消去 x_2,得$(a_{11}a_{22}-a_{12}a_{21})x_1=b_1a_{22}-a_{12}b_2$;

类似地,消去 x_1,得$(a_{11}a_{22}-a_{12}a_{21})x_2=a_{11}b_2-b_1a_{21}$.

当 $a_{11}a_{22}-a_{12}a_{21}\neq 0$ 时,方程组的解为

$$x_1=\frac{b_1a_{22}-a_{12}b_2}{a_{11}a_{22}-a_{12}a_{21}},\quad x_2=\frac{a_{11}b_2-b_1a_{21}}{a_{11}a_{22}-a_{12}a_{21}}.\tag{3}$$

为了方便记忆与讨论表达式(3),给出以下记法.以表达式(3)中的分母为例,将 a_{11} ,a_{12} ,a_{21} ,a_{22} 按其在方程组中出现的位置相应地排成一个方形表 $\begin{matrix}a_{11} & a_{12}\\ a_{21} & a_{22}\end{matrix}$,$a_{11}a_{22}$是这个方形表从左上角到右下角的对角线上两数之积,$a_{12}a_{21}$ 是这个方形表另一条对角线上两数之积.计算它们的差 $a_{11}a_{22}-a_{12}a_{21}$,就得到了表达式(3)分母的值,在上述方形表的两侧各加一条竖线表示 $a_{11}a_{22}-a_{12}a_{21}$ 的值,即规定

$$\begin{vmatrix}a_{11} & a_{12}\\ a_{21} & a_{22}\end{vmatrix}=a_{11}a_{22}-a_{12}a_{21}.$$

2. 定义

定义 1 由 4 个数排成 2 行 2 列的数表,并在左右两侧各加一条竖线得到的记号 $\begin{vmatrix}a_{11} & a_{12}\\ a_{21} & a_{22}\end{vmatrix}$ 称为**二阶行列式**,它表示 $a_{11}a_{22}-a_{12}a_{21}$ 的值.即

$$\begin{vmatrix}a_{11} & a_{12}\\ a_{21} & a_{22}\end{vmatrix}=a_{11}a_{22}-a_{12}a_{21}.$$

上式的右端称为二阶行列式的**展开式**.横排称为行列式的**行**,竖排称为行列式的**列**,$a_{ij}\,(i=1,2;j=1,2)$称为该行列式的第 i 行、第 j 列的元素,从左上角到右下角的对角线称为**主对角线**,另一条对角线称为**次(或辅)对角线**.

注意:主对角线上两个元素的乘积记正号,次(或辅)对角线上两个元素的乘积记负号.

例 1 计算下列行列式:

(1) $\begin{vmatrix}-3 & 5\\ -2 & 5\end{vmatrix}$; (2) $\begin{vmatrix}\sin\alpha & \cos\alpha\\ -\cos\alpha & \sin\alpha\end{vmatrix}$.

解 (1) $\begin{vmatrix}-3 & 5\\ -2 & 5\end{vmatrix}=(-3)\times5-5\times(-2)=-5$.

(2) $\begin{vmatrix}\sin\alpha & \cos\alpha\\ -\cos\alpha & \sin\alpha\end{vmatrix}=\sin^2\alpha+\cos^2\alpha=1$.

3. 用二阶行列式解二元线性方程组

对于二元线性方程组$\begin{cases}a_{11}x_1+a_{12}x_2=b_1\\ a_{21}x_1+a_{22}x_2=b_2\end{cases}$,记 $D=\begin{vmatrix}a_{11} & a_{12}\\ a_{21} & a_{22}\end{vmatrix}$ 为系数行列式,则可类似地表示表达式(3)的分子部分,分别表示为

$$D_1=\begin{vmatrix}b_1 & a_{12}\\ b_2 & a_{22}\end{vmatrix}=b_1a_{22}-a_{12}b_2,\quad D_2=\begin{vmatrix}a_{11} & b_1\\ a_{21} & b_2\end{vmatrix}=a_{11}b_2-b_1a_{21}.$$

D_1，D_2 是以 b_1，b_2 分别代替系数行列式 D 中的第一列，第二列的元素而得到的两个二阶行列式.

当 $D \neq 0$ 时，二元线性方程组有唯一解，其解为

$$x_1=\frac{D_1}{D}=\frac{\begin{vmatrix} b_1 & a_{12} \\ b_2 & a_{22} \end{vmatrix}}{\begin{vmatrix} a_{11} & a_{12} \\ a_{21} & a_{22} \end{vmatrix}}, \qquad x_2=\frac{D_2}{D}=\frac{\begin{vmatrix} a_{11} & b_1 \\ a_{21} & b_2 \end{vmatrix}}{\begin{vmatrix} a_{11} & a_{12} \\ a_{21} & a_{22} \end{vmatrix}}.$$

例 2　用行列式解线性方程组

$$\begin{cases} 3x_1-2x_2=12 \\ 2x_1+x_2=1 \end{cases}.$$

解　因为　$D=\begin{vmatrix} 3 & -2 \\ 2 & 1 \end{vmatrix}=3-(-4)=7\neq 0$；

$D_1=\begin{vmatrix} 12 & -2 \\ 1 & 1 \end{vmatrix}=12-(-2)=14$；$D_2=\begin{vmatrix} 3 & 12 \\ 2 & 1 \end{vmatrix}=3-(24)=-21$.

所以方程组的解为

$$\begin{cases} x_1=\dfrac{D_1}{D}=\dfrac{14}{7}=2 \\ x_2=\dfrac{D_2}{D}=\dfrac{-21}{7}=-3 \end{cases}.$$

练一练

1. 计算下列二阶行列式：

(1) $\begin{vmatrix} a & c \\ b & d \end{vmatrix}$；　　(2) $\begin{vmatrix} n & -m \\ p & q \end{vmatrix}$.

2. 利用行列式解方程组 $\begin{cases} 3x-4y+5=0 \\ 5x+3y-11=0 \end{cases}$.

19.1.2　三阶行列式

1. 定义

定义 2　由 9 个数排成 3 行 3 列的数表，并在左右两侧各加一条竖线得到的记号 $\begin{vmatrix} a_{11} & a_{12} & a_{13} \\ a_{21} & a_{22} & a_{23} \\ a_{31} & a_{32} & a_{33} \end{vmatrix}$ 称为**三阶行列式**，它表示表达式

$$a_{11}a_{22}a_{33}+a_{13}a_{21}a_{32}+a_{12}a_{23}a_{31}-a_{13}a_{22}a_{31}-a_{12}a_{21}a_{33}-a_{11}a_{23}a_{32}$$

的值，即

$$\begin{vmatrix} a_{11} & a_{12} & a_{13} \\ a_{21} & a_{22} & a_{23} \\ a_{31} & a_{32} & a_{33} \end{vmatrix} = a_{11}a_{22}a_{33} + a_{13}a_{21}a_{32} + a_{12}a_{23}a_{31} - a_{13}a_{22}a_{31} - a_{12}a_{21}a_{33} - a_{11}a_{23}a_{32},$$

上式右端称为三阶行列式的展开式，a_{ij} $(i=1,2,3;j=1,2,3)$ 称为该行列式的第 i 行、第 j 列的元素.

2. 三阶行列式的计算——对角线法则

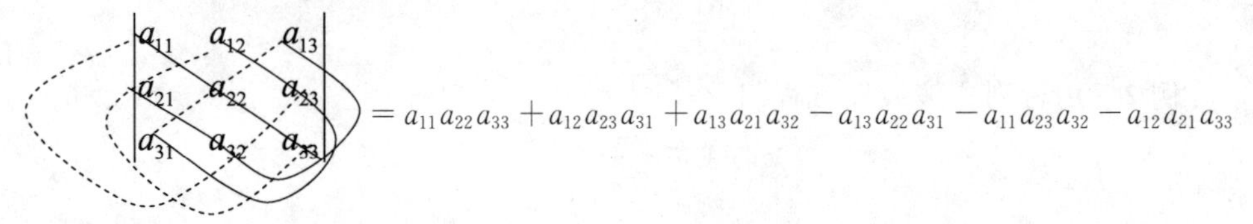

注意：(1)三阶行列式包括 6 项，每一项都是行列式的不同行不同列的三个元素的乘积，其中三项为正，三项为负.

(2)用对角线法则三阶行列式也可表示为

$$\begin{vmatrix} a_{11} & a_{12} & a_{13} \\ a_{21} & a_{22} & a_{23} \\ a_{31} & a_{32} & a_{33} \end{vmatrix} \begin{matrix} a_{11} & a_{12} \\ a_{21} & a_{22} \\ a_{31} & a_{32} \end{matrix}$$

形式上只是在原行列式的右边加上了第一列和第二列的元素，顺序不变.

(3)实线上三元素的乘积为正，虚线上三元素的乘积为负.

(4)对角线法则只适用于二阶与三阶行列式.

例 3 计算三阶行列式 $\begin{vmatrix} 1 & 2 & -4 \\ -2 & 2 & 1 \\ -3 & 4 & -2 \end{vmatrix}$.

解 按对角线法则，有

$$\begin{aligned} D &= 1\times2\times(-2)+2\times1\times(-3)+(-4)\times(-2)\times4-1\times1\times4-2\times \\ &\quad (-2)\times(-2)-(-4)\times2\times(-3) \\ &= -4-6+32-4-8-24=-14. \end{aligned}$$

练一练

计算下列三阶行列式

(1) $\begin{vmatrix} 3 & 4 & -5 \\ 11 & 6 & -1 \\ 2 & 3 & 8 \end{vmatrix}$； (2) $\begin{vmatrix} 1 & m & n \\ -m & 1 & p \\ -n & -p & 1 \end{vmatrix}$； (3) $\begin{vmatrix} 0 & 2m & n \\ 2m & 0 & p \\ n & p & 0 \end{vmatrix}$.

3. 利用三阶行列式解三元线性方程组

设三元线性方程组为

$$\begin{cases}a_{11}x_1+a_{12}x_2+a_{13}x_3=b_1\\a_{21}x_1+a_{22}x_2+a_{23}x_3=b_2.\\a_{31}x_1+a_{32}x_2+a_{33}x_3=b_3\end{cases}$$

它的系数行列式记为 $D=\begin{vmatrix}a_{11}&a_{12}&a_{13}\\a_{21}&a_{22}&a_{23}\\a_{31}&a_{32}&a_{33}\end{vmatrix}$，用 b_1，b_2，b_3 分别代替系数行列式 D 中的第一列，第二列，第三列的元素而得到的三个三阶行列式分别记为

$$D_1=\begin{vmatrix}b_1&a_{12}&a_{13}\\b_2&a_{22}&a_{23}\\b_3&a_{32}&a_{33}\end{vmatrix},\quad D_2=\begin{vmatrix}a_{11}&b_1&a_{13}\\a_{21}&b_2&a_{23}\\a_{31}&b_3&a_{33}\end{vmatrix},\quad D_3=\begin{vmatrix}a_{11}&a_{12}&b_1\\a_{21}&a_{22}&b_2\\a_{31}&a_{32}&b_3\end{vmatrix}.$$

则当 $D\neq 0$ 时，三元线性方程组有唯一解，其解为

$$x_1=\frac{D_1}{D},\quad x_2=\frac{D_2}{D},\quad x_3=\frac{D_3}{D}.$$

例 4　用行列式解线性方程组

$$\begin{cases}x_1-2x_2+x_3=-2\\2x_1+x_2+-3x_3=1.\\-x_1+x_2-x_3=0\end{cases}$$

解　因为方程组的系数行列式 $D=\begin{vmatrix}1&-2&1\\2&1&-3\\-1&1&-1\end{vmatrix}=-5\neq 0$

$$D_1=\begin{vmatrix}-2&-2&1\\1&1&-3\\0&1&-1\end{vmatrix}=-5,\quad D_2=\begin{vmatrix}1&-2&1\\2&1&-3\\-1&0&-1\end{vmatrix}=-10,$$

$$D_3=\begin{vmatrix}1&-2&-2\\2&1&1\\-1&1&0\end{vmatrix}=-5.$$

所以方程组的解为 $x_1=\frac{D_1}{D}=1, x_2=\frac{D_2}{D}=2, x_3=\frac{D_3}{D}=1.$

练一练

利用行列式解方程组 $\begin{cases}2x-3y-3z=0\\x+4y+6z=-1.\\3x-y+z=2\end{cases}$

19.1.3 n 阶行列式

1. 定义

定义 3 由 $n\times n$ 个数排成 n 行 n 列的数表,并在左右两侧各加一条竖线得到的记号

$$D_n=\begin{vmatrix} a_{11} & a_{12} & \cdots & a_{1n} \\ a_{21} & a_{22} & \cdots & a_{2n} \\ \vdots & \vdots & & \vdots \\ a_{n1} & a_{n2} & \cdots & a_{nn} \end{vmatrix}$$

称为 n 阶行列式.

2. n 阶行列式的计算

为了计算 n 阶行列式的值,先引入以下定义.

定义 4 将行列式中元素 a_{ij} 所在的行和列划去后,剩下的元素按原来顺序构成的行列式,称为元素 a_{ij} 的**余子式**,记为 M_{ij} . 又称 $A_{ij}=(-1)^{i+j}M_{ij}$ 为元素 a_{ij} 的**代数余子式**.

例如,三阶行列式 $\begin{vmatrix} a_{11} & a_{12} & a_{13} \\ a_{21} & a_{22} & a_{23} \\ a_{31} & a_{32} & a_{33} \end{vmatrix}$ 中元素 a_{12} 的余子式为 $M_{12}=\begin{vmatrix} a_{21} & a_{23} \\ a_{31} & a_{33} \end{vmatrix}$,代数余子式为 $A_{12}=(-1)^{1+2}M_{12}=-\begin{vmatrix} a_{21} & a_{23} \\ a_{31} & a_{33} \end{vmatrix}$.

注意:(1)在行列式中,某个元素的代数余子式常用这个元素相应的大写字母并附加相同的下标来表示.

(2)三阶行列式中各元素的代数余子式的符号,可以用下图帮助记忆

$$\begin{vmatrix} + & - & + \\ - & + & - \\ + & - & + \end{vmatrix}.$$

下面用代数余子式的概念来分析三阶行列式,找到它的元素和其对应的代数余子式之间的关系.

三阶行列式按对角线法则展开,把含 a_{11} ,a_{12} ,a_{13} 的项分别合并在一起,提出公因子,可得到

$$\begin{vmatrix} a_{11} & a_{12} & a_{13} \\ a_{21} & a_{22} & a_{23} \\ a_{31} & a_{32} & a_{33} \end{vmatrix}=a_{11}a_{22}a_{33}+a_{13}a_{21}a_{32}+a_{12}a_{23}a_{31}-a_{13}a_{22}a_{31}-a_{12}a_{21}a_{33}-a_{11}a_{23}a_{32}$$

$$=a_{11}(a_{22}a_{33}-a_{23}a_{32})-a_{12}(a_{21}a_{33}-a_{23}a_{31})+a_{13}(a_{21}a_{32}-a_{22}a_{31})$$

$$= a_{11}\begin{vmatrix} a_{22} & a_{23} \\ a_{32} & a_{33} \end{vmatrix} - a_{12}\begin{vmatrix} a_{21} & a_{23} \\ a_{31} & a_{33} \end{vmatrix} + a_{13}\begin{vmatrix} a_{21} & a_{22} \\ a_{32} & a_{32} \end{vmatrix}$$

$$= a_{11}(-1)^{1+1}\begin{vmatrix} a_{22} & a_{23} \\ a_{32} & a_{33} \end{vmatrix} + a_{12}(-1)^{1+2}\begin{vmatrix} a_{21} & a_{23} \\ a_{31} & a_{33} \end{vmatrix} + a_{13}(-1)^{1+3}\begin{vmatrix} a_{21} & a_{22} \\ a_{32} & a_{32} \end{vmatrix}$$

$$= a_{11}A_{11} + a_{12}A_{12} + a_{13}A_{13}.$$

上述结果表明，三阶行列式的值恰好等于它的第一行的各元素与其对应的代数余子式的乘积之和.

同样，也可以得到三阶行列式的值等于它的第二(三)行的各元素与其对应的代数余子式的乘积之和.

一般地，有如下定理：

定理　n 阶行列式 D_n 的值等于它的任一行(列)的各元素与其对应的代数余子式的乘积之和. 即

$$D_n = a_{i1}A_{i1} + a_{i2}A_{i2} + \cdots + a_{in}A_{in} = a_{1j}A_{1j} + a_{2j}A_{2j} + \cdots + a_{nj}A_{nj}\ (i,j = 1,2,\cdots,n)$$

也就是说，n 阶行列式可以按任一行(列)展开.

例 5　把行列式 $D = \begin{vmatrix} 2 & -3 & -1 \\ 1 & 2 & 4 \\ -3 & 0 & 3 \end{vmatrix}$ 按第一行展开并求值.

解　$D = 2\begin{vmatrix} 2 & 4 \\ 0 & 3 \end{vmatrix} - (-3)\begin{vmatrix} 1 & 4 \\ -3 & 3 \end{vmatrix} + (-1)\begin{vmatrix} 1 & 2 \\ -3 & 0 \end{vmatrix}$

$= 2(6-0) + 3(3+12) - (0+6)$

$= 51.$

注意　按某一行(列)展开三阶行列式，实质上是把计算三阶行列式转化为计算二阶行列式. 因此，计算三阶以上的行列式，可以利用上述定理按某一行(列)展开，通过降低行列式的阶数来计算. 例如计算四阶行列式时，可以先把四阶行列式按某一行(或一列)展开，即用三阶行列式表示，通过计算三阶行列式的值而得到四阶行列式的值.

例 6　计算下三角形行列式 $\begin{vmatrix} a_{11} & 0 & \cdots & 0 \\ a_{21} & a_{22} & \cdots & 0 \\ \vdots & \vdots & & \vdots \\ a_{n1} & a_{n2} & \cdots & a_{nn} \end{vmatrix}$，该行列式的特点是主对角线上方的元素全为零.

解　由上述定理可知，下三角形行列式的值就等于主对角线上元素的乘积，即

$$\begin{vmatrix} a_{11} & 0 & \cdots & 0 \\ a_{21} & a_{22} & \cdots & 0 \\ \vdots & \vdots & & \vdots \\ a_{n1} & a_{n2} & \cdots & a_{nn} \end{vmatrix} = a_{11}a_{22}\cdots a_{nn}.$$

练一练

(1)计算上三角形行列式 $\begin{vmatrix} a_{11} & a_{12} & \cdots & a_{1n} \\ 0 & a_{22} & \cdots & a_{2n} \\ \vdots & \vdots & & \vdots \\ 0 & 0 & \cdots & a_{nn} \end{vmatrix}$ 的值.

(2)计算对角行列式 $\begin{vmatrix} a_{11} & 0 & \cdots & 0 \\ 0 & a_{22} & \cdots & 0 \\ \vdots & \vdots & & \vdots \\ 0 & 0 & \cdots & a_{nn} \end{vmatrix}$ 的值.

推论 行列式中某一行(列)的各元素与另一行(列)对应元素的代数余子式的乘积之和等于零.即

$$a_{i1}A_{j1} + a_{i2}A_{j2} + \cdots + a_{in}A_{jn} = 0 \text{ 或 } a_{1i}A_{1j} + a_{2i}A_{2j} + \cdots + a_{ni}A_{nj} = 0(i \neq j)$$

19.1.4 行列式的性质

为了简化行列式的计算,下面以三阶行列式为例,介绍行列式的一些主要性质.

性质 1 把行列式的行与列依次互换,所得到的行列式与原行列式的值相等.即

$$\begin{vmatrix} a_{11} & a_{12} & a_{13} \\ a_{21} & a_{22} & a_{23} \\ a_{31} & a_{32} & a_{33} \end{vmatrix} = \begin{vmatrix} a_{11} & a_{21} & a_{31} \\ a_{12} & a_{22} & a_{32} \\ a_{13} & a_{23} & a_{33} \end{vmatrix}.$$

性质 2 对换行列式的任意两行(或两列),所得行列式与原行列式绝对值相等,符号相反.

例如,

$$\begin{vmatrix} a_{11} & a_{12} & a_{13} \\ a_{21} & a_{22} & a_{23} \\ a_{31} & a_{32} & a_{33} \end{vmatrix} = -\begin{vmatrix} a_{31} & a_{32} & a_{33} \\ a_{21} & a_{22} & a_{23} \\ a_{11} & a_{12} & a_{13} \end{vmatrix}.$$

推论 如果行列式的某两行(或两列)的对应元素相同,则该行列式的值为零.

例如，

$$\begin{vmatrix} a_{11} & a_{12} & a_{13} \\ a_{21} & a_{22} & a_{23} \\ a_{21} & a_{22} & a_{23} \end{vmatrix} = 0 .$$

性质 3　把行列式的某一行(或一列)的所有元素同乘以一个常数 k，得到的行列式的值等于用 k 乘以原行列式.

例如，

$$\begin{vmatrix} a_{11} & a_{12} & a_{13} \\ ka_{21} & ka_{22} & ka_{23} \\ a_{31} & a_{32} & a_{33} \end{vmatrix} = k \begin{vmatrix} a_{11} & a_{12} & a_{13} \\ a_{21} & a_{22} & a_{23} \\ a_{31} & a_{32} & a_{33} \end{vmatrix} .$$

推论 1　行列式中某一行(或一列)所有元素的公因子可以提到行列式记号的外面.

推论 2　如果行列式的某一行(或一列)的所有元素都为零，则该行列式的值为零.

推论 3　如果行列式的某两行(或两列)的对应元素成比例，则该行列式的值为零.

行列式的两行对应元素成比例就是指存在一个常数 k，使 $a_{im} = ka_{jm}$.

例如，

$$\begin{vmatrix} a_{11} & a_{12} & a_{13} \\ ka_{11} & ka_{12} & ka_{13} \\ a_{31} & a_{32} & a_{33} \end{vmatrix} = 0 .$$

性质 4　如果行列式的某一行(或一列)的每一个元素都是二项式，则该行列式等于把这些二项式各取一项作成相应行(或列)，而其余行(或列)不变的两个行列式的和. 即

$$\begin{vmatrix} a_{11} & a_{12} & a_{13} \\ a_{21}+b_1 & a_{22}+b_2 & a_{23}+b_3 \\ a_{31} & a_{32} & a_{33} \end{vmatrix} = \begin{vmatrix} a_{11} & a_{12} & a_{13} \\ a_{21} & a_{22} & a_{23} \\ a_{31} & a_{32} & a_{33} \end{vmatrix} + \begin{vmatrix} a_{11} & a_{12} & a_{13} \\ b_1 & b_2 & b_3 \\ a_{31} & a_{32} & a_{33} \end{vmatrix} .$$

例 7　计算 $\begin{vmatrix} a_1+b_1 & 2a_1 & b_1 \\ a_2+b_2 & 2a_2 & b_2 \\ a_3+b_3 & 2a_3 & b_3 \end{vmatrix}$.

解
$$\begin{vmatrix} a_1+b_1 & 2a_1 & b_1 \\ a_2+b_2 & 2a_2 & b_2 \\ a_3+b_3 & 2a_3 & b_3 \end{vmatrix} = \begin{vmatrix} a_1 & 2a_1 & b_1 \\ a_2 & 2a_2 & b_2 \\ a_3 & 2a_3 & b_3 \end{vmatrix} + \begin{vmatrix} b_1 & 2a_1 & b_1 \\ b_2 & 2a_2 & b_2 \\ b_3 & 2a_3 & b_3 \end{vmatrix} = 0+0=0 .$$

性质 5　如果把行列式某一行(或一列)的每一个元素加上另一行(或一列)的对应元素的 k 倍，则所得行列式与原行列式的值相等.

例如,

$$\begin{vmatrix} a_1 & b_1 & c_1 \\ a_2+ka_1 & b_2+kb_1 & c_2+kc_1 \\ a_3 & b_3 & c_3 \end{vmatrix} = \begin{vmatrix} a_1 & b_1 & c_1 \\ a_2 & b_2 & c_2 \\ a_3 & b_3 & c_3 \end{vmatrix}.$$

注意

(1)性质5在行列式的计算中起着重要作用,选择适当的k运用该性质,将行列式的某一行(列)的元素化为只有一个元素不为0,再按这一行(列)展开;或把行列式变为上(或下)三角形行列式,简化行列式的计算.特殊地,$k=1$是指行列式某一行(或一列)的元素加上另一行(或一列)的对应元素;$k=-1$是指行列式某一行(或一列)的元素减去另一行(或一列)的对应元素.

(2)行列式的计算过程方法灵活,变化较多,为了便于书写和复查,在计算过程中约定采用下列标记方法:

① 以r表示行,c表示列;

② 把第i行(或第i列)的每一个元素加上第j行(或第j列)对应元素的k倍,记作r_i+kr_j(或c_i+kc_j);

③ 互换第i行(列)和第j行(列),记作$r_i \leftrightarrow r_j$(或$c_i \leftrightarrow c_j$).

例8 利用行列式的性质,计算下列行列式.

(1)$\begin{vmatrix} 3 & 6 & -4 \\ 1 & -2 & 3 \\ 2 & 8 & -7 \end{vmatrix}$; (2)$\begin{vmatrix} 3 & -1 & -5 \\ 43 & 19 & 65 \\ 4 & 2 & 7 \end{vmatrix}$; (3)$\begin{vmatrix} \frac{1}{2} & \frac{1}{2} & -1 \\ \frac{1}{3} & \frac{2}{3} & -\frac{2}{3} \\ \frac{2}{5} & \frac{3}{5} & -\frac{1}{5} \end{vmatrix}$.

解 (1)$\begin{vmatrix} 3 & 6 & -4 \\ 1 & -2 & 3 \\ 2 & 8 & -7 \end{vmatrix} \xlongequal{r_3+r_2} \begin{vmatrix} 3 & 6 & -4 \\ 1 & -2 & 3 \\ 3 & 6 & -4 \end{vmatrix}=0.$

(2)方法1 $\begin{vmatrix} 3 & -1 & -5 \\ 43 & 19 & 65 \\ 4 & 2 & 7 \end{vmatrix} \xlongequal{r_2-r_1} \begin{vmatrix} 3 & -1 & -5 \\ 40 & 20 & 70 \\ 4 & 2 & 7 \end{vmatrix} = 10\begin{vmatrix} 3 & -1 & -5 \\ 4 & 2 & 7 \\ 4 & 2 & 7 \end{vmatrix}=0.$

方法2 $\begin{vmatrix} 3 & -1 & -5 \\ 43 & 19 & 65 \\ 4 & 2 & 7 \end{vmatrix} = \begin{vmatrix} 3 & -1 & -5 \\ 40+3 & 20-1 & 70-5 \\ 4 & 2 & 7 \end{vmatrix}$

$$= \begin{vmatrix} 3 & -1 & -5 \\ 40 & 20 & 70 \\ 4 & 2 & 7 \end{vmatrix} + \begin{vmatrix} 3 & -1 & -5 \\ 3 & -1 & -5 \\ 4 & 2 & 7 \end{vmatrix}$$

$$=0+0=0.$$

(3)行列式中元素多为分数,可以用提取公因子的方法把行列式中的元素都化为整数,再进行计算.

$$\begin{vmatrix} \frac{1}{2} & \frac{1}{2} & -1 \\ \frac{1}{3} & \frac{2}{3} & -\frac{2}{3} \\ \frac{2}{5} & \frac{3}{5} & -\frac{1}{5} \end{vmatrix} = (-1) \times \frac{1}{2} \times \frac{1}{3} \times \frac{1}{5} \times \begin{vmatrix} 1 & 1 & 2 \\ 1 & 2 & 2 \\ 2 & 3 & 1 \end{vmatrix}$$

$$\xlongequal{c_3 - 2c_1} -\frac{1}{30} \times \begin{vmatrix} 1 & 1 & 0 \\ 1 & 2 & 0 \\ 2 & 3 & -3 \end{vmatrix}$$

$$\xlongequal{c_2 - c_1} -\frac{1}{30} \times \begin{vmatrix} 1 & 0 & 0 \\ 1 & 1 & 0 \\ 2 & 1 & -3 \end{vmatrix} = \frac{1}{10}.$$

练一练

利用行列式的性质,计算下列行列式:

(1) $\begin{vmatrix} 1 & 1 & 2 \\ 2 & 1 & 1 \\ 1 & 2 & 1 \end{vmatrix}$; (2) $\begin{vmatrix} 1 & 1 & 1 \\ a & b & c \\ b+c & a+c & a+b \end{vmatrix}$.

例 9　利用行列式的性质,计算下列行列式:

(1) $\begin{vmatrix} -1 & 3 & 2 & -2 \\ 1 & 1 & 1 & 4 \\ -1 & 2 & 1 & -1 \\ 1 & 1 & 2 & 9 \end{vmatrix}$; (2) $\begin{vmatrix} b & a & a & a \\ a & b & a & a \\ a & a & b & a \\ a & a & a & b \end{vmatrix}$.

解　(1)方法 1

$$\begin{vmatrix} -1 & 3 & 2 & -2 \\ 1 & 1 & 1 & 4 \\ -1 & 2 & 1 & -1 \\ 1 & 1 & 2 & 9 \end{vmatrix} \xlongequal[\substack{r_3 - r_1 \\ r_4 + r_1}]{r_2 + r_1} \begin{vmatrix} -1 & 3 & 2 & -2 \\ 0 & 4 & 3 & 2 \\ 0 & -1 & -1 & 1 \\ 0 & 4 & 4 & 7 \end{vmatrix}$$

$$= -\begin{vmatrix} 4 & 3 & 2 \\ -1 & -1 & 1 \\ 4 & 4 & 7 \end{vmatrix} \xlongequal[c_3 + c_1]{c_2 - c_1} -\begin{vmatrix} 4 & -1 & 6 \\ -1 & 0 & 0 \\ 4 & 0 & 11 \end{vmatrix}$$

$$= -\begin{vmatrix} -1 & 0 \\ 4 & 11 \end{vmatrix} = 11.$$

方法 2 $\begin{vmatrix} -1 & 3 & 2 & -2 \\ 1 & 1 & 1 & 4 \\ -1 & 2 & 1 & -1 \\ 1 & 1 & 2 & 9 \end{vmatrix} \xlongequal[\substack{r_3-r_1\\ r_4+r_1}]{r_2+r_1} \begin{vmatrix} -1 & 3 & 2 & -2 \\ 0 & 4 & 3 & 2 \\ 0 & -1 & -1 & 1 \\ 0 & 4 & 4 & 7 \end{vmatrix}$

$$\xlongequal{r_2 \leftrightarrow r_3} - \begin{vmatrix} -1 & 3 & 2 & -2 \\ 0 & -1 & -1 & 1 \\ 0 & 4 & 3 & 2 \\ 0 & 4 & 4 & 7 \end{vmatrix} \xlongequal[r_4+4r_2]{r_3+4r_2} - \begin{vmatrix} -1 & 3 & 2 & -2 \\ 0 & -1 & -1 & 1 \\ 0 & 0 & -1 & 6 \\ 0 & 0 & 0 & 11 \end{vmatrix} = 11.$$

(2) $\begin{vmatrix} b & a & a & a \\ a & b & a & a \\ a & a & b & a \\ a & a & a & b \end{vmatrix} \xlongequal{r_1+r_2+r_3+r_4} \begin{vmatrix} b+3a & b+3a & b+3a & b+3a \\ a & b & a & a \\ a & a & b & a \\ a & a & a & b \end{vmatrix}$

$$= (b+3a) \begin{vmatrix} 1 & 1 & 1 & 1 \\ a & b & a & a \\ a & a & b & a \\ a & a & a & b \end{vmatrix} \xlongequal[\substack{r_3-ar_1(b+3a)\\ r_4-ar_1}]{r_2-ar_1} \begin{vmatrix} 1 & 1 & 1 & 1 \\ 0 & b-a & 0 & 0 \\ 0 & 0 & b-a & 0 \\ 0 & 0 & 0 & b-a \end{vmatrix}$$

$$= (b+3a)(b-a)^3.$$

练一练

利用行列式的性质,计算下列行列式:

(1) $\begin{vmatrix} 1 & 2 & 0 & 1 \\ 1 & 3 & 5 & 0 \\ 0 & 1 & 5 & 6 \\ 1 & 3 & 3 & 4 \end{vmatrix}$; (2) $\begin{vmatrix} -1 & 2 & -2 & 1 \\ 2 & 3 & 1 & -1 \\ 2 & 0 & 0 & 3 \\ 4 & 1 & 0 & 1 \end{vmatrix}$;

(3) $\begin{vmatrix} -1 & 0 & 3 & 5 \\ 5 & -2 & 3 & -5 \\ -2 & 5 & -1 & 2 \\ 2 & -3 & 5 & 4 \end{vmatrix}$; (4) $\begin{vmatrix} a^2 & (a+1)^2 & (a+2)^2 & (a+3)^2 \\ b^2 & (b+1)^2 & (b+2)^2 & (b+3)^2 \\ c^2 & (c+1)^2 & (c+2)^2 & (c+3)^2 \\ d^2 & (d+1)^2 & (d+2)^2 & (d+3)^2 \end{vmatrix}$.

注意 行列式的计算方法灵活,变化较多,解题时要注意观察行列式的特点,尽量避免分式运算,若行(列)有公因子可提到行(列)外,简化行列式的运算.

行列式基本计算方法如下:

(1)对角线法则:只适用于二阶与三阶行列式.

(2)降阶法:① 按行列式中某一行(列)展开式计算.选择标准按选择 0 元素较多的行(列)进行展开.

② 先化简,再展开.

ⅰ在行列式中选一行(列).选择标准按选择易于将元素化为 0 的行(列)进行展开.

ⅱ利用行列式的性质,将该行(列)的元素化为只有一个元素不为 0,再按这一行(列)展开,降低行列式阶数.

(3)化三角形法:利用行列式的性质,将行列式变为上(或下)三角形行列式,则行列式的值就等于主对角线上元素的乘积.

19.1.5 克莱姆法则

前面我们分别用二阶行列式、三阶行列式研究了二元线性方程组和三元线性方程组的解,下面我们用 n 阶行列式来研究 n 元线性方程组的解.

含有 n 个未知数 $x_1,x_2,\cdots,x_n$ 的线性方程组

$$\begin{cases} a_{11}x_1+a_{12}x_2+\cdots+a_{1n}x_n=b_1 \\ a_{21}x_1+a_{22}x_2+\cdots+a_{2n}x_n=b_2 \\ \vdots \\ a_{n1}x_1+a_{n2}x_2+\cdots+a_{nn}x_n=b_n \end{cases} \tag{4}$$

称为 n 元线性方程组.

线性方程组(4)的系数 a_{ij} 构成的行列式称为该方程组的系数行列式 D,即

$$D=\begin{vmatrix} a_{11} & a_{12} & \cdots & a_{1n} \\ a_{21} & a_{22} & \cdots & a_{2n} \\ \vdots & \vdots & & \vdots \\ a_{n1} & a_{n2} & \cdots & a_{nn} \end{vmatrix}.$$

定理(克莱姆法则)　若线性方程组(4)的系数行列式 $D\neq 0$,则线性方程组(4)有唯一解,其解为

$$x_j=\frac{D_j}{D}\quad (j=1,2,\cdots,n) \tag{5}$$

其中,$D_j(j=1,2\cdots n)$ 是把 D 中第 j 列元素 $a_{1j},a_{2j},\cdots,a_{nj}$ 对应地换成常数项 b_1,$b_2\cdots b_n$,而其余各列保持不变所得到的行列式.

一般来说,用克莱姆法则求线性方程组的解时,计算量是比较大的.对具体的数字线性方程组,当未知数较多时往往可用计算机来求解.用计算机求解线性方程组目前已经有了一整套成熟的方法.

例 10　用克莱姆法则求解线性方程组

$$\begin{cases} 2x_1+3x_2+5x_3=2 \\ x_1+2x_2=5 \\ 3x_2+5x_3=4 \end{cases}.$$

解 $D=\begin{vmatrix}2&3&5\\1&2&0\\0&3&5\end{vmatrix}\xlongequal{r_1-r_3}\begin{vmatrix}2&0&0\\1&2&0\\0&3&5\end{vmatrix}=2\begin{vmatrix}2&0\\3&5\end{vmatrix}=2\times2\times5=20,$

$$D_1=\begin{vmatrix}2&3&5\\5&2&0\\4&3&5\end{vmatrix}\xlongequal{r_1-r_3}\begin{vmatrix}-2&0&0\\5&2&0\\4&3&5\end{vmatrix}=(-2)\times2\times5=-20,$$

$$D_2=\begin{vmatrix}2&2&5\\1&5&0\\0&4&5\end{vmatrix}\xlongequal{r_1-2r_2}\begin{vmatrix}0&-8&5\\1&5&0\\0&4&5\end{vmatrix}\xlongequal{r_1\leftrightarrow r_2}-\begin{vmatrix}1&5&0\\0&-8&5\\0&4&5\end{vmatrix}=-\begin{vmatrix}-8&5\\4&5\end{vmatrix}=60,$$

$$D_3=\begin{vmatrix}2&3&2\\1&2&5\\0&3&4\end{vmatrix}\xlongequal{r_1-2r_2}\begin{vmatrix}0&-1&-8\\1&2&5\\0&3&4\end{vmatrix}\xlongequal{r_1\leftrightarrow r_2}-\begin{vmatrix}1&2&5\\0&-1&-8\\0&3&4\end{vmatrix}=-\begin{vmatrix}-1&-8\\3&4\end{vmatrix}=-20.$$

由克莱姆法则，方程组的解为

$$x_1=\frac{D_1}{D}=-1,x_2=\frac{D_2}{D}=3,x_3=\frac{D_3}{D}=-1.$$

例 11 用克莱姆法则解方程组

$$\begin{cases}2x_1+x_2-5x_3+x_4=8\\x_1-3x_2-6x_4=9\\2x_2-x_3+2x_4=-5\\x_1+4x_2-7x_3+6x_4=0\end{cases}.$$

解 $D=\begin{vmatrix}2&1&-5&1\\1&-3&0&-6\\0&2&-1&2\\1&4&-7&6\end{vmatrix}\xlongequal[r_4-r_2]{r_1-2r_2}\begin{vmatrix}0&7&-5&13\\1&-3&0&-6\\0&2&-1&2\\0&7&-7&12\end{vmatrix}$

$$=-\begin{vmatrix}7&-5&13\\2&-1&2\\7&-7&12\end{vmatrix}\xlongequal[c_3+2c_2]{c_1+2c_2}-\begin{vmatrix}-3&-5&3\\0&-1&0\\-7&-7&-2\end{vmatrix}=\begin{vmatrix}-3&3\\-7&-2\end{vmatrix}=27.$$

$$D_1=\begin{vmatrix}8&1&-5&1\\9&-3&0&-6\\-5&2&-1&2\\0&4&-7&6\end{vmatrix}=81,\quad D_2=\begin{vmatrix}2&8&-5&1\\1&9&0&-6\\0&-5&-1&2\\1&0&-7&6\end{vmatrix}=-108,$$

$$D_3=\begin{vmatrix}2 & 1 & 8 & 1\\ 1 & -3 & 9 & -6\\ 0 & 2 & -5 & 2\\ 1 & 4 & 0 & 6\end{vmatrix}=-27,\quad D_4=\begin{vmatrix}2 & 1 & -5 & 8\\ 1 & -3 & 0 & 9\\ 0 & 2 & -1 & -5\\ 1 & 4 & -7 & 0\end{vmatrix}=27.$$

故方程组的解为

$$x_1=\frac{D_1}{D}=\frac{81}{27}=3,\qquad x_2=\frac{D_2}{D}=\frac{-108}{27}=-4,$$

$$x_3=\frac{D_3}{D}=\frac{-27}{27}=-1,\qquad x_4=\frac{D_4}{D}=\frac{27}{27}=1.$$

练一练

利用克莱姆法则解线性方程组：

(1) $\begin{cases}4x-y-2z=3\\ 2x+y-3z=-7\\ x+2y+z=-3\end{cases}$；　(2) $\begin{cases}x+y+z+\omega=2\\ 2x+3y-4z+2\omega=-2\\ x-5y+7z-3\omega=0\\ 3x+4y-6z+5\omega=1\end{cases}$.

习　题　19.1

1. 将下列行列式按指定的行或列展开并计算：

(1) $D=\begin{vmatrix}1 & 2 & 0 & 1\\ 1 & 3 & 5 & 0\\ 0 & 1 & 5 & 6\\ 1 & 3 & 3 & 4\end{vmatrix}$，按第一列；　(2) $D=\begin{vmatrix}3 & 2 & 1 & x\\ 2 & 1 & 3 & y\\ 1 & 3 & 2 & z\\ 6 & 6 & 6 & \omega\end{vmatrix}$，按第四行.

2. 计算下列行列式：

(1) $\begin{vmatrix}3 & 2 & 1\\ 2 & 3 & 2\\ 1 & 2 & 3\end{vmatrix}$；　(2) $\begin{vmatrix}1+\cos x & 1+\sin x & 1\\ 1-\sin x & 1+\cos x & 1\\ 1 & 1 & 1\end{vmatrix}$；

(3) $\begin{vmatrix}1 & 1 & 1 & 1\\ 1 & -1 & 1 & 1\\ 1 & 1 & -1 & 1\\ 1 & 1 & 1 & -1\end{vmatrix}$；　(4) $\begin{vmatrix}0 & 1 & 1 & 1\\ 1 & 0 & 1 & 1\\ 1 & 1 & 0 & 1\\ 1 & 1 & 1 & 0\end{vmatrix}$.

3. 用克莱姆法则解下列线性方程组：

(1) $\begin{cases}2x_1 - x_2 + x_3 = 0\\3x_1 + 2x_2 - 5x_3 = 1\\x_1 + 3x_2 - 2x_3 = 4\end{cases}$； (2) $\begin{cases}x - y + 2\omega = -5\\3x + 2y - z - 2\omega = 6\\4x + 3y - z - \omega = 0\\2x - z = 0\end{cases}$；

(3) $\begin{cases}x + 2y + 3z + 4\omega = 2\\4x + y + 2z + 3\omega = 2\\3x + 4y + z + 2\omega = 2\\2x + 3y + 4z + \omega = 2\end{cases}$.

19.2 矩阵的概念及其运算

本节重点知识：

1. 矩阵的概念.

2. 矩阵的运算.

19.2.1 矩阵的概念

前面学习了用行列式解线性方程组，下面再介绍一种解线性方程组的方法. 为此，引入一个新的概念——矩阵.

1. 引例 已知一个三元线性方程组

$$\begin{cases}x + 2y + 5z = 9\\x - y + 3z = 2\\3x - 6y - z = 25\end{cases}.$$

将它的系数和常数项按照原来的顺序写出来，就可以得到一个 3 行 4 列数表，再用括号把它的两侧括起来，即

$$\begin{pmatrix}1 & 2 & 5 & 9\\1 & -1 & 3 & 2\\3 & -6 & -1 & 25\end{pmatrix}.$$

这种数表在数学上称做矩阵. 该矩阵有三行四列，就把这种矩阵称做 3×4 矩阵.

2. 定义 由 $m\times n$ 个数 a_{ij} $(i=1,2,\cdots,m;j=1,2,,\cdots,n)$ 排成的一个 m 行 n 列的数表，两侧用圆括号或方括号括起来，即

$$A=\begin{pmatrix} a_{11} & a_{12} & \cdots & a_{1n} \\ a_{21} & a_{22} & \cdots & a_{2n} \\ \vdots & \vdots & & \vdots \\ a_{m1} & a_{m2} & \cdots & a_{mn} \end{pmatrix}$$

称其为m行n列**矩阵**，简称$m\times n$矩阵. 矩阵通常用大写字母$A,B,C,\cdots$表示. 上述矩阵可以记为$\boldsymbol{A}=(a_{ij})_{m\times n}$或$\boldsymbol{A}=(a_{ij})$，其中$a_{ij}$称为矩阵$\boldsymbol{A}$的元素.

3. 常用的特殊矩阵

(1) n阶方阵. 当矩阵的行数和列数相等时，即$m=n$时的矩阵称为n阶方阵. 其中从左上角到右下角的对角线称为主对角线，主对角线上的元素称为主对角元素.

例如，$\boldsymbol{A}=\begin{pmatrix} 1 & 0 & 1 \\ 1 & 4 & -3 \\ 3 & -1 & 2 \end{pmatrix}$是一个三阶方阵.

通常把由n阶方阵$\boldsymbol{A}$的元素，按其在矩阵中的位置构成的n阶行列式称为方阵$\boldsymbol{A}$的行列式，记为$|\boldsymbol{A}|$.

(2)行矩阵和列矩阵. 只有一行的矩阵称为**行矩阵**. 只有一列的矩阵称为**列矩阵**.

例如，$\boldsymbol{A}=(3,5,-2,1)$是一个行矩阵，而矩阵$\boldsymbol{B}=\begin{pmatrix} 5 \\ -1 \\ 0 \\ 9 \end{pmatrix}$是一个列矩阵.

(3)零矩阵. 每一个元素都为零的矩阵称为**零矩阵**，记作$\boldsymbol{O}$.

(4)单位矩阵. 主对角线上的元素都为1，而其余元素都为零的n阶方阵称为n阶**单位矩阵**，记作$\boldsymbol{I}$.

例如，$\begin{pmatrix} 1 & 0 & 0 \\ 0 & 1 & 0 \\ 0 & 0 & 1 \end{pmatrix}$是一个三阶单位矩阵.

(5)转置矩阵. 把矩阵$\boldsymbol{A}$的行与列依次互换，得到的矩阵称为矩阵$\boldsymbol{A}$的**转置矩阵**，记作$\boldsymbol{A}'$或$\boldsymbol{A}^{\mathrm{T}}$. 一个$m$行$n$列矩阵$A$的转置矩阵$\boldsymbol{A}'$是一个$n$行$m$列的矩阵.

例如，$\boldsymbol{A}=\begin{pmatrix} 1 & 5 & 8 \\ -2 & 3 & -9 \end{pmatrix}$的转置矩阵为$\boldsymbol{A}'=\begin{pmatrix} 1 & -2 \\ 5 & 3 \\ 8 & -9 \end{pmatrix}$.

(6)三角矩阵. 主对角线一侧的所有元素都为零的方阵称为三角矩阵. 三角矩阵分为上三角矩阵和下三角矩阵.

练一练

写出下列矩阵的转置矩阵.

(1) $\begin{pmatrix} 3 \\ 1 \\ -2 \\ 5 \end{pmatrix}$；　　(2) $\begin{pmatrix} 2 & 0 & 1 & -2 \\ 5 & -4 & 3 & 6 \\ -3 & 7 & -9 & 0 \end{pmatrix}$.

4. 矩阵相等

如果两个矩阵 $\boldsymbol{A}$ 与 $\boldsymbol{B}$ 的行数相同,列数相同,并且对应元素都分别相等,那么就称这两个矩阵相等,记作 $\boldsymbol{A}=\boldsymbol{B}$.

练一练

设 $\boldsymbol{A}=\begin{pmatrix} a+2 & 3b-c \\ c-1 & c+d \end{pmatrix}$,$\boldsymbol{B}=\begin{pmatrix} 1 & 0 \\ 2 & -5 \end{pmatrix}$,已知 $\boldsymbol{A}=\boldsymbol{B}$,求 a, b, c, d.

注意

(1)矩阵与行列式是两个不同的概念.

① 矩阵是由数构成的一个数表,而行列式是一个算式,计算的结果是一个数.记法也不同,矩阵用的是一对圆括号,而行列式用的是两条竖线.

② 矩阵的行数和列数可以不同,而行列式的行数与列数必须相同.

(2)矩阵相等与行列式相等的概念也完全不同,矩阵相等是指两个矩阵中所有对应的元素都分别相等,而行列式相等则表示两个行列式的运算结果相同.

19.2.2　矩阵的运算

1. 矩阵的加法与减法

设 $\boldsymbol{A}=(a_{ij})$, $\boldsymbol{B}=(b_{ij})$是两个 m 行 n 列的矩阵,则称矩阵

$$\boldsymbol{A}\pm\boldsymbol{B}=(a_{ij}\pm b_{ij})$$

为矩阵 $\boldsymbol{A}$ 与 $\boldsymbol{B}$ 的和(或差).显然它们和(或差)仍是一个 m 行 n 列矩阵.

例如,设 $\boldsymbol{A}=\begin{pmatrix} a_{11} & a_{12} \\ a_{21} & a_{22} \end{pmatrix}$, $\boldsymbol{B}=\begin{pmatrix} b_{11} & b_{12} \\ b_{21} & b_{22} \end{pmatrix}$,则

$$\boldsymbol{A}\pm\boldsymbol{B}=\begin{pmatrix} a_{11}\pm b_{11} & a_{12}\pm b_{12} \\ a_{21}\pm b_{21} & a_{22}\pm b_{22} \end{pmatrix}.$$

注意:只有当两个矩阵的行数和列数都分别相同时,它们才能作加(减)法运算,而且矩阵的加减法运算归结为对应元素的加减法运算.

容易验证,矩阵的加法满足以下规律:

(1)交换律:$\boldsymbol{A}+\boldsymbol{B}=\boldsymbol{B}+\boldsymbol{A}$;

(2)结合律:$(\boldsymbol{A}+\boldsymbol{B})+\boldsymbol{C}=\boldsymbol{A}+(\boldsymbol{B}+\boldsymbol{C})$.

例 1　已知矩阵

$$\boldsymbol{A}=\begin{pmatrix}-1 & 0 & 1 & -3\\ 2 & 3 & 0 & 2\\ 3 & -2 & -1 & 1\end{pmatrix},\boldsymbol{B}=\begin{pmatrix}3 & 2 & -4 & 0\\ 0 & -1 & 3 & 1\\ 2 & 3 & 6 & -2\end{pmatrix},$$

求 $\boldsymbol{A}+\boldsymbol{B}$ 和 $\boldsymbol{A}-\boldsymbol{B}$.

解　$$\boldsymbol{A}+\boldsymbol{B}=\begin{pmatrix}-1 & 0 & 1 & -3\\ 2 & 3 & 0 & 2\\ 3 & -2 & -1 & 1\end{pmatrix}+\begin{pmatrix}3 & 2 & -4 & 0\\ 0 & -1 & 3 & 1\\ 2 & 3 & 6 & -2\end{pmatrix}$$

$$=\begin{pmatrix}-1+3 & 0+2 & 1+(-4) & -3+0\\ 2+0 & 3+(-1) & 0+3 & 2+1\\ 3+2 & -2+3 & -1+6 & 1+(-2)\end{pmatrix}$$

$$=\begin{pmatrix}2 & 2 & -3 & -3\\ 2 & 2 & 3 & 3\\ 5 & 1 & 5 & -1\end{pmatrix}.$$

$$\boldsymbol{A}-\boldsymbol{B}=\begin{pmatrix}-1 & 0 & 1 & -3\\ 2 & 3 & 0 & 2\\ 3 & -2 & -1 & 1\end{pmatrix}-\begin{pmatrix}3 & 2 & -4 & 0\\ 0 & -1 & 3 & 1\\ 2 & 3 & 6 & -2\end{pmatrix}$$

$$=\begin{pmatrix}-1-3 & 0-2 & 1-(-4) & -3-0\\ 2-0 & 3-(-1) & 0-3 & 2-1\\ 3-2 & -2-3 & -1-6 & 1-(-2)\end{pmatrix}$$

$$=\begin{pmatrix}-4 & -2 & 5 & -3\\ 2 & 4 & -3 & 1\\ 1 & -5 & -7 & 3\end{pmatrix}.$$

例 2　已知矩阵

$$\boldsymbol{A}=\begin{pmatrix}1 & 2 & -3\\ 4 & -1 & 5\\ 5 & -3 & 6\end{pmatrix},\quad \boldsymbol{B}=\begin{pmatrix}2 & 7 & 3\\ 3 & -5 & -6\\ -4 & -1 & -2\end{pmatrix},\quad \boldsymbol{C}=\begin{pmatrix}1 & 3 & -5\\ 4 & 2 & -1\\ 3 & -8 & 2\end{pmatrix},$$

求 $\boldsymbol{A}-(\boldsymbol{B}-\boldsymbol{C})$,$\boldsymbol{A}-\boldsymbol{B}+\boldsymbol{C}$.

解　$$\boldsymbol{B}-\boldsymbol{C}=\begin{pmatrix}2 & 7 & 3\\ 3 & -5 & -6\\ -4 & -1 & -2\end{pmatrix}-\begin{pmatrix}1 & 3 & -5\\ 4 & 2 & -1\\ 3 & -8 & 2\end{pmatrix}$$

$$=\begin{pmatrix}1 & 4 & 8\\ -1 & -7 & -5\\ -7 & 7 & -4\end{pmatrix}$$

$$\boldsymbol{A}-(\boldsymbol{B}-\boldsymbol{C})=\begin{pmatrix}1 & 2 & -3\\ 4 & -1 & 5\\ 5 & -3 & 6\end{pmatrix}-\begin{pmatrix}1 & 4 & 8\\ -1 & -7 & -5\\ -7 & 7 & -4\end{pmatrix}=\begin{pmatrix}0 & -2 & -11\\ 5 & 6 & 10\\ 12 & -10 & 10\end{pmatrix}$$

$$\boldsymbol{A}-\boldsymbol{B}+\boldsymbol{C}=\begin{pmatrix}1 & 2 & -3\\ 4 & -1 & 5\\ 5 & -3 & 6\end{pmatrix}-\begin{pmatrix}2 & 7 & 3\\ 3 & -5 & -6\\ -4 & -1 & -2\end{pmatrix}+\begin{pmatrix}1 & 3 & -5\\ 4 & 2 & -1\\ 3 & -8 & 2\end{pmatrix}$$

$$=\begin{pmatrix}0 & -2 & -11\\ 5 & 6 & 10\\ 12 & -10 & 10\end{pmatrix}.$$

即 $\boldsymbol{A}-(\boldsymbol{B}-\boldsymbol{C})=\boldsymbol{A}-\boldsymbol{B}+\boldsymbol{C}$.

2. 数乘矩阵

设有一个 m 行 n 列矩阵 $\boldsymbol{A}=(a_{ij})_{m\times n}$,用数 k 去乘这个矩阵中的每一个元素所得到的矩阵 $(ka_{ij})_{m\times n}$,称为数 k 与矩阵 $\boldsymbol{A}$ 的**数乘**,记作 $k\boldsymbol{A}$. 即 $k\boldsymbol{A}=(ka_{ij})_{m\times n}$.

例如,$\boldsymbol{A}=\begin{pmatrix}-1 & 2 & -1\\ 4 & 0 & 2\\ 5 & -3 & 6\end{pmatrix}$,则

$$3\boldsymbol{A}=\begin{pmatrix}-1\times 3 & 2\times 3 & -1\times 3\\ 4\times 3 & 0\times 3 & 2\times 3\\ 5\times 3 & -3\times 3 & 6\times 3\end{pmatrix}=\begin{pmatrix}-3 & 6 & -3\\ 12 & 0 & 6\\ 15 & -9 & 18\end{pmatrix}.$$

注意 数 k 乘矩阵,是指用 k 去乘矩阵中的每一个元素. 这与数 k 乘行列式不同.

数乘矩阵满足以下规律:

(1)结合律:$k(l\boldsymbol{A})=(kl)\boldsymbol{A}$;

(2)分配律:$k(\boldsymbol{A}+\boldsymbol{B})=k\boldsymbol{A}+k\boldsymbol{B}$,$(k+l)\boldsymbol{A}=k\boldsymbol{A}+l\boldsymbol{A}$. 其中 $\boldsymbol{A},\boldsymbol{B}$ 是 m 行 n 列矩阵,k,l 是实数.

例 3 已知矩阵

$$\boldsymbol{A}=\begin{pmatrix}3 & 4 & -5\\ -2 & -1 & 6\end{pmatrix},\quad \boldsymbol{B}=\begin{pmatrix}-4 & -2 & 3\\ 1 & 1 & -2\end{pmatrix},\text{求 } 2(\boldsymbol{A}+\boldsymbol{B}).$$

解 方法 1

$$\boldsymbol{A}+\boldsymbol{B}=\begin{pmatrix}3 & 4 & -5\\ -2 & -1 & 6\end{pmatrix}+\begin{pmatrix}-4 & -2 & 3\\ 1 & 1 & -2\end{pmatrix}=\begin{pmatrix}-1 & 2 & -2\\ -1 & 0 & 4\end{pmatrix}$$

$$2(\boldsymbol{A}+\boldsymbol{B})=2\begin{pmatrix}-1 & 2 & -2\\ -1 & 0 & 4\end{pmatrix}=\begin{pmatrix}-2 & 4 & -4\\ -2 & 0 & 8\end{pmatrix}.$$

方法 2 $2(\boldsymbol{A}+\boldsymbol{B})=2\boldsymbol{A}+2\boldsymbol{B}$

$$=2\begin{pmatrix} 3 & 4 & -5 \\ -2 & -1 & 6 \end{pmatrix}+2\begin{pmatrix} -4 & -2 & 3 \\ 1 & 1 & -2 \end{pmatrix}$$

$$=\begin{pmatrix} 6 & 8 & -10 \\ -4 & -2 & 12 \end{pmatrix}+\begin{pmatrix} -8 & -4 & 6 \\ 2 & 2 & -4 \end{pmatrix}$$

$$=\begin{pmatrix} -2 & 4 & -4 \\ -2 & 0 & 8 \end{pmatrix}.$$

由数乘矩阵的运算可以看出，矩阵的减法运算可以转化为加法运算. 即 $\boldsymbol{A}-\boldsymbol{B}=\boldsymbol{A}+(-1)\boldsymbol{B}$.

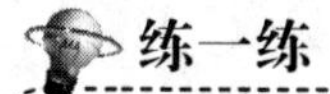

练一练

已知矩阵

$$\boldsymbol{A}=\begin{pmatrix} 1 & 2 & -5 \\ -3 & -2 & 7 \\ 2 & 4 & -1 \end{pmatrix},\boldsymbol{B}=\begin{pmatrix} 3 & -2 & -1 \\ -3 & 2 & 4 \\ 1 & -4 & 5 \end{pmatrix},\boldsymbol{C}=\begin{pmatrix} 4 & 1 & -2 \\ -1 & 3 & 6 \\ 7 & 4 & 1 \end{pmatrix}$$

求 $5(\boldsymbol{A}+\boldsymbol{B}-\boldsymbol{C})$ 和 $5\boldsymbol{A}+5\boldsymbol{B}-5\boldsymbol{C}$.

3. 矩阵与矩阵相乘

设矩阵 $\boldsymbol{A}=(a_{ij})_{m\times s}$，矩阵 $\boldsymbol{B}=(b_{ij})_{s\times n}$，以

$$c_{ij}=a_{i1}b_{1j}+a_{i2}b_{2j}+\cdots+a_{is}b_{sj}=\sum_{k=1}^{s}a_{ik}b_{kj}\quad(i=1,2,3\cdots m;j=1,2,3\cdots n)$$

为元素的矩阵 $\boldsymbol{C}=(c_{ij})_{m\times n}$ 称做矩阵 $\boldsymbol{A}$ 与矩阵 $\boldsymbol{B}$ 的乘积，记作 $\boldsymbol{AB}$.

即　$\boldsymbol{C}=\boldsymbol{AB}$.

注意

(1)矩阵 $\boldsymbol{C}$ 中的元素 c_{ij} 是左矩阵 $\boldsymbol{A}$ 的第 i 行的元素(共有 s 个)与右矩阵 $\boldsymbol{B}$ 的第 j 列的对应元素(共有 s 个)乘积之和.

(2)只有当左矩阵 $\boldsymbol{A}$ 的列数与右矩阵 $\boldsymbol{B}$ 的行数相同时，两个矩阵才能相乘，否则 $\boldsymbol{AB}$ 无意义.

(3)两个矩阵的乘积仍是一个矩阵，它的行数等于左矩阵的行数，它的列数等于右矩阵的列数. 也就是说，一个 $m\times s$ 矩阵与一个 $s\times n$ 矩阵的乘积等于一个 $m\times n$ 矩阵.

矩阵乘法满足以下规律：

(1)结合律：$(\boldsymbol{AB})\boldsymbol{C}=\boldsymbol{A}(\boldsymbol{BC})$，

$k(\boldsymbol{AB})=(k\boldsymbol{A})\boldsymbol{B}=\boldsymbol{A}(k\boldsymbol{B})$；

(2)分配律：$\boldsymbol{A}(\boldsymbol{B}+\boldsymbol{C})=\boldsymbol{AB}+\boldsymbol{AC}$，

$(\boldsymbol{B}+\boldsymbol{C})\boldsymbol{A}=\boldsymbol{BA}+\boldsymbol{CA}$.

其中 $\boldsymbol{A},\boldsymbol{B},\boldsymbol{C}$ 是矩阵，k 是实数.

例 4 已知矩阵

$$\boldsymbol{A}=\begin{pmatrix}2 & -3 & -1\\3 & 2 & 5\end{pmatrix},\ \boldsymbol{B}=\begin{pmatrix}1 & 2\\-5 & 1\\3 & -1\end{pmatrix},\text{求 }\boldsymbol{AB}\text{ 和 }\boldsymbol{BA}.$$

解 $$\boldsymbol{AB}=\begin{pmatrix}2 & -3 & -1\\3 & 2 & 5\end{pmatrix}\begin{pmatrix}1 & 2\\-5 & 1\\3 & -1\end{pmatrix}$$

$$=\begin{pmatrix}2\times1+(-3)\times(-5)+(-1)\times3 & 2\times2+(-3)\times1+(-1)\times(-1)\\3\times1+2\times(-5)+5\times3 & 3\times2+2\times1+5\times(-1)\end{pmatrix}$$

$$=\begin{pmatrix}14 & 2\\8 & 3\end{pmatrix}.$$

$$\boldsymbol{BA}=\begin{pmatrix}1 & 2\\-5 & 1\\3 & -1\end{pmatrix}\begin{pmatrix}2 & -3 & -1\\3 & 2 & 5\end{pmatrix}$$

$$=\begin{pmatrix}1\times2+2\times3 & 1\times(-3)+2\times2 & 1\times(-1)+2\times5\\-5\times2+1\times3 & -5\times(-3)+1\times2 & -5\times(-1)+1\times5\\3\times2+(-1)\times3 & 3\times(-3)+(-1)\times2 & 3\times(-1)+(-1)\times5\end{pmatrix}$$

$$=\begin{pmatrix}8 & 1 & 9\\-7 & 17 & 10\\3 & -11 & -8\end{pmatrix}.$$

注意 矩阵的乘法不满足交换律.在一般情况下,$\boldsymbol{AB}\neq\boldsymbol{BA}$.

例 5 已知矩阵 $\boldsymbol{A}=\begin{pmatrix}-3 & 1\\4 & 6\end{pmatrix},\boldsymbol{B}=\begin{pmatrix}3 & 1\\-4 & 6\end{pmatrix},\boldsymbol{C}=\begin{pmatrix}0 & 0\\1 & 2\end{pmatrix}$,求 $\boldsymbol{AC}$ 和 $\boldsymbol{BC}$.

解 $$\boldsymbol{AC}=\begin{pmatrix}-3 & 1\\4 & 6\end{pmatrix}\begin{pmatrix}0 & 0\\1 & 2\end{pmatrix}=\begin{pmatrix}1 & 2\\6 & 12\end{pmatrix},$$

$$\boldsymbol{BC}=\begin{pmatrix}3 & 1\\-4 & 6\end{pmatrix}\begin{pmatrix}0 & 0\\1 & 2\end{pmatrix}=\begin{pmatrix}1 & 2\\6 & 12\end{pmatrix}.$$

即 $\boldsymbol{AC}=\boldsymbol{BC}$,但 $\boldsymbol{A}\neq\boldsymbol{B}$,故矩阵的乘法不满足消去律.

例 6 已知矩阵 $\boldsymbol{A}=\begin{pmatrix}1 & 2 & 3\\2 & 4 & 6\\3 & 5 & 7\end{pmatrix},\boldsymbol{B}=\begin{pmatrix}1 & -2\\-2 & 4\\1 & -2\end{pmatrix}$,求 $\boldsymbol{AB}$.

解 $$\boldsymbol{AB}=\begin{pmatrix}1 & 2 & 3\\2 & 4 & 6\\3 & 5 & 7\end{pmatrix}\begin{pmatrix}1 & -2\\-2 & 4\\1 & -2\end{pmatrix}$$

$$=\begin{pmatrix}1\times1+2\times(-2)+3\times1 & 1\times(-2)+2\times4+3\times(-2)\\ 2\times1+4\times(-2)+6\times1 & 2\times(-2)+4\times4+6\times(-2)\\ 3\times1+5\times(-2)+7\times1 & 3\times(-2)+5\times4+7\times(-2)\end{pmatrix}$$

$$=\begin{pmatrix}0 & 0\\ 0 & 0\\ 0 & 0\end{pmatrix}.$$

即两个非零矩阵的乘积可能是零矩阵.

例 7　已知 $\boldsymbol{A}=\begin{pmatrix}a_1 & b_1 & c_1\\ a_2 & b_2 & c_2\\ a_3 & b_3 & c_3\end{pmatrix}$，$\boldsymbol{I}=\begin{pmatrix}1 & 0 & 0\\ 0 & 1 & 0\\ 0 & 0 & 1\end{pmatrix}$，求 $\boldsymbol{AI}$ 和 $\boldsymbol{IA}$.

解　$\boldsymbol{AI}=\begin{pmatrix}a_1 & b_1 & c_1\\ a_2 & b_2 & c_2\\ a_3 & b_3 & c_3\end{pmatrix}\begin{pmatrix}1 & 0 & 0\\ 0 & 1 & 0\\ 0 & 0 & 1\end{pmatrix}=\begin{pmatrix}a_1 & b_1 & c_1\\ a_2 & b_2 & c_2\\ a_3 & b_3 & c_3\end{pmatrix}=\boldsymbol{A}$，

$\boldsymbol{IA}=\begin{pmatrix}1 & 0 & 0\\ 0 & 1 & 0\\ 0 & 0 & 1\end{pmatrix}\begin{pmatrix}a_1 & b_1 & c_1\\ a_2 & b_2 & c_2\\ a_3 & b_3 & c_3\end{pmatrix}=\begin{pmatrix}a_1 & b_1 & c_1\\ a_2 & b_2 & c_2\\ a_3 & b_3 & c_3\end{pmatrix}=\boldsymbol{A}.$

即 $\boldsymbol{AI}=\boldsymbol{IA}=\boldsymbol{A}$，故单位矩阵 $\boldsymbol{I}$ 在矩阵乘法中所起的作用与数的乘法中数 1 所起的作用类似.

注意　矩阵与矩阵的乘法运算与实数的乘法运算有类似的地方，也有很大的差别，矩阵与矩阵相乘，不能与实数的乘法相混淆，否则会出现错误.

练一练

1. 已知 $\boldsymbol{A}=\begin{pmatrix}1 & -2\\ 0 & 3\\ -4 & 0\end{pmatrix}$，$\boldsymbol{B}=\begin{pmatrix}-1 & 3 & 0\\ 2 & 7 & -4\end{pmatrix}$，求 $\boldsymbol{AB}$ 和 $\boldsymbol{BA}$.

2. 计算：

(1) $\begin{pmatrix}2\\ 1\\ 3\end{pmatrix}\begin{pmatrix}-1 & 2\end{pmatrix}$；(2) $\begin{pmatrix}2 & 1 & 4 & 0\\ 1 & -1 & 3 & 4\end{pmatrix}\begin{pmatrix}1 & 3 & 1\\ 0 & -1 & 2\\ 1 & -3 & 1\\ 4 & 0 & -2\end{pmatrix}$；(3) $\begin{pmatrix}4 & 3 & 1\\ 1 & -2 & 3\\ 5 & 7 & 0\end{pmatrix}\begin{pmatrix}7\\ 2\\ 1\end{pmatrix}$.

习 题 19.2

1. 已知 $\boldsymbol{A}=\begin{pmatrix}3 & 1 & 1\\2 & 1 & 2\\1 & 2 & 3\end{pmatrix}$，$\boldsymbol{B}=\begin{pmatrix}1 & 1 & -1\\2 & -1 & 0\\1 & 0 & 1\end{pmatrix}$，求 $2\boldsymbol{A}-3\boldsymbol{B}'$ 和 $\boldsymbol{AB}-\boldsymbol{BA}$.

2. 计算：

(1) $\begin{pmatrix}2\\1\\-1\\2\end{pmatrix}(-2 \quad 1 \quad 0)$； (2) $\begin{pmatrix}1 & 2 & -2 & 1\\0 & -1 & 1 & 2\end{pmatrix}\begin{pmatrix}-3 & 3 & 1\\2 & -1 & 0\\1 & 1 & 1\\4 & 2 & 0\end{pmatrix}$；

(3) $\begin{pmatrix}4 & 3 & 1\\1 & -2 & 3\\5 & 7 & 0\end{pmatrix}\begin{pmatrix}2 & 3\\1 & 0\\-2 & -1\end{pmatrix}$.

19.3 矩阵的初等变换与逆矩阵及线性方程组

本节重点知识：

1. 矩阵的初等变换.
2. 利用矩阵的初等变换解线性方程组.
3. 逆矩阵及用逆矩阵解线性方程组.

19.3.1 矩阵的初等变换

在中学，我们学过用消元法解线性方程组．从解的过程来看，消元的实际工作就是反复进行以下三种运算：

(1)一个方程乘以一个非零常数 k；

(2)一个方程加上另一个方程的 k 倍；

(3)两个方程的位置互换．

对于矩阵，也有类似的变换．

定义 以下三种变换称为矩阵的**初等行变换**：

(1)某一行的每一个元素都乘以一个非零常数 k（第 i 行每一个元素都乘以 k，记为 kr_i）；

(2)某一行的每一个元素加上另一行的对应元素的 k 倍；（第 i 行的每一个元素加上第 j 行对应元素的 k 倍，记为 r_i+kr_j）；

(3)两行互换(第 i 行与第 j 行互换,记为 $r_i \leftrightarrow r_j$).

相应地也有矩阵的初等列变换. 它们的表示方法与初等行变换相似,只是把 r 换成 c 即可.

矩阵的初等行变换和初等列变换统称为矩阵的初等变换.

注意:矩阵经过初等变换后已经不再是原来的矩阵了,因此,初等变换前后矩阵是不相等的,两个矩阵之间用箭头"→"连接而不能用等号"="连接. 这一点应与行列式的计算区别开来.

19.3.2 利用矩阵的初等变换解线性方程组

下面介绍用矩阵的初等变换解线性方程组的方法. 先介绍两个概念:

1. 系数矩阵

线性方程组中未知数的系数,按原来位置不变所组成的矩阵称为这个线性方程组的**系数矩阵**.

2. 增广矩阵

线性方程组中的未知数系数和常数项,按原来位置不变所组成的矩阵称为这个线性方程组的**增广矩阵**.

例如:

对于三元线性方程组 $\begin{cases} 2x+5y-3z=7 \\ x-y+2z=-5 \\ 3x+4z=-1 \end{cases}$.

$\begin{pmatrix} 2 & 5 & -3 \\ 1 & -1 & 2 \\ 3 & 0 & 4 \end{pmatrix}$ 是系数矩阵,而 $\begin{pmatrix} 2 & 5 & -3 & 7 \\ 1 & -1 & 2 & -5 \\ 3 & 0 & 4 & -1 \end{pmatrix}$ 是增广矩阵.

下面通过例题说明用矩阵的初等变换解线性方程组的方法.

例 1　解线性方程组

$$\begin{cases} x+2y+3z=-7 \\ 2x-y+2z=-8. \\ x+3y=7 \end{cases}$$

分析　用消元法解这个方程组,应按照一定的顺序进行消元:

第一步:把第一个方程中 x 的系数化为 1,消去后两个方程中的 x;

第二步:把第二个方程中 y 的系数化为 1,然后消去第一个方程和第三个方程中的 y;

第三步:把第三个方程中 z 的系数化为 1,然后消去第一个方程的和第二个方程中的 z.

经过上面的消元,三个方程依次只含有 x , y , z 项,且它们的系数都是1,常数项依次记为 c_1 , c_2 , c_3 ,所以方程组的解为(c_1 , c_2 , c_3).

在用消元法解线性方程组的过程中,只是方程组中未知数的系数和常数项在变化,未知数并未改变,因此为了方便起见,可以擦去未知数,只写出其系数和常数项构成的增广矩阵,线性方程组与增广矩阵是一一对应的,线性方程组的消元过程实际上就是对它的增广矩阵进行行初等变换的过程,因此对线性方程组的研究可转化为对增广矩阵的研究.

解 线性方程组的增广矩阵为

$$\begin{pmatrix} 1 & 2 & 3 & -7 \\ 2 & -1 & 2 & -8 \\ 1 & 3 & 0 & 7 \end{pmatrix} \xrightarrow[r_3 - r_1]{r_2 - 2r_1} \begin{pmatrix} 1 & 2 & 3 & -7 \\ 0 & -5 & -4 & 6 \\ 0 & 1 & -3 & 14 \end{pmatrix}$$

$$\xrightarrow{r_2 \leftrightarrow r_3} \begin{pmatrix} 1 & 2 & 3 & -7 \\ 0 & 1 & -3 & 14 \\ 0 & -5 & -4 & 6 \end{pmatrix}$$

$$\xrightarrow[r_3 + 5r_2]{r_1 - 2r_2} \begin{pmatrix} 1 & 0 & 9 & -35 \\ 0 & 1 & -3 & 14 \\ 0 & 0 & -19 & 76 \end{pmatrix}$$

$$\xrightarrow{-\frac{1}{19}r_3} \begin{pmatrix} 1 & 0 & 9 & -35 \\ 0 & 1 & -3 & 14 \\ 0 & 0 & 1 & -4 \end{pmatrix}$$

$$\xrightarrow[r_2 + 3r_3]{r_1 - 9r_3} \begin{pmatrix} 1 & 0 & 0 & 1 \\ 0 & 1 & 0 & 2 \\ 0 & 0 & 1 & -4 \end{pmatrix}$$

由此可得方程组的解为 $\begin{cases} x = 1 \\ y = 2 \\ z = -4 \end{cases}$,即(1,2,−4).

一般地,对一个三元线性方程组 $\begin{cases} a_{11}x_1 + a_{12}x_2 + a_{13}x_3 = b_1 \\ a_{21}x_1 + a_{22}x_2 + a_{23}x_3 = b_2 \\ a_{31}x_1 + a_{32}x_2 + a_{33}x_3 = b_3 \end{cases}$,当它的系数行列式不等于零时,只要对它的增广矩阵施以适当的行初等变换,使之变为以下形式

$$\begin{pmatrix} 1 & 0 & 0 & c_1 \\ 0 & 1 & 0 & c_2 \\ 0 & 0 & 1 & c_3 \end{pmatrix},$$

那么矩阵的最后一列元素就是线性方程组解，即$\begin{cases}x_1=c_1\\x_2=c_2\\x_3=c_3\end{cases}$.

上述方法也适用于解三元以上的线性方程组．这种解法显然比克莱姆法则解线性方程组更简单．

这种对线性方程组的增广矩阵施以适当的行初等变换解线性方程组的方法称为**高斯消去法**．

例 2　用高斯消去法解线性方程组$\begin{cases}3y-z=0\\x+2y+z=3\\2x-y+2z=1\end{cases}$.

解　线性方程组的增广矩阵为

$$\begin{pmatrix}0&3&-1&0\\1&2&1&3\\2&-1&2&1\end{pmatrix}\xrightarrow{r_1\leftrightarrow r_2}\begin{pmatrix}1&2&1&3\\0&3&-1&0\\2&-1&2&1\end{pmatrix}$$

$$\xrightarrow{r_3-2r_1}\begin{pmatrix}1&2&1&3\\0&3&-1&0\\0&-5&0&-5\end{pmatrix}$$

$$\xrightarrow{-\frac{1}{5}r_3}\begin{pmatrix}1&2&1&3\\0&3&-1&0\\0&1&0&1\end{pmatrix}$$

$$\xrightarrow{r_2\leftrightarrow r_3}\begin{pmatrix}1&2&1&3\\0&1&0&1\\0&3&-1&0\end{pmatrix}$$

$$\xrightarrow[r_3-3r_2]{r_1-2r_2}\begin{pmatrix}1&0&1&1\\0&1&0&1\\0&0&-1&-3\end{pmatrix}$$

$$\xrightarrow[r_1-r_3]{(-1)r_3}\begin{pmatrix}1&0&0&-2\\0&1&0&1\\0&0&1&3\end{pmatrix}.$$

所以此线性方程组的解为$\begin{cases}x=-2\\y=1\\z=3\end{cases}$.

注意　用高斯消去法解线性方程组只能对线性方程组的增广矩阵施以行初等变换，不能施以列初等变换．

练一练

用高斯消去法,解下列线性方程组.

(1) $\begin{cases} x+2y-z=1 \\ 4x-4y+z=7 \\ x-y+z=4 \end{cases}$; (2) $\begin{cases} x+y+z=2 \\ 2x-z=0 \\ x+2y+2z=3 \end{cases}$;

(3) $\begin{cases} 2x_1-3x_2+x_3-x_4=3, \\ 3x_1+x_2+x_3+x_4=0, \\ 4x_1-x_2-x_3-x_4=7, \\ -2x_1-x_2+x_3+x_4=-5. \end{cases}$.

19.3.3 用逆矩阵解线性方程组

1. 逆矩阵的概念

在数的运算中,当数 $a\neq 0$ 时,有 $a^{-1}a=aa^{-1}=1$.

在矩阵的运算中,单位矩阵 $\boldsymbol{I}$ 相当于数的运算中的 1,那么,对于矩阵 $\boldsymbol{A}$,如果存在一个矩阵 $\boldsymbol{A}^{-1}$,使得 $\boldsymbol{A}^{-1}\boldsymbol{A}=\boldsymbol{A}\boldsymbol{A}^{-1}=\boldsymbol{I}$,矩阵 $\boldsymbol{A}^{-1}$ 就称矩阵 $\boldsymbol{A}$ 的逆矩阵.

定义 设 $\boldsymbol{A}$ 为 n 阶方阵,如果存在一个 n 阶方阵 $\boldsymbol{C}$,使得

$$\boldsymbol{AC}=\boldsymbol{CA}=\boldsymbol{I}\quad(\boldsymbol{I}\text{ 是 } n \text{ 阶单位矩阵}),$$

则把方阵 $\boldsymbol{C}$ 称为方阵 $\boldsymbol{A}$ 的**逆矩阵**,记作 $\boldsymbol{A}^{-1}$. 即 $\boldsymbol{C}=\boldsymbol{A}^{-1}$.

例如,$\boldsymbol{A}=\begin{pmatrix}1&3\\2&5\end{pmatrix}$, $\boldsymbol{C}=\begin{pmatrix}-5&3\\2&-1\end{pmatrix}$,

因为 $\boldsymbol{AC}=\begin{pmatrix}1&3\\2&5\end{pmatrix}\begin{pmatrix}-5&3\\2&-1\end{pmatrix}=\begin{pmatrix}1&0\\0&1\end{pmatrix}$,

$$\boldsymbol{CA}=\begin{pmatrix}-5&3\\2&-1\end{pmatrix}\begin{pmatrix}1&3\\2&5\end{pmatrix}=\begin{pmatrix}1&0\\0&1\end{pmatrix},$$

所以 $\boldsymbol{C}$ 是 $\boldsymbol{A}$ 的逆矩阵,即 $\boldsymbol{C}=\boldsymbol{A}^{-1}$.

由定义可知,$\boldsymbol{AC}=\boldsymbol{CA}=\boldsymbol{I}$,$\boldsymbol{C}$ 是 $\boldsymbol{A}$ 的逆矩阵,也可以称 $\boldsymbol{A}$ 是 $\boldsymbol{C}$ 的逆矩阵,即 $\boldsymbol{A}=\boldsymbol{C}^{-1}$,因此,$\boldsymbol{A}$ 与 $\boldsymbol{C}$ 称为互逆矩阵.

如果矩阵 $\boldsymbol{A}$ 存在逆矩阵,则称矩阵 $\boldsymbol{A}$ 是可逆的.

可以证明,可逆矩阵有以下性质:

(1)若矩阵 $\boldsymbol{A}$ 可逆,则其逆矩阵是唯一的.

(2)若矩阵 $\boldsymbol{A}$ 可逆,则 $(\boldsymbol{A}^{-1})^{-1}=\boldsymbol{A}$.

(3)矩阵 $\boldsymbol{A}$ 可逆的充要条件是 $|\boldsymbol{A}|\neq 0$.

例 3　已知矩阵 $\boldsymbol{A}=\begin{pmatrix}4&3&2\\3&2&1\\2&1&1\end{pmatrix}$，$\boldsymbol{B}=\begin{pmatrix}-1&1&1\\1&0&-2\\1&-2&1\end{pmatrix}$，求证 $\boldsymbol{B}$ 是 $\boldsymbol{A}$ 的逆矩阵．

证明　因为 $\boldsymbol{AB}=\begin{pmatrix}4&3&2\\3&2&1\\2&1&1\end{pmatrix}\begin{pmatrix}-1&1&1\\1&0&-2\\1&-2&1\end{pmatrix}=\begin{pmatrix}1&0&0\\0&1&0\\0&0&1\end{pmatrix}=\boldsymbol{I}$，

$$\boldsymbol{BA}=\begin{pmatrix}-1&1&1\\1&0&-2\\1&-2&1\end{pmatrix}\begin{pmatrix}4&3&2\\3&2&1\\2&1&1\end{pmatrix}=\begin{pmatrix}1&0&0\\0&1&0\\0&0&1\end{pmatrix}=\boldsymbol{I}.$$

所以　$\boldsymbol{B}=\boldsymbol{A}^{-1}$．

2. 逆矩阵的求法

(1)用伴随矩阵求逆矩阵，设 n 阶方阵

$$\boldsymbol{A}=\begin{pmatrix}a_{11}&a_{12}&\cdots&a_{1n}\\a_{21}&a_{22}&\cdots&a_{2n}\\\vdots&\vdots&&\vdots\\a_{n1}&a_{n2}&\cdots&a_{nn}\end{pmatrix},$$

A_{ij} 是 $|\boldsymbol{A}|$ 中元素 a_{ij} 的代数余子式，则矩阵

$$\begin{pmatrix}A_{11}&A_{21}&\cdots&A_{n1}\\A_{12}&A_{22}&\cdots&A_{n2}\\\vdots&\vdots&&\vdots\\A_{1n}&A_{2n}&\cdots&A_{nn}\end{pmatrix}$$

称为方阵 $\boldsymbol{A}$ 的**伴随矩阵**，记作 $\boldsymbol{A}^*$．

显然，伴随矩阵 $\boldsymbol{A}^*$ 是先将矩阵 $\boldsymbol{A}$ 的每一个元素 a_{ij} 换成它在行列式 $|\boldsymbol{A}|$ 中的相应代数余子式 A_{ij}，再转置得到的矩阵．

可以证明，当 n 阶方阵 $\boldsymbol{A}$ 的行列式 $|\boldsymbol{A}|\neq 0$ 时，矩阵 $\boldsymbol{A}$ 的逆矩阵

$$\boldsymbol{A}^{-1}=\frac{1}{|\boldsymbol{A}|}\boldsymbol{A}^*.$$

例 4　已知矩阵

$$\boldsymbol{A}=\begin{pmatrix}1&-3&2\\-2&4&0\\-1&5&3\end{pmatrix},$$

试判断矩阵 $\boldsymbol{A}$ 是否可逆，如果可逆，求出 $\boldsymbol{A}$ 的逆矩阵．

解　因为 $|\boldsymbol{A}|=\begin{vmatrix}1&-3&2\\-2&4&0\\-1&5&3\end{vmatrix}=-18\neq 0$，所以矩阵 $\boldsymbol{A}$ 有逆矩阵．因为

$$A_{11}=\begin{vmatrix}4 & 0\\5 & 3\end{vmatrix}=12,A_{12}=-\begin{vmatrix}-2 & 0\\-1 & 3\end{vmatrix}=6,A_{13}=\begin{vmatrix}-2 & 4\\-1 & 5\end{vmatrix}=-6,$$

$$A_{21}=-\begin{vmatrix}-3 & 2\\5 & 3\end{vmatrix}=19,A_{22}=\begin{vmatrix}1 & 2\\-1 & 3\end{vmatrix}=5,A_{23}=-\begin{vmatrix}1 & -3\\-1 & 5\end{vmatrix}=-2,$$

$$A_{31}=\begin{vmatrix}-3 & 2\\4 & 0\end{vmatrix}=-8,A_{32}=-\begin{vmatrix}1 & 2\\-2 & 0\end{vmatrix}=-4,A_{33}=\begin{vmatrix}1 & -3\\-2 & 4\end{vmatrix}=-2,$$

所以 $\boldsymbol{A}$ 的伴随矩阵

$$\boldsymbol{A}^{*}=\begin{pmatrix}12 & 19 & -8\\6 & 5 & -4\\-6 & -2 & -2\end{pmatrix}.$$

故 $\boldsymbol{A}$ 的逆矩阵为

$$\boldsymbol{A}^{-1}=\frac{1}{|\boldsymbol{A}|}\boldsymbol{A}^{*}=-\frac{1}{18}\begin{pmatrix}12 & 19 & -8\\6 & 5 & -4\\-6 & -2 & -2\end{pmatrix}=\begin{pmatrix}-\frac{2}{3} & -\frac{19}{18} & \frac{4}{9}\\-\frac{1}{3} & -\frac{5}{18} & \frac{2}{9}\\\frac{1}{3} & \frac{1}{9} & \frac{1}{9}\end{pmatrix}.$$

例 5 已知矩阵 $\boldsymbol{A}=\begin{pmatrix}\cos\alpha & -\sin\alpha\\\sin\alpha & \cos\alpha\end{pmatrix}$,试判断矩阵 $\boldsymbol{A}$ 是否可逆,如果可逆,求出 $\boldsymbol{A}$ 的逆矩阵.

解 因为 $|\boldsymbol{A}|=\cos^2\alpha+\sin^2\alpha=1\neq 0$,所以矩阵 $\boldsymbol{A}$ 存在逆矩阵. 又因为

$A_{11}=(-1)^{1+1}\cos\alpha=\cos\alpha$, $\quad A_{12}=(-1)^{1+2}\sin\alpha=-\sin\alpha$,

$A_{21}=(-1)^{2+1}(-\sin\alpha)=\sin\alpha$, $A_{22}=(-1)^{2+2}\cos\alpha=\cos\alpha$,

所以矩阵 $\boldsymbol{A}$ 的伴随矩阵为

$$\boldsymbol{A}^{*}=\begin{pmatrix}\cos\alpha & \sin\alpha\\-\sin\alpha & \cos\alpha\end{pmatrix}.$$

故矩阵 $\boldsymbol{A}$ 的逆矩阵

$$\boldsymbol{A}^{-1}=\frac{1}{|\boldsymbol{A}|}\boldsymbol{A}^{*}=\begin{pmatrix}\cos\alpha & \sin\alpha\\-\sin\alpha & \cos\alpha\end{pmatrix}.$$

(2)用初等变换求逆矩阵. 用初等变换求一个可逆矩阵 $\boldsymbol{A}$ 的逆矩阵,其具体方法为把方阵 $\boldsymbol{A}$ 和同阶的单位矩阵 $\boldsymbol{I}$,写成一个长方矩阵 $(\boldsymbol{A}\,\vdots\,\boldsymbol{I})$,对该矩阵施以适当行初等变换,当虚线左边的矩阵 $\boldsymbol{A}$ 变成单位矩阵 $\boldsymbol{I}$ 时,虚线右边的单位矩阵 $\boldsymbol{I}$ 就变成了 $\boldsymbol{A}^{-1}$. 即 $(\boldsymbol{A}\,\vdots\,\boldsymbol{I})\rightarrow(\boldsymbol{I}\,\vdots\,\boldsymbol{A}^{-1})$,从而可求出 $\boldsymbol{A}^{-1}$.

注意:只能对$(\boldsymbol{A} \vdots \boldsymbol{I})$施以行初等变换.

例 6　用初等变换求$\boldsymbol{A}=\begin{pmatrix}0 & 1 & 2\\1 & 1 & 4\\2 & -1 & 0\end{pmatrix}$的逆矩阵.

解　因为

$$(\boldsymbol{A} \vdots \boldsymbol{I})=\left(\begin{array}{ccc:ccc}0 & 1 & 2 & 1 & 0 & 0\\1 & 1 & 4 & 0 & 1 & 0\\2 & -1 & 0 & 0 & 0 & 1\end{array}\right)$$

$$\xrightarrow{r_2\leftrightarrow r_1}\left(\begin{array}{ccc:ccc}1 & 1 & 4 & 0 & 1 & 0\\0 & 1 & 2 & 1 & 0 & 0\\2 & -1 & 0 & 0 & 0 & 1\end{array}\right)\xrightarrow{-2r_1+r_3}\left(\begin{array}{ccc:ccc}1 & 1 & 4 & 0 & 1 & 0\\0 & 1 & 2 & 1 & 0 & 0\\0 & -3 & -8 & 0 & -2 & 1\end{array}\right)$$

$$\xrightarrow[-r_2+r_1]{3r_2+r_3}\left(\begin{array}{ccc:ccc}1 & 0 & 2 & -1 & 1 & 0\\0 & 1 & 2 & 1 & 0 & 0\\0 & 0 & -2 & 3 & -2 & 1\end{array}\right)\xrightarrow{-\frac{1}{2}r_3}\left(\begin{array}{ccc:ccc}1 & 0 & 2 & -1 & 1 & 0\\0 & 1 & 2 & 1 & 0 & 0\\0 & 0 & 1 & -\frac{3}{2} & 1 & -\frac{1}{2}\end{array}\right)$$

$$\xrightarrow[-2r_3+r_2]{-2r_3+r_1}\left(\begin{array}{ccc:ccc}1 & 0 & 0 & 2 & -1 & 1\\0 & 1 & 0 & 4 & -2 & 1\\0 & 0 & 1 & -\frac{3}{2} & 1 & -\frac{1}{2}\end{array}\right)$$

所以

$$A^{-1}=\begin{pmatrix}2 & -1 & 1\\4 & -2 & 1\\-\frac{3}{2} & 1 & -\frac{1}{2}\end{pmatrix}.$$

练一练

求下列矩阵的逆矩阵:

(1) $\begin{pmatrix}3 & 1 & -2\\-5 & 2 & 4\\7 & -1 & 0\end{pmatrix}$,　　(2) $\begin{pmatrix}1 & -2 & 3\\4 & 5 & -6\\-7 & 8 & 9\end{pmatrix}$,

(3) $\begin{pmatrix}1 & 1 & 1 & 1\\1 & 1 & -1 & -1\\1 & -1 & 1 & -1\\1 & -1 & -1 & 1\end{pmatrix}$,　　(4) $\begin{pmatrix}1 & 2 & 3 & 4\\2 & 3 & 1 & 2\\1 & 1 & 1 & -1\\1 & 0 & -2 & -6\end{pmatrix}$.

3. 用逆矩阵解线性方程组

(1)利用矩阵表示线性方程组．利用矩阵的乘法和矩阵相等的含义,可以把线性方程组写成矩阵形式．对于线性方程组

$$\begin{cases} a_{11}x_1+a_{12}x_2+\cdots+a_{1n}x_n=b_1 \\ a_{21}x_1+a_{22}x_2+\cdots+a_{2n}x_n=b_2 \\ \vdots \\ a_{n1}x_1+a_{n2}x_2+\cdots+a_{nn}x_n=b_n \end{cases},$$

令

$$\boldsymbol{A}=\begin{pmatrix} a_{11} & a_{12} & \cdots & a_{1n} \\ a_{21} & a_{22} & \cdots & a_{2n} \\ \vdots & \vdots & & \vdots \\ a_{n1} & a_{n2} & \cdots & a_{nn} \end{pmatrix},\boldsymbol{X}=\begin{pmatrix} x_1 \\ x_2 \\ \vdots \\ x_n \end{pmatrix},\boldsymbol{B}=\begin{pmatrix} b_1 \\ b_2 \\ \vdots \\ b_n \end{pmatrix},$$

则方程组可写成 $\boldsymbol{AX}=\boldsymbol{B}$.

方程 $\boldsymbol{AX}=\boldsymbol{B}$ 是线性方程组的矩阵表达形式,称为矩阵方程．其中 $\boldsymbol{A}$ 是方程组的系数矩阵,$\boldsymbol{X}$ 是方程组中的未知数构成的列矩阵,$\boldsymbol{B}$ 是方程组中的常数项构成的列矩阵．

这样,解线性方程组的问题就变成求矩阵方程 $\boldsymbol{AX}=\boldsymbol{B}$ 中未知矩阵 $\boldsymbol{X}$ 的问题．当 $|\boldsymbol{A}|\neq 0$,$\boldsymbol{A}^{-1}$ 唯一存在,矩阵方程 $\boldsymbol{AX}=\boldsymbol{B}$ 的解就可以表示为 $\boldsymbol{X}=\boldsymbol{A}^{-1}\boldsymbol{B}$ 的形式．求线性方程组的解就转化求系数矩阵 $\boldsymbol{A}$ 的逆矩阵 $\boldsymbol{A}^{-1}$.

(2)用逆矩阵解线性方程组．下面举例介绍其具体方法．

例 7 用逆矩阵解线性方程组

$$\begin{cases} x+y-z=0 \\ x-2y-3z=-1. \\ 2x+3y-z=1 \end{cases}$$

分析 由 $D=\begin{vmatrix} 1 & 1 & -1 \\ 1 & -2 & -3 \\ 2 & 3 & -1 \end{vmatrix}=-1\neq 0$ 可知,线性方程组有唯一解．令

$$\boldsymbol{A}=\begin{pmatrix} 1 & 1 & -1 \\ 1 & -2 & -3 \\ 2 & 3 & -1 \end{pmatrix},\quad \boldsymbol{X}=\begin{pmatrix} x \\ y \\ z \end{pmatrix},\quad \boldsymbol{B}=\begin{pmatrix} 0 \\ -1 \\ 1 \end{pmatrix},\text{则 } \boldsymbol{AX}=\boldsymbol{B}.$$

因为$|\boldsymbol{A}|=D\neq 0$,所以 $\boldsymbol{A}$ 有逆矩阵 $\boldsymbol{A}^{-1}$. 将 $\boldsymbol{AX}=\boldsymbol{B}$ 的两边同时左乘 $\boldsymbol{A}^{-1}$,得 $\boldsymbol{X}=\boldsymbol{A}^{-1}\boldsymbol{B}$,从而得到原线性方程组的解．

解　设

$$A=\begin{pmatrix}1&1&-1\\1&-2&-3\\2&3&-1\end{pmatrix},\quad X=\begin{pmatrix}x\\y\\z\end{pmatrix},\quad B=\begin{pmatrix}0\\-1\\1\end{pmatrix},$$

则原方程组可以写成 $AX=B$.

因为 $|A|=\begin{vmatrix}1&1&-1\\1&-2&-3\\2&3&-1\end{vmatrix}=-1\neq 0$,而

$$A_{11}=\begin{vmatrix}-2&-3\\3&-1\end{vmatrix}=11,\quad A_{12}=-\begin{vmatrix}1&-3\\2&-1\end{vmatrix}=-5,\quad A_{13}=\begin{vmatrix}1&-2\\2&3\end{vmatrix}=7,$$

$$A_{21}=-\begin{vmatrix}1&-1\\3&-1\end{vmatrix}=-2,\quad A_{22}=-\begin{vmatrix}1&-1\\2&-1\end{vmatrix}=1,\quad A_{23}=\begin{vmatrix}1&1\\2&3\end{vmatrix}=-1,$$

$$A_{31}=\begin{vmatrix}1&-1\\-2&-3\end{vmatrix}=-5,\quad A_{32}=-\begin{vmatrix}1&-1\\1&-3\end{vmatrix}=2,\quad A_{33}=\begin{vmatrix}1&1\\1&-2\end{vmatrix}=-3,$$

所以

$$A^{-1}=\frac{1}{|A|}A^{*}=\begin{pmatrix}-11&2&5\\5&-1&-2\\-7&1&3\end{pmatrix}.$$

故

$$X=A^{-1}B=\begin{pmatrix}-11&2&5\\5&-1&-2\\-7&1&3\end{pmatrix}\begin{pmatrix}0\\-1\\1\end{pmatrix}=\begin{pmatrix}3\\-1\\2\end{pmatrix}.$$

根据矩阵相等的定义,线性方程组的解为

$$\begin{cases}x=3\\y=-1.\\z=2\end{cases}$$

例 8　用逆矩阵解线性方程组

$$\begin{cases}x+2y+z=1\\2x-y-z=4.\\3x+y+z=1\end{cases}$$

解　设 $A=\begin{pmatrix}1&2&1\\2&-1&-1\\3&1&1\end{pmatrix},X=\begin{pmatrix}x\\y\\z\end{pmatrix},B=\begin{pmatrix}1\\4\\1\end{pmatrix},$

则有 $AX = B$.

因为 $A^{-1} = \begin{pmatrix} 0 & \frac{1}{5} & \frac{1}{5} \\ 1 & \frac{2}{5} & -\frac{3}{5} \\ -1 & -1 & 1 \end{pmatrix}$,所以

$$\begin{pmatrix} x \\ y \\ z \end{pmatrix} = X = A^{-1}B = \begin{pmatrix} 0 & \frac{1}{5} & \frac{1}{5} \\ 1 & \frac{2}{5} & -\frac{3}{5} \\ -1 & -1 & 1 \end{pmatrix}\begin{pmatrix} 1 \\ 4 \\ 1 \end{pmatrix} = \begin{pmatrix} 1 \\ 2 \\ -4 \end{pmatrix},$$

即原线性方程组的解为

$$\begin{cases} x = 1 \\ y = 2 \\ z = -4 \end{cases}.$$

例 9　解线性方程组

$$\begin{cases} x_2 + 2x_3 = 1 \\ x_1 + x_2 + 4x_3 = 0 \\ 2x_1 + x_2 = -1 \end{cases}.$$

解　方程组可写成

$$\begin{pmatrix} 0 & 1 & 2 \\ 1 & 1 & 4 \\ 2 & -1 & 0 \end{pmatrix}\begin{pmatrix} x_1 \\ x_2 \\ x_3 \end{pmatrix} = \begin{pmatrix} 1 \\ 0 \\ -1 \end{pmatrix},$$

设 $A = \begin{pmatrix} 0 & 1 & 2 \\ 1 & 1 & 4 \\ 2 & -1 & 0 \end{pmatrix}$,$X = \begin{pmatrix} x_1 \\ x_2 \\ x_3 \end{pmatrix}$,$B = \begin{pmatrix} 1 \\ 0 \\ -1 \end{pmatrix}$,则 $AX = B$. 由例 6 知 A 可逆,且

$$A^{-1} = \begin{pmatrix} 2 & -1 & 1 \\ 4 & -2 & 1 \\ -\frac{3}{2} & 1 & -\frac{1}{2} \end{pmatrix}.$$

所以

$$X=A^{-1}B,\text{即}\begin{pmatrix} x_1 \\ x_2 \\ x_3 \end{pmatrix}=X=A^{-1}B=\begin{pmatrix} 2 & -1 & 1 \\ 4 & -2 & 1 \\ -\frac{3}{2} & 1 & -\frac{1}{2} \end{pmatrix}\begin{pmatrix} 1 \\ 0 \\ -1 \end{pmatrix}=\begin{pmatrix} 1 \\ 3 \\ -1 \end{pmatrix}.$$

于是,方程组的解是

$$\begin{cases}x_1=1\\x_2=3\\x_3=-1\end{cases}.$$

练一练

1. 用逆矩阵解下列线性方程组:

(1) $\begin{cases}x+y-2z=0\\x+2y+z=7\\2x-y+z=7\end{cases}$; (2) $\begin{cases}x+2y+3z=-1\\3x+5y-2z=9\\2x-y+4z=5\end{cases}$.

2. 试用三种方法:(1)克莱姆法则;(2)高斯消去法;(3)逆矩阵解下列方程组.

(1) $\begin{cases}x-y+2z=1\\2x+y+2z=-3\\4x+3y+3z=-1\end{cases}$;(2) $\begin{cases}x-4y-4z=-4\\2x+y+2z=1\\2x+y-z=2\end{cases}$;(3) $\begin{cases}3x_1+2x_2=1\\x_1+3x_2+2x_3=0\\x_2+3x_3+2x_4=0\\x_3+3x_4=-2\end{cases}$.

习 题 19.3

1. 求下列矩阵的逆矩阵:

(1) $\begin{pmatrix}1&2\\2&5\end{pmatrix}$; (2) $\begin{pmatrix}1&0&0\\0&2&0\\0&0&3\end{pmatrix}$;

(3) $\begin{pmatrix}3&2&1\\6&4&2\\1&2&5\end{pmatrix}$; (4) $\begin{pmatrix}2&1&0&0\\0&2&1&0\\0&0&2&1\\0&0&0&2\end{pmatrix}$.

2. 解下列线性方程组:

(1) $\begin{cases}2x+5y-3z=7\\x-y+2z=-5\\3x+4z=-1\end{cases}$; (2) $\begin{cases}2x+2y+z=5\\3x+y+5z=0\\3x+2y+3z=0\end{cases}$;

(3) $\begin{cases} x_1+5x_2-x_3-x_4=-1 \\ x_1-2x_2+x_3+3x_4=3 \\ 3x_1+8x_2-x_3+x_4=1 \\ x_1-9x_2+3x_3+7x_4=7 \end{cases}$.

思考与总结

1. 本章主要内容

二阶、三阶、n 阶行列式的定义与性质.

矩阵的定义;矩阵的计算:加法,减法,数乘,乘法;矩阵的初等变换;逆矩阵的定义和求法.

用克莱姆法则;高斯消元法;逆矩阵解线性方程组.

2. 行列式是一个数,在计算中,应适当利用行列式的性质对行列式作变换,以简化计算.

行列式的基本计算方法:

(1)对角线法则:只适用于二阶与三阶行列式.

(2)降阶法:利用行列式的性质,将行列式的某一行(或列)的元素化为只有一个元素不为 0,再按这一行(或列)展开,降低行列式阶数.

(3)化三角形法:利用行列式的性质,将行列式变为上(或下)三角形行列式,则行列式的值就等于主对角线上元素的乘积.

3. 矩阵是由 $m\times n$ 个数组成的 m 行 n 列的一个数表,在矩阵的运算中应注意:矩阵与矩阵的乘法是不可交换的,即使在 $\boldsymbol{AB}$ 与 $\boldsymbol{BA}$ 都有意义的情况下,也不一定会有 $\boldsymbol{AB}=\boldsymbol{BA}$.

4. 逆矩阵的求法有两种

(1)利用伴随矩阵 $\boldsymbol{A}^*$ 求矩阵 $\boldsymbol{A}$ 的逆矩阵 $\boldsymbol{A}^{-1}$:

$$\boldsymbol{A}^{-1}=\frac{1}{|\boldsymbol{A}|}\boldsymbol{A}^*=\frac{1}{|\boldsymbol{A}|}\begin{bmatrix} A_{11} & A_{21} & \cdots & A_{n1} \\ A_{12} & A_{22} & \cdots & A_{n2} \\ \vdots & \vdots & & \vdots \\ A_{1n} & A_{2n} & \cdots & A_{nn} \end{bmatrix} \quad (|\boldsymbol{A}|\neq 0).$$

(2)利用初等变换求矩阵 $\boldsymbol{A}$ 的逆矩阵 $\boldsymbol{A}^{-1}$. 这时应注意,对矩阵$(\boldsymbol{A}\vdots\boldsymbol{I})$只能施以行初等变换使之成为矩阵$(\boldsymbol{I}\vdots\boldsymbol{C})$,从而得出 $\boldsymbol{A}^{-1}=\boldsymbol{C}$.

5. 一个 n 元线性方程组，当它的系数行列式不为零时，有三种方法：

(1)克莱姆法则：$x_j = \dfrac{D_j}{D} \quad (j = 1,2,\cdots,n)$

(2)高斯消去法：对方程组的增广矩阵实施适当的初等行变换，使它的前 n 列变成单位矩阵，最后一列即为线性方程组的解．

(3)逆矩阵：先将方程组表示为矩阵形式 $\boldsymbol{AX}=\boldsymbol{B}$，求出 $\boldsymbol{A}$ 的逆矩阵 $\boldsymbol{A}^{-1}$，即可得到方程组的解 $\boldsymbol{X}=\boldsymbol{A}^{-1}\boldsymbol{B}$.

复习题十九

1. 利用行列式的性质，计算下列行列式的值：

(1) $\begin{vmatrix} 2 & -5 \\ 3 & 6 \end{vmatrix}$；　(2) $\begin{vmatrix} 6 & -4 & 2 \\ -3 & 3 & -1 \\ 18 & 7 & 5 \end{vmatrix}$；　(3) $\begin{vmatrix} 8 & 3 & -7 \\ 5 & 0 & -4 \\ -9 & -2 & 3 \end{vmatrix}$；

(4) $\begin{vmatrix} 3 & 2 & -5 \\ 4 & -6 & 1 \\ 2 & 3 & 8 \end{vmatrix}$；(5) $\begin{vmatrix} 1 & 1 & 1 & 1 \\ 1 & -1 & 1 & 1 \\ 1 & 1 & -1 & 1 \\ 1 & 1 & 1 & -1 \end{vmatrix}$；(6) $\begin{vmatrix} 5 & 1 & 1 & 1 & 1 \\ 1 & 4 & 0 & 0 & 0 \\ 1 & 0 & 3 & 0 & 0 \\ 1 & 0 & 0 & 2 & 0 \\ 1 & 0 & 0 & 0 & 1 \end{vmatrix}$.

2. 写出下列矩阵的转置矩阵：

(1) $\begin{pmatrix} 3 \\ 1 \\ -2 \\ 5 \end{pmatrix}$；　(2) $\begin{pmatrix} 2 & 0 & 1 & -2 \\ 5 & -4 & 3 & 6 \\ -3 & 7 & -9 & 0 \end{pmatrix}$.

3. 已知矩阵 $\boldsymbol{A}=\begin{pmatrix} 2 & -1 \\ 0 & 5 \\ -3 & 4 \end{pmatrix}$，$\boldsymbol{B}=\begin{pmatrix} 2 & 4 \\ 0 & 1 \\ 3 & -2 \end{pmatrix}$，求 $3\boldsymbol{A}+2\boldsymbol{B}$，$2(\boldsymbol{A}-\boldsymbol{B})+\boldsymbol{B}$，$2\boldsymbol{A}'+3\boldsymbol{B}'$.

4. 已知矩阵 $\boldsymbol{A}=\begin{pmatrix} 1 & -2 \\ 0 & 3 \\ -4 & 0 \end{pmatrix}$，$\boldsymbol{B}=\begin{pmatrix} -1 & 3 & 0 \\ 2 & 7 & -4 \end{pmatrix}$，求 $\boldsymbol{AB}$ 和 $\boldsymbol{BA}$.

5. 求下列矩阵的逆矩阵：

(1) $\begin{pmatrix} 1 & -1 & 1 \\ 3 & 0 & 5 \\ -1 & 2 & 0 \end{pmatrix}$；　　(2) $\begin{pmatrix} -1 & 2 & 1 \\ 5 & 0 & -1 \\ 0 & 5 & 3 \end{pmatrix}$.

6. 试用三种方法：(1)克莱姆法则；(2)高斯消去法；(3)逆矩阵解下列方程组：

(1) $\begin{cases} x-2y+z=0 \\ 3x+y-2z=0 \\ x+y-z=1 \end{cases}$；　(2) $\begin{cases} x+y-2z=-5 \\ x-y+z=1 \\ 2x+5y+z=0 \end{cases}$；　(3) $\begin{cases} 2x-3y+z=-1 \\ x+y+z=6 \\ 3x+y-2z+1=0 \end{cases}$.

第20章 MATLAB数学实验

之前我们学习的一系列的数学知识都是通过手工推导的方法完成的，这样做不仅费时费力，而且对很多复杂问题只靠手工推导的方法是得不出精确结果的. 随着计算机技术的不断发展，计算机数学语言相继出现，通常可以较好地解决相关问题. 学会使用计算机数学语言辅助处理各类数学问题，则无疑会使我们的数学应用能力得到质的飞跃. 由 Mtch Works 公司开发的 MATLAB 软件以它的功能强大、操作简单、易学易用等优点受到了广大高校教师、学生、科研人员和工程技术人员的一致好评，是国际公认的优秀数学应用软件之一. 本章主要介绍利用 MATLAB 进行基本运算、作图以及求函数的极限、导数、积分，求解微分方程、线性代数等问题.

20.1 MATLAB简介及基本运算

20.1.1 MATLAB界面

启动 MATLAB，将出现图 10-1 所示的界面，其中有三个最常用的窗口 .

1. 命令窗(Command Window)

用户可以在此输入指令，它是进行各种 MATLAB 操作的最主要窗口，如图 20-1中的区域①.

2. 工作窗(Workspace)

罗列出 MATLAB 工作空间中所有的变量名、大小、字节数，在该窗口中可以对变量进行观察、编辑、提取和保存，如图 20-1 中的区域②.

3. 历史命令窗(Command History)

记录已经运行过的指令、函数、表达式，允许用户对它们进行复制、重复运行，如图 20-1 中的③.

【说明】 MATLAB 工作桌面上的窗口与设置有关，图 20-1 为默认情况 .

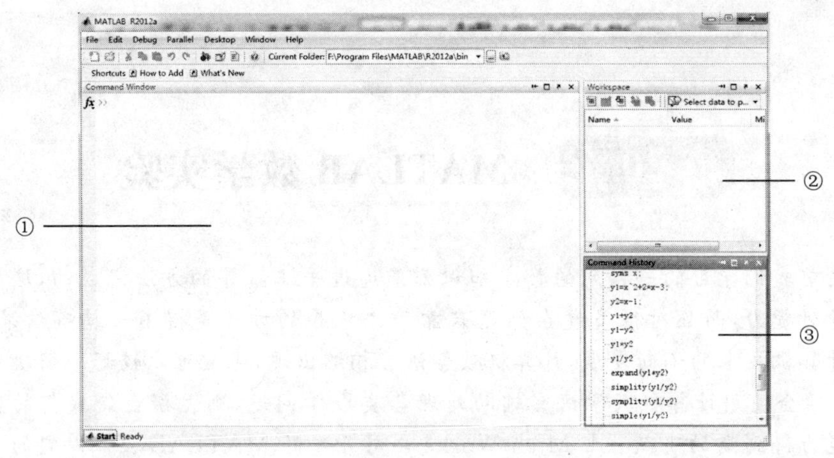

图 20-1

20.1.2 MATLAB基本操作

在MATLAB下进行基本数学运算,只需直接在提示符(>>)之后输入运算式,并按Enter(回车)键即可."+、-、*、/、^"分别为系统中的加、减、乘、除、乘方的运算符号,上述运算的优先顺序与通常的数学运算完全一致.

例1 计算 $[521+25\times(71-43)]\div 37^2$.

解 (1)在MATLAB命令窗中输入以下内容

```
>> (521 + 25 * (71 - 43)) / 37^2
```

(2)输入完成按Enter键后,该指令被执行,命令窗中将显示以下内容

```
ans=
    0.8919
```

【说明】 (1)MATLAB每输入一条指令或语句必须按Enter键后,指令才会被执行;

(2)运算结果中的"ans"是英文"answer"的缩写,代表MATLAB运算后的答案.当然也可以给运算式的结果设定一个变量,如例2中的S.

例2 计算 $1-\frac{1}{2}+\frac{1}{3}-\frac{1}{4}+\frac{1}{5}-\frac{1}{6}+\frac{1}{7}-\frac{1}{8}$.

解 (1)在MATLAB命令窗中输入以下内容

```
>> S = 1 - 1 / 2 + 1 / 3 - 1 / 4 + 1 / 5 - 1 / 6 + 1 / 7 - 1 / 8
```

(2)输入完成按Enter键后,该指令被执行,命令窗中将显示以下内容

```
S =
    0.6345
```

【说明】 例2使用了MATLAB赋值语句,其格式为

变量名 = 表达式

其中,变量名的大小写敏感且第一个字母必须为英文字母,比如例 2 的结果赋给了变量 S,而不是变量 s.

例 3　计算圆的面积 $A=\pi r^2$,其中,半径 $r=2$.

解 (1)在 MATLAB 命令窗中输入以下内容

```
>> r=2;↙                 % 圆的半径
>>A=pi * r^2↙            % 计算圆的面积
```

(2)命令窗中将显示以下内容

```
A =
    12.5664
```

【说明】 (1)如果在表达式的最后加分号";",则 MATLAB 不显示运算结果,而只是把结果保存在工作空间中.

(2)"% "后面的内容为说明或注释,MATLAB 会忽略其后面的内容.

(3)例 3 中,符号"↙"表示按 Enter 键,后面将沿用此方法表示.

20.1.3　MATLAB 的常用预定义变量及常用函数

1. MATLAB 的常用预定义变量(见表 20-1)

表 20-1

变量名	含义
ans	结果的默认变量名
pi	圆周率 π
i 或 j	虚数单位 $i=j=\sqrt{-1}$
inf	无穷大 ∞
eps	计算机的最小数 $=2.2204\times10^{-16}$
NaN	不定值

2. MATLAB 的常用函数(见表 20-2)

表 20-2

函数类型	函数	输入指令格式	函数类型	函数	输入指令格式
三角函数	$\sin x$	sin (x)	反三角函数	$\arcsin x$	asin (x)
	$\cos x$	cos (x)		$\arccos x$	acos (x)
	$\tan x$	tan (x)		$\arctan x$	atan (x)
	$\cot x$	cot (x)		$\mathrm{arccot}\, x$	acot (x)
	$\sec x$	sec (x)		$\mathrm{arcsec}\, x$	asec (x)
	$\csc x$	csc (x)		$\mathrm{arccsc}\, x$	acsc (x)

续表

函数类型	函数	输入指令格式	函数类型	函数	输入指令格式
幂函数	x^a	x^a	对数函数	$\ln x$	log (x)
	$\sqrt{x}$	sqrt (x)		$\log_2 x$	log 2(x)
指数函数	a^x	a^x		$\lg x$	log 10(x)
	e^x	exp (x)	绝对值	$\|x\|$	abs(x)

例 4 求 $y_1=\dfrac{3\sin 0.4\pi}{1+\sqrt{7}}+\ln\left(1+\dfrac{1}{|\cos 1.23\pi|}\right)$ 和 $y_2=\dfrac{3\cos 0.4\pi}{1+\sqrt{7}}+\ln\left(1+\dfrac{1}{2^7}\right)$ 的值.

解 (1)在 MATLAB 命令窗中输入以下内容

```
>>y1=3*sin(0.4*pi)/(1+sqrt(7))+log(1+1/abs(cos(1.23*pi)))↙
```

(2)命令窗中将显示以下内容

```
y1 =
    1.6298
```

(3)通过使用方向键"↑"调回刚才的输入指令

```
y1=3*sin(0.4*pi)/(1+sqrt(7))+1/log(1+abs(cos(1.23*pi)))
```

然后移动光标,把 y1 改为 y2,sin 改成 cos,把 abs(cos (1.23 * pi))改为 2^7 即可. 即得

```
y2=3*cos(0.4*pi)/(1+sqrt(7))+1/log(1+2^7)↙
```

运算结果为

```
y1 =
    0.2621
```

【说明】 (1)MATLAB 函数调用格式为:函数名(输入参数),如 sin (pi/3)、log (4)、sqrt (2)等.

(2)MATLAB 命令窗中输入过的所有指令都显示在历史命令窗中,以备随时观察和调用.

20.1.4 MATLAB 符号运算

MATLAB 的符号运算使用符号对象或字符串来进行相关的分析和计算,其结果为解析形式.

1. 符号对象的生成和使用

MATLAB 规定在进行符号运算时,首先要定义基本的符号对象(可以是常量、变量、表达式),然后利用这些基本符号对象去构成新的表达式,进而进行所需的符号运算. 在运算中,凡是由包含符号对象的表达式所生成的衍生对象也都是

符号对象．

定义基本符号对象的指令为 syms，调用格式如下：

```
syms 变量 1 变量 2 …        % 把变量 1，变量 2，…定义为符号变量．
```

例 5　用符号运算验证三角恒等式 $\sin(x-y)=\sin x\cos y-\cos x\sin y$.

解

```
>> syms x y;↙                                    % 定义基本符号变量对象 x,y
>> f = sin( x ) * cos ( y ) - cos(x) * sin(y);↙
                                                 % 由符号变量 x,y 构成符号表达式 f
>> simple ( f ) ↙                                % 将符号表达式 f 化为最简形式
ans =
    sin ( x - y )
```

注意　被定义的多个符号变量之间只能用"空格符"隔离，不能用逗号分隔．

2. 利用 MATLAB 解方程(组)

求解方程(组)的具体指令如下：

```
solve ( eq,v )                      % 求方程 eq 关于指定变量 v 的解
solve ( eq1,eq2,…,v1,v2 ,… )        % 求方程组 eq1,eq2,…关于指定变量 v1,v2,…的解
```

【说明】　(1)v 为符号变量，当参数 v 省略时，默认为方程中的自由变量．

(2)eq 是符号表达式，表示方程 eq = 0.

例 6　求方程 $x^3-6x^2+11x-6=0$ 的解．

解

```
>> syms x;↙                                  % 定义基本符号变量对象 x
>> solve (x^3-6 * x^2+11 * x-6,x) ↙          % 解方程x^3-6x^2+11x-6=0
ans =
   1
   2
   3
```

例 7　求方程组 $\begin{cases}x^2+2x=-1\\x+3z=4\\yz=1\end{cases}$ 的解．

解

```
>> syms x y z;↙                              % 定义基本符号变量对象 x,y,z
>> eq1 = x^2 + 2 * x + 1;↙                   % 第一个方程x^2+2x+1=0
>>eq2 = x + 3 * z - 4;↙                      % 第二个方程 x+3z-4=0
>> eq3 = y * z - 1;↙                         % 第三个方程 yz+1=0
>> [x,y,z] = solve(eq1,eq2,eq3 ) ↙
```

结果是：$x=-1,y=-\dfrac{3}{5},z=\dfrac{5}{3}$.

习 题 20.1

1. 熟悉 MATLAB 常用预定义变量及常用函数。

2. 用 MATLAB 求下列各式的值:

(1) $a=\dfrac{3.42^5-5.23^5}{\pi}$;　　(2) $b=\dfrac{e^3-1}{\ln 5}$;

(3) $c=\dfrac{4\arcsin 0.5002-3\arccos 0.4995}{2\pi}$;　　(4) $d=3\log_2 7-\sqrt[3]{245}$.

3. 用 MATLAB 求下列函数在指定点的函数值

(1) $f(x)=\dfrac{\sqrt{\sin x+\cos x}}{|1-x^2|}, x=\dfrac{\pi}{3}$;

(2) $f(x)=x^4-9x^2+x-1, x=-1.3$;

(3) $f(x)=\lg x-2x^2+3^{-2x}+1, x=2$.

4. 已知 $y_1=x^2-x-6, y_2=x+2$,用 MATLAB 求 $y_1+y_2, y_1-y_2, y_1y_2, y_1/y_2$.

5. 用 MATLAB 求下列方程的解:

(1) $3x^2-5x-7=0$;　　(2) $x^3+x^2-17x+15=0$;

(3) $6x^3+7x^2-9x+2=0$;　　(4) $x^4-9x^3+21x^2+x-30=0$.

6. 用 MATLAB 求下列方程组的解:

(1) $\begin{cases} y^2+6y=-9, \\ x+3y=4, \\ xz=2; \end{cases}$　　(2) $\begin{cases} y^2+xz=7, \\ x+z=4, \\ y+z=1; \end{cases}$

(3) $\begin{cases} 4x^2+yz=0, \\ y-2z=-3, \\ x+z=1; \end{cases}$　　(4) $\begin{cases} z^2-xy=6, \\ 3x+y=5, \\ y+z=8. \end{cases}$

20.2 用 MATLAB 绘制函数图像

MATLAB 作图是通过描点、连线来实现的,故在画一个曲线图形之前,必须先取得该图形上一系列点的坐标(即横坐标和纵坐标),然后将该点集的坐标传给 MATLAB 函数画图.

1. 利用 plot 函数绘制函数图像

绘制平面曲线的基本函数为 plot,其调用格式为:

```
plot ( x,y )                    % 以 x 的元素为横坐标值,以 y 为纵坐标值绘制曲线
```

例 1　作正弦函数 $y = \sin x$ 在区间 $[0,2\pi]$上的图像 .

解

```
>> x = linspace( 0,2 * pi,500);↙          % 取 0 到 2π 的 500 个点作 x 坐标
>> y = sin (x);↙                           % 对应的 y 坐标
>> plot ( x,y ) ↙                          % 画图
```

画出的正弦函数图像如图 20-2 所示 .

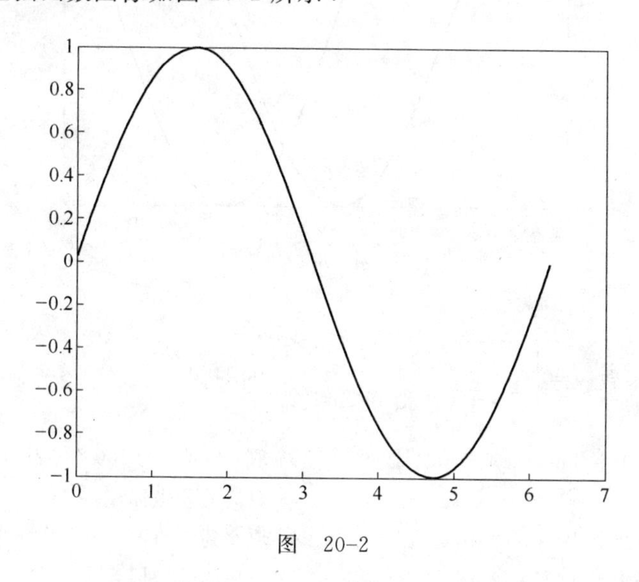

图　20-2

【**说明**】 (1)用 plot 作图指令之前首先需要定义函数自变量的范围,并可指定在该范围内所取的 x 坐标的个数,坐标个数越多,作图越精确 . 缺省时默认取区间内 100 个点作为 x 坐标 .

(2)MATLAB 允许在一个窗口内绘制多条曲线,以便不同函数之间的比较 . 指令调用格式为:

```
plot ( x1,y1,x2,y2 ,…)     % 分别以 ( x1,y1),( x2,y2),…的元素为坐标绘制曲线
```

此指令也可以绘制分段函数的图像 .

例 2　在同一坐标系内作函数 $y = \sin x$ 和函数 $y = \cos x$ 在区间 $[0,2\pi]$上的图像 .

解

```
>> x = linspace( 0,2 * pi,500);↙          % 取 0 到 2π 的 500 个点作 x 坐标
>> y1 = sin (x);↙                          % 正弦曲线对应的 y 坐标
>> y2 = cos (x);↙                          % 余弦曲线对应的 y 坐标
>> plot ( x,y1,x,y2) ↙                     % 画图
```

画出的正弦函数和余弦函数图像如图 20-3 所示 .

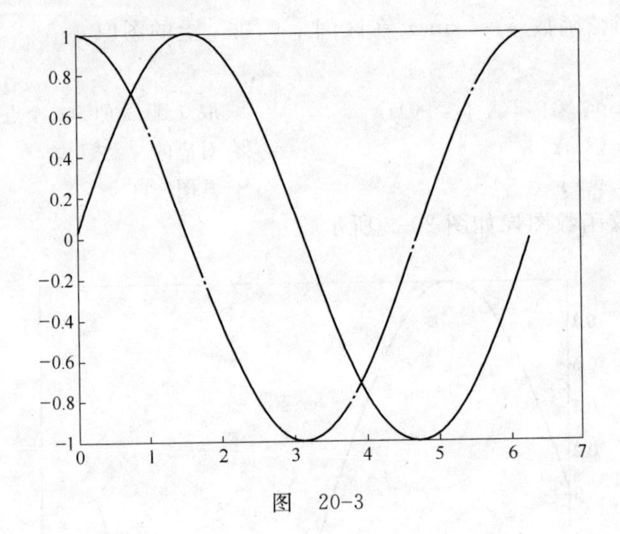

图 20-3

例 3 作函数 $y=\begin{cases} x^2+x & \text{当} -2\leqslant x\leqslant 0 \\ \frac{1}{2}x+1 & \text{当} 0<x\leqslant 2 \end{cases}$ 的图像.

解

```
>> x1 = linspace (-2,0);↙          % 取-2到0的100个点作x坐标
>> y1 = x1.^2 + x1;↙               % 对应的y坐标
>> x2 = linspace ( 0,2);↙          % 取0到2的100个点作x坐标
>> y2 = 1/2 * x2 + 1;↙             % 对应的y坐标
>> plot ( x1,y1,x2,y2 ) ↙          % 画图
```

画出的分段函数图像如图 20-4 所示.

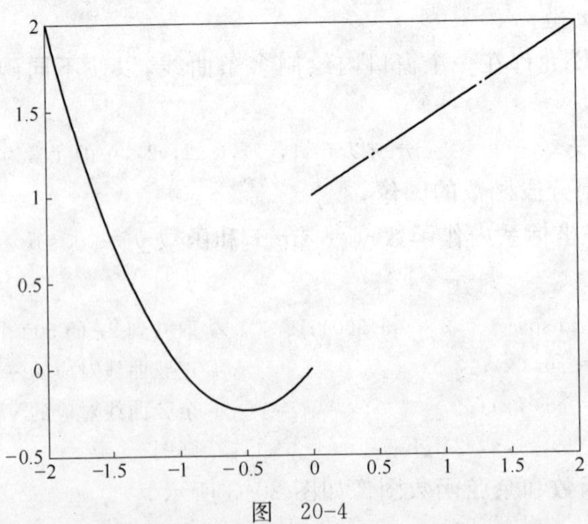

图 20-4

例 4 做出由参数方程 $x=3\cos^3 t, y=3\sin^3 t$ 表示的函数在区间 $[0,2\pi]$上的图像.

解

```
>> t = linspace (0,2 * pi);↙          % 取 0 到 2 p 的 100 个点作 t 坐标
>> x = 3 * cos(t).^3;↙               % 对应的 x 坐标
>> y = 3 * sin(t).^3;↙               % 对应的 y 坐标
>> plot ( x,y ) ↙                     % 画图
```

画出的函数图像如图 20-5 所示,该曲线称为星形线.

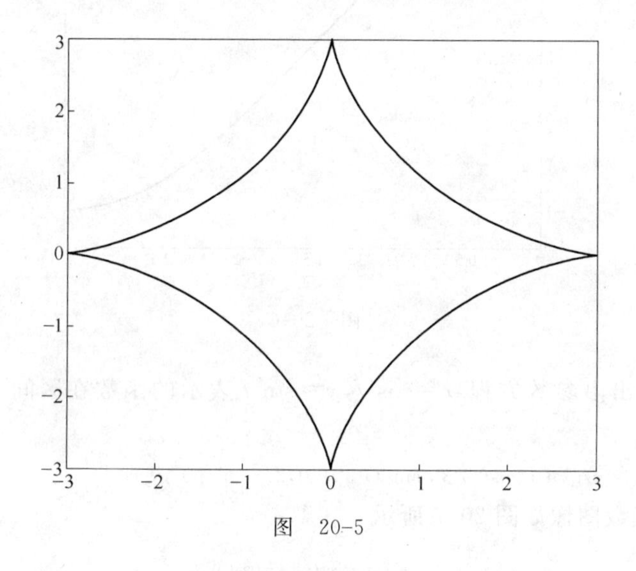

图 20-5

【说明】 调用 plot 函数时,如果有指数幂,必须写成“.^”的形式,指令才能够被执行.

2. 利用 pzlot 和 fplot 函数绘制函数图像(显函数、隐函数和参数方程画图)

(1) 利用 pzlot 函数绘制函数图像

其调用格式为:

ezplot ('f(x)',[a,b])

表示在 $a < x < b$ 上绘制显函数 $y = f(x)$ 的函数图.

ezplot ('f (x,y)',[xmin,xmax,ymin,ymax])

表示在 xmin $< x <$ xmax 和 ymin $< y <$ ymax 上绘制隐函数 $f(x,y) = 0$ 的函数图.

ezplot ('x(t)',' y(t)',[tmin,tmax])

表示在区间 tmin $<t<$ tmax 绘制参数方程 $x = x(t), y = y(t)$ 表示的函数的函数图.

例 5 作余弦函数 $y = \cos x$ 在区间 $[0,\pi]$上的图像.

解　　>> ezplot ('cos(x)',[0,pi]) ↙

画出的余弦函数图像如图 20-6 所示 .

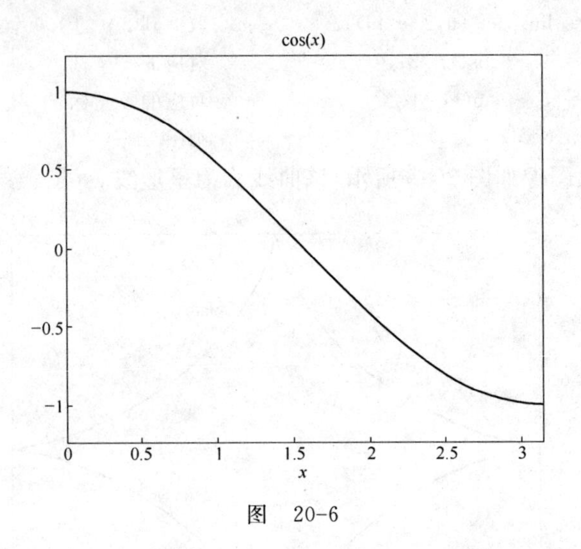

图　20-6

例 6　做出由参数方程 $x=\cos^3 t, y=\sin^3 t$ 表示的函数在区间 $[0,2\pi]$上的图像.

解　　>> ezplot ('cos(t)^3','sin(t)^3',[0,2 * pi]) ↙

画出的函数图像如图 20-7 所示 .

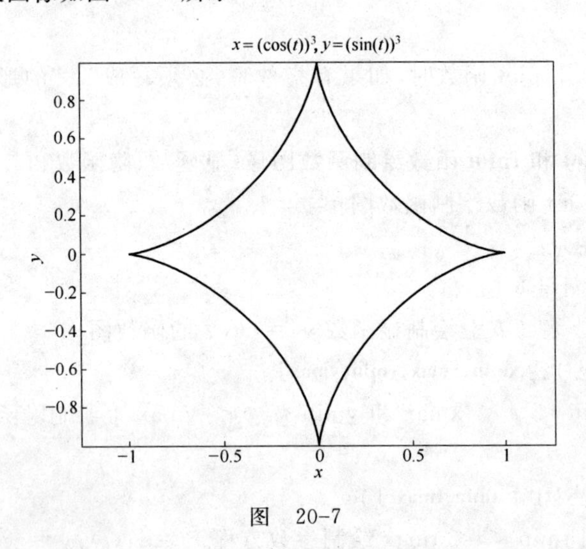

图　20-7

例 7　作出隐函数$e^x+\sin(xy)=0$ 在$[-2.5,0]$,$[0,2]$上的图像 .

解　　>> ezplot ('exp(x)+sin(x * y)',[−2.5,0],[0,2]) ↙

画出的函数图像如图 20-8 所示 .

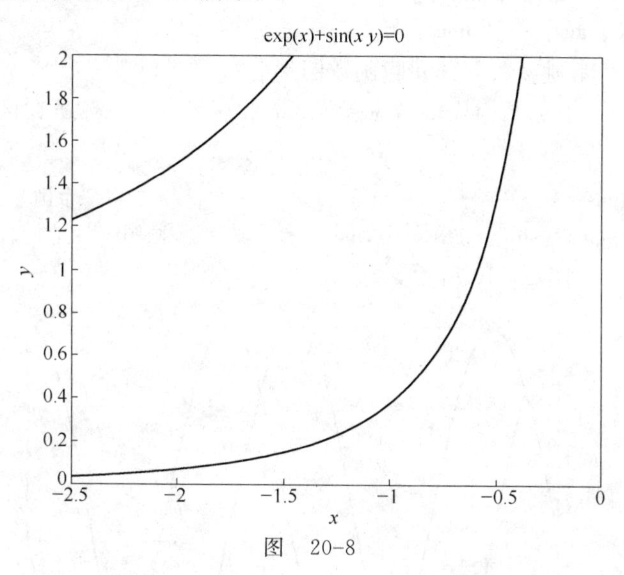

图 20-8

(2) fplot

其调用格式为:

fplot ('f(x)',lims)

表示绘制函数 $f(x)$ 在 lims = [xmin,xmax]上的图像 .

例 8 作出函数$f(x)=e^{-x^2}$在 [−2.5,2.5] 上的图像 .

解
```
>> lims=[ -2.5,2.5];                  % x 的取值范围为[ -2.5,2.5]
>> fplot ('exp(-x^2)',lims ) ↙          % 画图
```

画出的函数图像如图 20-9 所示 .

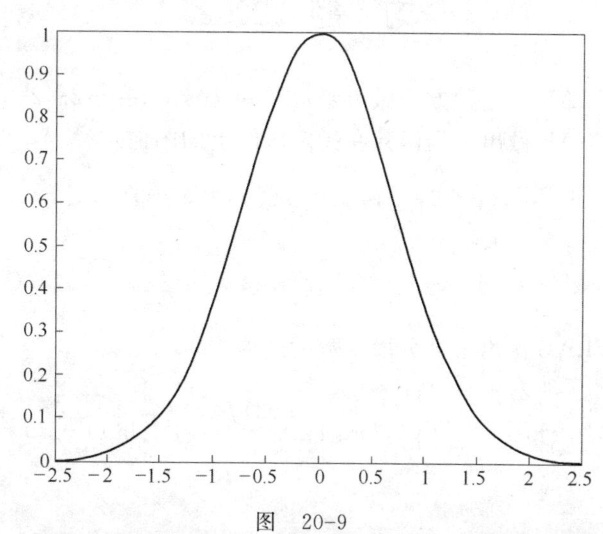

图 20-9

【说明】 (1) fplot 函数可以在一个图上画多个图形,其调用格式为

fplot ('[f(x),g(x),…]',lims)

(2) fplot 不能画参数方程和隐函数图形.

例 9 在同一坐标系内作函数 $y = \sin x$ 和函数 $y = \cos x$ 在区间 $[-2\pi, 2\pi]$ 上的图像.

解

```
>> lims=[ -2 * pi,2 * pi];                 % x的取值范围为[-2π,2π]
>> fplot ('[sin(x),cos(x)]',lims ) ↙       % 画图
```

画出的函数图像如图 20-10 所示.

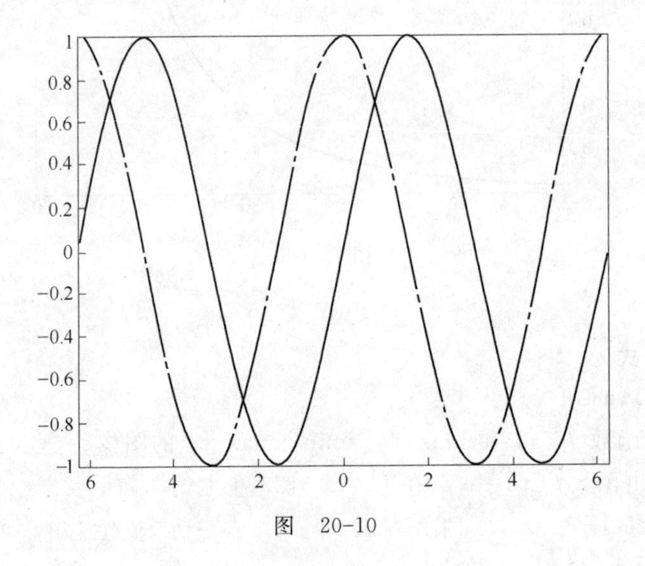

图 20-10

习 题 20.2

1. 用 MATLAB 的三种方法做出函数 $y = \cos x$ 在 $[-2\pi, 2\pi]$ 上的图像.

2. 用 MATLAB 做出下列函数在指定区间上的图像:

(1) $y=\frac{1}{3}x^3+x, x\in[-2,2]$;　　(2) $y=e^x+x^2, x\in[-1,3]$;

(3) $y=x^3-x^2-x-1, x\in[-2,2]$;　　(4) $y=\frac{1}{\sqrt{2\pi}}e^{-\frac{(x-1)^2}{2}}, x\in[-1.5,2.5]$;

3. 用 MATLAB 做出下列分段函数的图像:

(1) $f(x)=\begin{cases} x^2+2x-3 & 当-4\leqslant x\leqslant 1 \\ \ln x & 当 1\leqslant x\leqslant 4 \end{cases}$; (2) $f(x)=\begin{cases} x^2/2 & 当-1\leqslant x\leqslant 0 \\ \ln(1+x^2) & 当 0\leqslant x\leqslant 2 \end{cases}$;

(3) $f(x)=\begin{cases}2x-1 & 当 -1\leqslant x\leqslant 1\\ 2^x-3 & 当 1\leqslant x\leqslant 3\end{cases}$；　(4) $f(x)=\begin{cases}\sin x & 当 -\pi\leqslant x\leqslant 0\\ \sqrt{x^2-2x} & 当 0\leqslant x\leqslant 2\end{cases}$.

4. 用 MATLAB 做出隐函数 $xy+\ln y=1$ 在指定区间 $x\in[-4,1]$，$y\in[0,5]$ 上的图像.

5. 用 MATLAB 做出由下列参数方程表示的函数在指定区间上的图像.

(1) $x=t-\sin t, y=1-\cos t, 0\leqslant t\leqslant 2\pi$；

(2) $x=3\cos t, y=2\sin t, 0\leqslant t\leqslant 2\pi$；

(3) $x=2\cos^3 t, y=2\sin^3 t, 0<t<2\pi$.

20.3　用 MATLAB 求极限

指令"limit"用来求极限，其**调用格式**见表 20-3.

表 20-3

输入指令格式	含义
limit (f)	$\lim\limits_{x\to 0} f(x)$
limit (f,x,a)	$\lim\limits_{x\to a} f(x)$
limit (f,x,a ,'left')	$\lim\limits_{x\to a^+} f(x)$
limit (f,x,a ,'right')	$\lim\limits_{x\to a^-} f(x)$
limit (f,x,inf ,'left')	$\lim\limits_{x\to +\infty} f(x)$
limit (f,x,inf ,'right')	$\lim\limits_{x\to -\infty} f(x)$

例　求下列函数的极限：

(1) $\lim\limits_{x\to 1}\left(\dfrac{1}{x-1}-\dfrac{3}{x^3-1}\right)$；　(2) $\lim\limits_{x\to 0}\dfrac{\sqrt{1+x^2}-1}{1-\cos x}$；　(3) $\lim\limits_{x\to +\infty}\left(1+\dfrac{a}{x}\right)^x$.

解　(1)

```
>> syms x;↙                                        % 定义基本符号变量对象 x
>> limit ( (1/(x - 1) - 3/(x^3 - 1 )),x,1);↙      % 求极限
ans=
    1
```

(2)

```
>> syms x;↙                                        % 定义基本符号变量对象 x
>> limit ((sqrt (1 + x^2 )-1) /(1 - cos (x)));↙    % 求极限
ans=
    1
```

(3)

```
>> syms x;↙                                        % 定义基本符号变量对象 x
>> limit ((1+a/x)^x,x,inf,'left');↙                % 求极限
```

```
ans=
        exp(a)
```

习 题 20.3

用 MATLAB 求下列极限:

(1) $\lim\limits_{x\to\sqrt{3}}\frac{x^2-3}{x^2+1}$;

(2) $\lim\limits_{x\to -1}\frac{x^2+2x+5}{x^2-1}$;

(3) $\lim\limits_{x\to 0}\frac{4x^3-2x^2+x}{3x^2-2x}$;

(4) $\lim\limits_{x\to 1}\frac{x^2+2x-3}{x^2-1}$;

(5) $\lim\limits_{h\to 0}\frac{(x+h)^2-x^2}{h}$;

(6) $\lim\limits_{x\to\infty}\frac{2x^3-3x^2+1}{4-x-5x^3}$;

(7) $\lim\limits_{x\to\infty}\frac{3x^2-5x+1}{2x^3-4x^2+3}$;

(8) $\lim\limits_{x\to\infty}\frac{2x^3-5x^2}{5x^2+2x-4}$;

(9) $\lim\limits_{x\to 0}x^2\sin\frac{1}{x^2}$;

(10) $\lim\limits_{x\to\infty}\frac{1}{x}\cos x^3$;

(11) $\lim\limits_{x\to 0}\frac{x-\sin x}{x+\sin x}$;

(12) $\lim\limits_{x\to 0}\frac{\sqrt{x+1}-1}{2x}$;

(13) $\lim\limits_{x\to 0}\frac{x^2}{\sqrt{1+x^2}-\sqrt{1-x^2}}$;

(14) $\lim\limits_{x\to 4}\frac{\sqrt{2x+1}-3}{x-4}$;

(15) $\lim\limits_{x\to 0}\frac{\sin 2x}{\tan 5x}$;

(16) $\lim\limits_{x\to 0}\frac{1-\cos x}{2x^2}$;

(17) $\lim\limits_{x\to 1}\frac{\sin(x-1)}{x^2-1}$;

(18) $\lim\limits_{x\to\infty}\left(\frac{x}{1+x}\right)^x$;

(19) $\lim\limits_{x\to\infty}\left(1-\frac{2}{x}\right)^{2x}$;

(20) $\lim\limits_{x\to\infty}\left(\frac{x-1}{x+1}\right)^x$;

(21) $\lim\limits_{x\to\frac{\pi}{3}}\ln(2\sin x)$;

(22) $\lim\limits_{x\to +\infty}3^{\frac{1}{x}}$;

(23) $\lim\limits_{x\to 0}[\cos(1-2x)^{\frac{1}{x}}]$;

(24) $\lim\limits_{x\to 0^+}\frac{\sqrt{x^3+x^2}}{x+\sin x}$;

(25) $\lim\limits_{x\to +\infty}\frac{x\cos x}{\sqrt{1+x^3}}$;

(26) $\lim\limits_{x\to\infty}\left(\frac{2x+3}{2x+1}\right)^x$.

20.4 用 MATLAB 求函数的导数及偏导数

在 MATLAB 中指令 diff( )用来完成求导运算,其调用格式见表 20-4.

表 20-4

指令输入格式	含义
diff(f) 或 diff(f,x)	$f'(x)$
diff(f,2) 或 diff(f,x,2)	$f''(x)$
diff (f,n) 或 diff(f,x,n)	$f^{(n)}(x)$

例 1　求下列函数的导数：

(1) $y=2\cos^3 x-\cos 3x$；　(2) $y=3^{\sin x}$；

(3) $y=\ln(\ln(\ln x))$；　(4) $y=\dfrac{\sqrt{1+x^2}}{\arctan x}$.

解　(1)

```
>> syms x;↙                                    % 定义基本符号变量对象 x
>> diff ( 2 * ( cos( x ) ) ^3 - cos ( 3 * x ),x ) ↙   % 求导
ans =
    - 6 * ( cos( x ) ) ^2 * sin ( x ) + 3 * sin ( 3 * x )
```

(2)

```
>> syms x;↙                                    % 定义基本符号变量对象 x
>> diff ( 2 ^ ( sin( x ),x ) ↙                 % 求导
ans =
    2 ^ ( sin( x ) * log ( 2 ) * cos ( x )
```

(3)

```
>> syms x;↙                                    % 定义基本符号变量对象 x
>> diff ( log ( log ( log ( x ) ) ),x ) ↙      % 求导
ans =
    1/ ( x * log ( log ( x ) ) * log ( x ) )
```

(4)

```
>> syms x;↙                                    % 定义基本符号变量对象 x
>> diff ( ( 1 + ( x )^2 ) ^1/2 ) / atan ( x ) ) ↙   % 求导

ans =
    x/ atan ( x ) - ( x^2/2+1/2)/(atan ( x ) ^2 * ( x^2 + 1 ) )
```

例 2　求下列函数的二阶导数：

(1) $y=\cos^2 x\sin 2x$；　(2) $y=2e^{3x-1}$.

解　(1)

```
>> syms x;↙                                    % 定义基本符号变量对象 x
>> diff ( ( cos ( x ) ) ^2 * sin ( 2 * x ),x,2 ) ↙  % 求二阶导数
ans =
    2 * sin ( 2 * x ) * sin ( x ) ^2 - 6 * sin ( 2 * x ) * cos ( x ) ^2
    - 8 * cos ( 2 * x ) * cos ( x ) * sin ( x )
```

(2)

```
>> syms x;↙                                    % 定义基本符号变量对象 x
>> diff ( 2 * exp ( 3 * x - 1 ),x,2 ) ↙        % 求二阶导数
ans =
```

```
18 * exp ( 3 * x - 1)
```

例 3 已知$u=\arctan(x-y)^z$,求$\frac{\partial u}{\partial x},\frac{\partial u}{\partial y},\frac{\partial u}{\partial z}$.

分析 求函数对x的偏导数时,将y,z看成常数(另外的两个偏导数的求法类同),用一元函数的求导方法求导即可.

解

```
>> syms x y z;↙                                % 定义基本符号变量对象 x,y,z
>> diff ( atan ( ( x - y ) ^z ),x ) ↙          % 对 x 求偏导数
ans=
     z * ( x - y ) ^ ( z - 1 ) / (1 + ( x - y ) ^ (2 * z ) ) ↙
>> diff ( atan ( ( x - y ) ^ z ),y) ↙          % 对 y 求偏导数
ans=
     - (z * ( x - y ) ^ ( z - 1 ) ) / (1 + ( x - y ) ^ (2 * z ) ) ↙
>> diff ( atan ( ( x - y ) ^ z ),z) ↙          % 对 z 求偏导数
ans=
     ( log(x - y) * (x - y) ^ z) / ( (x - y) ^ (2 * z) + 1)
```

例 4 求下列函数在指定点的导数:

(1) $y=\frac{\ln x}{x^2}$,求$y''|_{x=1.5}$; (2) $y=x\cos x$,求$y'''|_{x=\frac{\pi}{2}}$.

解 (1)

```
>> syms x;↙                                    % 定义基本符号变量对象 x
>> y = log ( x )/x^2 ;                          % 得到函数表达式
hy = diff ( y,2 ) ↙                            % 求二阶导数
hy =
     6 * log ( x )/x^4 - 5/x^4 ↙
>> yp = subs(hy,x,1.5) ↙                       % 求二阶导数在 x = 1.5 的值
yp =
     - 0.5071
```

(2)

```
>> syms x;↙                                    % 定义基本符号变量对象 x,
>> y = xcos(x) ;                                % 得到函数表达式
>> ty = diff ( y,3 ) ↙                         % 求三阶导数
ty =
     x * sin ( x ) - 3 * cos ( x ) ↙
>> yq = subs(ty,x,pi/2) ↙                      % 求三阶导数在 x=π/2 的值
yq =
     1.5708
```

【说明】 指令 **subs(f,old,new)** 是一个通用置换指令,表示用 new 置换 f 中的 old 后产生的结果.

习　题　20.4

1. 用 MATLAB 求下列函数的导数：

(1) $y=3-5x+4x^2-2x^3$；　(2) $y=x^3\ln^2 x$；

(3) $y=e^{\sin 2x}$；　(4) $y=\dfrac{\sqrt{1-x^2}}{\arcsin x}$.

(5) $y=\sqrt{2x+1}(x^2+x)$；　(6) $y=e^{2x}\cos 3x$；

(7) $y=e^{-x}\ln(2x+1)$；　(8) $y=\sin^2 x\cdot\cos 2x$；

(9) $y=(2-x^2)\sin 3x$；　(10) $y=\sin\dfrac{x}{3}\cdot\cot\dfrac{x}{2}$；

(11) $y=\sqrt{3x-5}\cos^2 x$；　(12) $y=\sin^n x\cdot\cos nx$；

(13) $y=(\sin x+\cos x)^n$；　(14) $y=\sin\dfrac{1}{x}\cdot e^{\tan\frac{1}{x}}$；

(15) $y=\ln\left(x+\sqrt{a^2+x^2}\right)$；　(16) $y=\dfrac{\sin 2x}{x}$；

(17) $y=(x+\sin^2 x)^4$；　(18) $y=e^{-5x^2}\cdot\tan 3x$.

2. 用 MATLAB 求下列函数的二阶导数：

(1) $y=x^3-2e^x+1$；　(2) $y=a^x$；

(3) $y=\ln\cos x$；　(4) $y=\sin^2 x$；

(5) $y=e^{-x^2}$；　(6) $y=e^{2x}\cos 2x^2+\dfrac{\arctan x}{x}$.

3. 已知函数 $f(x)=\ln(1+x)$，求 $f'''(x)$ 和 $f^{(20)}(x)$；

4. 用 MATLAB 求下列函数在指定点的导数值：

(1) $y=e^{2x-1}$，求 $y''|_{x=0}$；　(2) $y=\ln(1+x)$，求 $f''(0)$；

(3) $y=xe^{-x}$，求 $f''(1)$；　(4) $y=\arctan 2x+\tan\dfrac{\pi}{5}$，求 $f''(-1)$；

(5) $y=\dfrac{\sin x}{1+\cos x}$，求 $y''|_{x=\frac{\pi}{4}}$；　(6) $y=e^{3x}\cos^2 x$，求 $y'''|_{x=0}$.

20.5　用 MATLAB 求积分

在 MATLAB 里求积分的指令是 int，其**调用格式**见表 20-5.

表 20-5

MATLAB输入命令	含义
int (f)	$\int f(x)\mathrm{d}x$
int (f ,t)	$\int f(t)\mathrm{d}t$
int (f ,t,a,b)	$\int_a^b f(x)\mathrm{d}x$

例 1 求下列不定积分：

(1) $\int\left(x^5-x^3+\frac{\sqrt{x}}{4}\right)\mathrm{d}x$；　　(2) $\int\frac{1}{1+\sin x+\cos x}\mathrm{d}x$；

(3) $\int\frac{x^2+1}{(x+1)^2(x-1)}\mathrm{d}x$；　　(4) $\int\sqrt{4-x^2}\mathrm{d}x$.

解 (1)

```
>> syms x;↙
>> int ( x^5 - x^3 + sqrt ( x ) /4),x ) ↙    % 求不定积分
ans =
      x^(3/2)/6 - x^4/4 + x^6/6        % 该指令只是求出其中的一个原函数
```

(2)

```
>> syms x;↙
>> int (1 / (1 + sin( x ) + cos( x ) ) ) ↙    % 求不定积分
ans =
      log(tan(x/2) + 1)                % 该指令只是求出其中的一个原函数
```

(3)

```
>> syms x;↙
>> int ( (x^2 +1) / (x + 1)^2 * (x - 1) ) ↙    % 求不定积分
ans =
      6 * log(x + 1) - 3 * x + 4/(x + 1) + x^2/2
                                        % 该指令只是求出其中的一个原函数
```

(4)

```
>> syms x;↙
>> int ( sqrt ( 4-x^2) ) ↙    % 求不定积分
ans =
      2* asin ( x / 2 ) + ( x * (4 - x^2 ) ^(1/2) ) / 2
                                        % 该指令只是求出其中的一个原函数
```

【说明】 指令 int 只是求出被积函数的一个原函数,写不定积分的答案时一定要加积分常数 C.

例 2 求下列定积分：

(1) $\int_0^{2\pi}\sqrt{1-\cos 2x}\mathrm{d}x$；　　(2) $\int_0^{\sqrt{3}}\arctan x\mathrm{d}x$.

解 (1)

```
>> syms x;↙
>> int ( sqrt ( 1 - cos( 2 * x ) ),x,0,2 * pi ) ↙ % 求[ 0,2π ]上的定积分
```

```
ans =
      4 * 2^(1/2)
```

(2)
```
>> syms x;↙
>> int (atan(x),x,0,sqrt(3) ) ↙    % 求[ 0,√3]上的定积分
ans =
      ( pi * 3^ (1/2) ) / 3 - log(2)
```

习　题　20.5

1. 用 MATLAB 求下列不定积分：

(1) $\int \frac{\cos 2x}{\sin^2 x}\mathrm{d}x$；　(2) $\int \cos^2 \frac{x}{2}\mathrm{d}x$；

(3) $\int \frac{3x^2}{1+x^2}\mathrm{d}x$；　(4) $\int \frac{x^4}{1+x^2}\mathrm{d}x$；

(5) $\int \frac{1+x+x^2}{x(1+x^2)}\mathrm{d}x$；　(6) $\int \frac{(x-1)^3}{x^2}\mathrm{d}x$.

(7) $\int \mathrm{e}^{1-3x}\mathrm{d}x$；　(8) $\int \cos 4x\mathrm{d}x$；

(9) $\int x\sqrt{1+x^2}\mathrm{d}x$；　(10) $\int \sin^2 2x\mathrm{d}x$；

(11) $\int \frac{1}{x\ln^2 x}\mathrm{d}x$；　(12) $\int \frac{\cos x}{\sin^2 x}\mathrm{d}x$；

(13) $\int \frac{1}{4x^2-1}\mathrm{d}x$；　(14) $\int \frac{1}{x^2+3x-10}\mathrm{d}x$；

(15) $\int \frac{1}{16+9x^2}\mathrm{d}x$；　(16) $\int \sqrt{9-4x^2}\mathrm{d}x$；

(17) $\int \frac{\sqrt{x}}{1+\sqrt{x}}\mathrm{d}x$；　(18) $\int \frac{1}{\sqrt{x}-\sqrt[3]{x}}\mathrm{d}x$；

(19) $\int \left(x^7+\mathrm{e}^{3x}+\frac{1}{\sqrt{1-4x^2}}\right)\mathrm{d}x$；　(20) $\int \frac{1}{\sqrt{x^2-a^2}}\mathrm{d}x$；

(21) $\int x^2\ln^3 x\mathrm{d}x$；　(22) $\int \mathrm{e}^{2x}\cos 3x\mathrm{d}x$.

2. 用 MATLAB 求下列定积分：

(1) $\int_0^1 x\mathrm{e}^x\mathrm{d}x$；　(2) $\int_0^{\frac{\pi}{2}} x\sin^x\mathrm{d}x$；

(3) $\int_0^{\ln 2} x\mathrm{e}^{-x}\mathrm{d}x$；　(4) $\int_0^{\ln 2} x^2\mathrm{e}^x\mathrm{d}x$；

(5) $\int_0^{\sqrt{3}} \arctan x\mathrm{d}x$； (6) $\int_0^{\frac{1}{2}} \arcsin x\mathrm{d}x$；

(7) $\int_1^2 x\ln x\mathrm{d}x$； (8) $\int_1^{\mathrm{e}} (\ln x)^2\mathrm{d}x$；

(9) $\int_0^{\frac{\pi^2}{4}} \cos\sqrt{x}\mathrm{d}x$； (10) $\int_1^4 \frac{\ln x}{\sqrt{x}}\mathrm{d}x$.

(11) $\int_0^1 \sqrt{1+x^2}\mathrm{d}x$； (12) $\int_{\frac{1}{\mathrm{e}}}^{\mathrm{e}} |\ln x|\mathrm{d}x$；

(13) $\int_0^1 \arcsin\sqrt{x}\mathrm{d}x$； (14) $\int_0^{\pi} \sqrt{\sin^3 x-\sin^5 x}\mathrm{d}x$.

20.6 用 MATLAB 求解微分方程

微分方程是高等数学的重要组成部分，而解微分方程却是一个繁难的工作，MATLAB 提供了非常强大的求解常微分方程的功能．其指令为 dsolve，**调用格式为：**

dsolve ('eq1,eq2, …','cond1,cond2,…','v')

【说明】 (1)对给定的常微分方程(组)eq1,eq2, …中指定的符号自变量 v，与给定的初始条件 cond1,cond2,…，求符号解(解析式).

(2)若没有指定变量 v，则缺省变量为 t.

(3)在微分方程(组)的表达式 eq 中，大写字母 D 表示对自变量 t 的微分算子：$\mathrm{D}y=\frac{\mathrm{d}y}{\mathrm{d}t}$，$\mathrm{D}2y=\frac{\mathrm{d}^2y}{\mathrm{d}t^2}$，…，$\mathrm{D}ny=\frac{\mathrm{d}^ny}{\mathrm{d}t^n}$，微分算子后面的字母则表示因变量，即待求解的未知函数．

(4)初始条件应写成 $y(a)=b$，$\mathrm{D}y(c)=d$ 的格式．

(5)此处的方程、初始条件和变量都是用单引号括起来的字符串表示．

例 1 求下列微分方程的通解：

(1) $y'+y\cos x=\mathrm{e}^{-\sin x}$； (2) $y''+5y'+4y=3-2x$.

解 (1)

```
>> dsolve('Dy + y * cos(x) = exp( - sin(x) )','x') ↙ % D一定要大写
    ans =
          C1 * exp (-sin(x) ) + x * exp (- sin(x) )
```

(2)

```
>> dsolve('D2y + 5 * Dy + 4 * y = 3 - 2 * x','x') ↙
    ans =
          C1 * exp (- x) - x/2 + C2 * exp (- 4 * x) + 11/8
```

例 2 求下列微分方程满足初始条件的特解：

(1) $y'-\frac{1}{x+1}y=x^2+2x$，$y|_{x=1}=1$；

(2) $y''-3y'+2y=2e^{2x}$，$y|_{x=0}=2, y'|_{x=0}=3$.

解　(1)

```
>> dsolve('Dy - y * 1/(x+1) = x^2 + 2 * x','y(1) = 1','x') ↙
ans =
    ( log(2) - 1) * (x + 1) + (x + 1) * (x - log(x + 1) + x^2/2 )
```

(2)

```
>> dsolve('D2y - 3 * Dy + 2 * y = 2 * exp(2 * x)','y (0) = 2,Dy (0) =
3','x') ↙
ans =
    3 * exp(x) - exp(2 * x) + 2 * x * exp(2 * x)
```

习　题　20.6

1. 用 MATLAB 求下列微分方程的通解：

(1) $y'-2y=e^x$；　(2) $\frac{d\rho}{d\theta}+3\rho=2$；

(3) $y'+y\tan x=\sin 2x$；　(4) $(x^2-1)y'+2xy-\cos x=0$.

(5) $y''-\frac{2}{x}y=2x^2+1$；　(6) $y''+y=2xe^x$；

(7) $y''-2y'-3=2\cos x$；　(8) $y''-3y'-4y=2x^2+1$.

2. 用 MATLAB 求下列微分方程满足初始条件的特解：

(1) $y'-2y=3, y|_{x=0}=2$；

(2) $\frac{dy}{dx}+\frac{1-x}{x}y=0, y|_{x=1}=2$；

(3) $y'-\frac{1}{x+1}y=x^2+2x, y|_{x=1}=1$；

(4) $y'+y\cot x=5e^{\cos x}, y|_{x=\frac{\pi}{2}}=-4$.

(5) $y'+\frac{1}{x}y=e^{2x}, y|_{x=1}=2$；

(6) $y''-2y'-3y=2\cos x, y|_{x=0}=2, y'|_{x=0}=1$.

20.7　用 MATLAB 求解线性方程组

20.7.1　矩阵及行列式的运算

1. 矩阵的生成

为了得到矩阵

$$A=\begin{pmatrix}1&2&3\\4&5&6\\7&8&9\end{pmatrix},$$

可输入 >> A = [1 2 3 ; 4 5 6 ; 7 8 9] ↙

显示

```
A =

1  2  3
4  5  6
7  8  9
```

2. 矩阵的运算

设 k 为任意实数,$\boldsymbol{A}$、$\boldsymbol{B}$ 为满足矩阵运算条件的矩阵,在 MATLAB 中,矩阵运算的指令如表 20-6 所示。

表 20-6

输入指令格式	含义
A + B	矩阵的加法(为同型矩阵)
A − B	矩阵的减法(为同型矩阵)
k * A	数乘矩阵
A * B	矩阵的乘法($\boldsymbol{A}$ 的列数等于 $\boldsymbol{B}$ 的行数)
A.'	矩阵的转置
A'	矩阵的共轭转置
inv(A)或 A^(−1)	矩阵的逆
A^k	矩阵的 k 次幂
rank(A)	矩阵的秩

[说明] 如果矩阵的元素都是实数,则"A.'"与"A'"相同.

例 1 已知 $\boldsymbol{A}=\begin{pmatrix}1&1&0\\2&1&3\\1&2&1\end{pmatrix}$,$\boldsymbol{B}=\begin{pmatrix}-1&2&0\\1&3&2\\2&0&1\end{pmatrix}$,求 $\boldsymbol{A}+\boldsymbol{B}$,$3\boldsymbol{A}$,$\boldsymbol{AB}$,$\boldsymbol{A}^3$,$\mathrm{R}(\boldsymbol{A})$.

解 >> A=[1 1 0;2 1 3;1 2 1] ↙

```
A =

1    1    0
2    1    3
1    2    1
```

```
>> B=[-1 2 0;1 3 2;2 0 1] ↙

    B =

        -1     2     0
         1     3     2
         2     0     1
>> A+B ↙
ans =

         0     3     0
         3     4     5
         3     2     2

>> 3*A ↙

ans =

         3     3     0
         6     3     9
         3     6     3

>> A*B ↙

ans =

         0     5     2
         5     7     5
         3     8     5

>> A^3 ↙

ans =

        10    11     9
        31    28    33
        23    25    22
>> rank(A) ↙
```

```
ans =

    3
```

例 2 已知 $\boldsymbol{A}=\begin{pmatrix}-2 & 4 & 0\\ 1 & -3 & 2\\ -1 & 0 & 2\end{pmatrix}$，求 $\boldsymbol{A}',\boldsymbol{A}^{-1}$.

解

```
>> A=[ -2  4  0;1  -3  2;-1  0  2]↙

    A =

        -2     4     0
         1    -3     2
        -1     0     2

    >> A'↙

    ans =

        -2     1    -1
         4    -3     0
         0     2     2

    >> inv(A) ↙

    ans =

        1.5000     2.0000    -2.0000
        1.0000     1.0000    -1.0000
        0.7500     1.0000    -0.5000
    >> sym( inv(A) ) ↙
    ans =

        [ 3/2,  2,   -2]
        [1,     1,  -1]
        [ 3/4,  1,  -1/2]
```

【说明】 直接输入的矩阵其输出结果都是数值矩阵，如果要把数值矩阵转化为符号矩阵,则需要 sym(A) 函数来实现 .

3. 矩阵方程

矩阵方程 $\boldsymbol{AX} = \boldsymbol{B}$ 的解为:inv(A) * B 或 A\ B

矩阵方程 $\boldsymbol{XC} = \boldsymbol{D}$ 的解为: D * inv(C) 或 D/ C

例 3　已知 $A=\begin{pmatrix} -2 & -3 \\ 3 & 4 \end{pmatrix}$,$B=\begin{pmatrix} -1 \\ 2 \end{pmatrix}$,解矩阵方程 $\boldsymbol{AX} = \boldsymbol{B}$.

解

```
>> A = [-2 -3; 3 4];↙
>> B = [-1; 2];↙
>> sym(A\ B) ↙

ans =

  2
 -1
>> sym( inv(A) * B ) ↙

ans =

  2
 -1
```

【说明】　可以看出 A\ B 与 inv(A) * B 的输出结果是一样的 .

例 4　已知 $\boldsymbol{C}=\begin{pmatrix} 1 & 2 \\ 3 & 3 \end{pmatrix}$,$\boldsymbol{D}=\begin{pmatrix} 1 & -1 \\ 2 & 0 \end{pmatrix}$,解矩阵方程 $\boldsymbol{XC} = \boldsymbol{D}$.

解

```
>> C = [1  2; 3  3];↙
>>D = [1  -1; 2  0];↙
>> sym(D/ C) ↙
ans =

    [ - 2, 1]
    [- 2, 4/3]
>> sym(D * inv(C)) ↙

ans =

    [ - 2, 1]
    [- 2, 4/3]
```

【说明】　可以看出 D / C 与 D * inv(C) 的输出结果是一样的 .

4. 行列式的计算

用 det (A) 计算矩阵 **A** 对应行列式的值,例如

```
>> A = [5 2 3;6 5 4;7 8 9];
>> det(A)
ans =
     52
```

20.7.2 解线性方程组

1. 利用 solve 函数解线性方程组

指令调用格式为:

[x1,x2,…,xn] = solve ('eqn_1','eqn_2',…,'eqn_n')

其中,x1,x2,…,xn 表示 n 个未知量,eqn $_i$ 表示第个 i 方程.

例 5 解线性方程组 $\begin{cases} x_1+2x_2+3x_3=-1 \\ 2x_1+2x_2+x_3=2 \\ 3x_1+4x_2+3x_3=1 \end{cases}$.

解

```
>> [ x1,x2,x3] = solve( 'x1 + 2 * x2 + 3 * x3 = -1 ','2 * x1 + 2 *
x2 + x3 = 2 ','3 * x1 + 4 * x2 + 3 * x3 = 1 ')↙
x1 =

   3


x2 =

   -2


x3 =

   0
```

注意 MATLAB 中一条指令一般在命令提示符“>>”后的一行中连续输入,因排版需要,上例中的指令进行了换行,实际操作中无须换行.

输出结果表示线性方程组的解为 $x_1=3, x_2=-2, x_3=0$.

例 6 解线性方程组 $\begin{cases} x_1+x_2+x_3=1 \\ 2x_1+x_2-4x_3=0 \\ -x_1 \quad +5x_3=1 \end{cases}$.

解

```
>>[ x1,x2,x3] = solve( 'x1 + x2 + x3 = 1 ','2 * x1 + x2 - 4 * x3 = 0 ',
'- x1 + 5 * x3 = 1 ')↙
z = C
x1 =

   5 * z - 1
```

```
x2 =
    2 - 6 * z

x3 =
    z
```

输出结果表明 z 为任意常数，方程组有无穷多解，解为 $x_1 = 5z - 1, x_2 = 2 - 6z, x_3 = z$.

2. 将线性方程组转化为矩阵方程求解

由于线性方程组都可以转化为矩阵方程 $AX = B$（A 为线性方程组的系数矩阵，X 为未知数矩阵，B 为常数项矩阵）的形式，所以就可以利用解矩阵方程的方法求解线性方程组．

例 7　用矩阵解法求解线性方程组 $\begin{cases} x_1+2x_2+3x_3=-1 \\ 2x_1+2x_2+x_3=2 \\ 3x_1+4x_2+3x_3=1 \end{cases}$.

解

```
>> A = [ 1 2  3;2  2  1;3  4  3 ];↙
>> B = [ -2 1  2 ]';↙
>> inv(A) * B↙
ans =
    3.0000
   -2.0000
    0.0000
```

输出结果表示线性方程组的解为 $x_1 = 3, x_2 = -2, x_3 = 0$.

3. 利用 rref 函数解线性方程组

指令调用格式为：

rref ([A,B])　% 求出矩阵 [A,B] 的行最简形式

其中，**A** 为线性方程组的系数矩阵，**B** 为常数项矩阵，利用 rref 函数解线性方程组本质上就是利用矩阵的行初等变换求解线性方程组．

例 8　解线性方程组 $\begin{cases} x_1+x_2-x_3=3 \\ x_1+2x_2-3x_3=1 \\ x_1+3x_2-6x_3=4 \end{cases}$.

解

```
>> A = [1 1 -1;1 2 -3;1 3 - 6];↙
>> B = [3 1 4] ';↙
>> C = ( [ A,B ] ) ↙     % 求线性方程组的增广矩阵
C =
```

```
    1     1    -1    3
    1     2    -3    1
    1     3    -6    4
>> rref(C)↙       % 求矩阵C的行最简形式

ans =

    1     0     0    10
    0     1     0   -12
    0     0     1    -5
```

输出结果表示线性方程组的解为 $x_1=10, x_2=-12, x_3=-5$.

例 9 解线性方程组 $\begin{cases}4x_1-x_2+9x_3=-6\\x_1-2x_2+4x_3=-5\\2x_1+3x_2+x_3=4\\3x_1+8x_2-2x_3=13\end{cases}$.

解

```
>> A=[4 -1 9;1 -2 4;2 3 1;3 8 -2];↙
>> B=[-6  -5 4 13]';↙
>> rref([A,B])↙       % 求增广矩阵[A,B]的行最简形式
ans =
        1     0     2    -1
        0     1    -1     2
        0     0     0     0
        0     0     0     0
```

输出结果表示线性方程组可化为 $\begin{cases}x_1+2x_3=-1\\x_2-x_3=2\end{cases}$,即方程组有无穷多解,解为

$$\begin{cases}x_1=-1-2x_3,\\x_2=2+x_3,\end{cases}(x_3\text{为自由未知量}).$$

习 题 20.7

用 MATLAB 进行如下计算:

1. $\boldsymbol{A}=\begin{pmatrix}2&0&-2\\3&-1&4\\2&1&3\end{pmatrix}$,$\boldsymbol{B}=\begin{pmatrix}2&1&0\\0&-1&5\\-1&3&1\end{pmatrix}$,求$(3\boldsymbol{A}-\boldsymbol{AB})'$.

2. 已知 $\boldsymbol{A}=\begin{pmatrix}1&-2\\0&3\\-4&0\end{pmatrix}$,$\boldsymbol{B}=\begin{pmatrix}-1&3&0\\2&7&-4\end{pmatrix}$,求 $\boldsymbol{AB}$ 和 $\boldsymbol{BA}$.

3. 计算：

(1) $\begin{pmatrix}2\\1\\3\end{pmatrix}(-1\quad 2)$；　(2) $\begin{pmatrix}2&1&4&0\\1&-1&3&4\end{pmatrix}\begin{pmatrix}1&3&1\\0&-1&2\\1&-3&1\\4&0&-2\end{pmatrix}$；

(3) $\begin{pmatrix}4&3&1\\1&-2&3\\5&7&0\end{pmatrix}\begin{pmatrix}7\\2\\1\end{pmatrix}$.

4. $\boldsymbol{A}=\begin{pmatrix}4&3&2\\3&2&1\\2&1&1\end{pmatrix}$，求 $\boldsymbol{A}^{-1}$，$|\boldsymbol{A}|$.

5. 求下列行列式得值：

(1) $\begin{vmatrix}3&2&1\\2&3&2\\1&2&3\end{vmatrix}$；　(2) $\begin{vmatrix}1+\cos x&1+\sin x&1\\1-\sin x&1+\cos x&1\\1&1&1\end{vmatrix}$；

(3) $\begin{vmatrix}1&1&1&1\\1&-1&1&1\\1&1&-1&1\\1&1&1&-1\end{vmatrix}$；　(4) $\begin{vmatrix}0&1&1&1\\1&0&1&1\\1&1&0&1\\1&1&1&0\end{vmatrix}$；

(5) $\begin{vmatrix}1&2&0&1\\1&3&5&0\\0&1&5&6\\1&3&3&4\end{vmatrix}$；　(6) $\begin{vmatrix}3&2&1&x\\2&1&3&y\\1&3&2&z\\6&6&6&\omega\end{vmatrix}$.

6. $A=\begin{pmatrix}2&3&-1\\1&2&0\\-1&2&-2\end{pmatrix}$，$B=\begin{pmatrix}2&1\\-4&0\\3&1\end{pmatrix}$，解矩阵方程 $\boldsymbol{AX}=\boldsymbol{B}$.

7. 解下列线性方程组：

(1) $\begin{cases}x+2y-z=1\\4x-4y+z=7\\x-y+z=4\end{cases}$；　(2) $\begin{cases}x+y+z=2\\2x-z=0\\x+2y+2z=3\end{cases}$；

(3) $\begin{cases}x_1+2x_2-x_3=-4\\3x_1+4x_2-2x_3=-7\\5x_1-4x_2+x_3=14\end{cases}$；　(4) $\begin{cases}2x_1-3x_2+x_3-x_4=3\\3x_1+x_2+x_3+x_4=0\\4x_1-x_2-x_3-x_4=7\\-2x_1-x_2+x_3+x_4=-5\end{cases}$.

8. 试用 MATLAB 的三种方法解下列方程组：

(1) $\begin{cases} x-y+2z=1 \\ 2x+y+2z=-3 \\ 4x+3y+3z=-1 \end{cases}$；

(2) $\begin{cases} x-4y-4z=-4 \\ 2x+y+2z=1 \\ 2x+y-z=2 \end{cases}$；

(3) $\begin{cases} 3x_1+x_2=1 \\ x_1+3x_2+2x_3=0 \\ x_2+3x_3+2x_4=0 \\ x_3+3x_4=-2 \end{cases}$.